JN063186

大いなる錯乱

——気候変動と〈思考しえぬもの〉

The Great Derangement: Climate Change and the Unthinkable

Amitav Ghosh

アミタヴ・ゴーシュ　著

三原芳秋・井沼香保里　訳

以文社

大いなる錯乱　目次

装幀　近藤みどり
装画　VINCENT J.F. HUANG（黃瑞芳）「Black Swan」

凡例

一、傍点は原則として原文がイタリックであることを表す。
一、文中の〔〕内は訳者による補足を表す。
一、原注は＊1、＊2、訳注は†1、†2と表記し、傍注とした。
一、原著では多くの参照文献が電子書籍版（Kindle）で挙げられ、ロケーション番号が指示されているが、可能な範囲で書籍版に当たり、該当するページ数に置き換えた。

装画について

二〇一五年開催の第五六回ヴェネツィア・ビエンナーレにおいて、オセアニアの島国ツバルは「潮を渡る（Crossing the Tide）」と題するパヴィリオンを設営した。一六世紀に建てられた兵器庫の床一面に水を張り「ビエンナーレ史上初の浸水したパヴィリオン」と呼ばれたツバル館を仕掛けたのは、台湾出身のエコ・アーティスト／アクティヴィスト黄瑞芳（Vincent J.F. Huang）だった。沈みゆく街ヴェネツィアでの、沈みゆく国ツバルによる切実な訴えとして話題を集めたが、アーティスト自身が『荘子』「逍遥遊篇」冒頭に描かれる荒唐無稽な「鵬鯤の神話」（鯤（巨大魚）が化して鵬（巨大鳥）になるという、空と海とだけからなる世界の神話）にインスパイアされたと語っているとおり、気宇壮大さと諧謔精神とが絶妙に共存する空間となっている。そのツバル館を撮影の舞台とした写真連作「ブラック・スワン」より一点を、本書の装画として使用させていただくこととなった。使用許可をあたえてくれた黄瑞芳氏に感謝する。

なお、既に刊行されている本書のイタリア語版はタイトルを若干「意訳」しているが（*La grande cecità*）、それを日本語に直訳すれば『大いなる盲目』となる。

大いなる錯乱——気候変動と〈思考しえぬもの〉

第一部

物語

一

動きだしそうにもなかったものがじつはしっかり生きていて、しかもそれがこちらの身に危険をおよぼすような生きものであるとわかった瞬間のこと、だれにでも覚えがあるだろう。たとえばカーペットの唐草模様と思いきや犬のしっぽであったというような——まちがえて踏みつけでもしようものなら、足に歯型をちょうだいすることになる。あるいはなんのことはないブドウのつるだと思って手をのばしてみたらヘビであったとか、川上からのらりくらりと流れてきた丸太がよく見るとワニであったとか。

『スターウォーズ　帝国の逆襲』〔一九八〇年公開〕のなかに、こんなシーンがあった——ハン・ソロが操縦するミレニアムファルコン号が追っ手から逃れるために飛びこんだ小惑星の洞窟が、じつは居眠りしているスペースモンスターの食道だったと判明する。このシーンを思いついた際に映画制作者が思い描いていたのも、やはりおなじような類のショックのことだったのだろうと思われる。

映画の制作から三五年以上もたった今日の視点からあの印象的なシーンを思い返してみると、〔ハン・ソロたちがショックをうけるという〕その設定のありえなさを認めざるをえない。というのも、どれくらい遠い未来かはわからないが、ハン・ソロのような人物があらわれたとして、かれが惑星間浮遊物にかんして想定するだろうことは、まちがいなく、その映画が製作された時分のカリフォルニアにおける一般的な想定とはまるで違ったものとなるはずだからだ。未来の人間たちは、かれらの祖先が地球上で営んだ歴史にかんしておそらくもっているであろう知識にもとづいて、きっとこう理解しているにちがいない――三〇〇年にも満たない、あるとても短い一時期においてのみ、人類のかなりの部分が、大小の惑星は自力で動くことはないと信じこんでいたものだった、と。

二

「環境難民（ecological refugees）」という表現が発明されるずっと以前に、わたしの先祖は環境難民となった。

かれらは、いまで言えばバングラデシュ領内になる一村落の出身で、この地域でも最大級の水運をになうパドマ川のほとりに暮らしていた。その後の一家の物語は、父がわたしに語ってくれたところによると、こんな風になる――一八五〇年代なかばのある日、大河は突如として流れを変え、村ごと丸呑みにしてしまった。そのとき住民のうちほんのひとにぎりの者たちだけが、かろうじて高台に難を逃れる。われらのご先祖さまを流浪の民にしたのは、この大災害だった。その後一家は西へ西へと移動を続け、一八五六年になってやっと、ビハール州の川のほとり――このたびはガンジス川――にふたたび身を落ち着けることができたのだ。

わたしがこの話をはじめて聞いたのは、汽船にゆられてパドマ川を下る懐かしい家族旅行の途上においてだった。当時まだ子どもだったわたしは、渦まく水面を見つめながら、ココヤシの木々が反りかえりその葉が激しく地面をうつような巨大な嵐を想像したものだ。女性や子どもたちが荒れ狂う暴風のなかを走りぬけるその背後に洪水が押し寄せてくるのが見えた。先祖の生き残りたちが高台で身を寄せ合い、自分たちの住んでいた家が押し流されていくさまを呆然と眺めている姿を思い描いた。

今日に至るまで、わたしの人生をかたちづくってきたさまざまな境遇に思いを馳せるときに想い起こすのは、その大自然の力のことだ——その力によって先祖は故郷から切り離され、一連の旅路へと送り出されたのだが、そのことがわたし自身の旅多き人生に先立ちそれを可能にしたとも言えるのだ。自分の来し方へと目を向けると、川がわたしの目をとらえ、まっすぐにらみ返してきてこう尋ねてくるようなのだ——どこにいようとも、おまえはわしの姿を認めることだろう、と。

認知とは無知から知への移行（パッセージ）＝通路のことである、とは有名な言い回しだが、[*1] そうすると、認知するという行為はまっさらなはじめての出会いとは似て非なるものであることになるし、そこで言葉が交わされる必要もない——たいてい、認知は無言のうちになされるものだ。また、認知することはけっして、目に映るものをいちいち理解することを意味しはしない——認知の瞬間においては、理解が関与する必要などありはしないのだ。

「認知＝再認（recognition）」という単語でもっとも重要なのは「再（re-）」という接頭辞であって、その意味するところは、先行するなにものかを思い返すということ、無知から知への移行を可能にするような認識はじつはすでにあり、そこにあらためて思い至ること——それが認知という行為なのである。認知の瞬間とは、先だってよりもちあわせていた認識が突如としてパッとひらめいたときに訪れるもので、それが一瞬にしていままさに眼前にあるものごとにたいする理解に変容をもたらすのだ。ただ、こういったひらめきは自発的に生じるものではなく、いったん失われた他者が現前することによってしかその姿をあらわすことはないものだ。すると、認知の結果得られる知は、新しいものの発見とは種類がことなるということになる。認知が生じるのは、むしろ、それ自身のうちに留まる潜勢力（ポテンシャリティ）[*2]があらためて勘定に入れられることによってなのである。

これこそ、大河が氾濫し村を呑みこんだあの日にわたしの祖先たちが経験したことだったのだと思う——かれらのまどろみは突如やぶられ、日々呼吸している大気とおなじくらいあたりまえのものと見なしてしまうほどに生の営みをすみずみまでかたちづくっていた川の存在を、あらためて

---

*1 「認知〔アナグノーリシス〕とは、その名が示しているように無知から知への転換——その結果として、それまで幸福であるか不幸であるかがはっきりしていた人びとが愛するか憎むかすることになるような転換——である」（アリストテレース『詩学』〔1452a〕、『アリストテレース詩学 ホラーティウス詩論』〔松本仁助・岡道男訳、岩波文庫、一九九七〕、四八頁）。〔三浦洋による新訳（光文社古典新訳文庫、二〇一九）では、原語のanagnōrisisにおけるanaがもつ「再び」の意味合いを重視して「再認」と訳されている。「再認」（さらに言えば「発見的再認」）はゴーシュの論旨にも合う適切な訳語と言えるが、この先recognizeをすべて「再認」と訳すと文脈上不都合が生じるケースがほとんどであるため、ここでは従来通りの訳語である「認知」を採用し、必要に応じて「認知＝再認」などと補足する。〕

認知させられることとなったのだ。もちろん、その大気でさえ、突如として獰猛な牙をむき出しにして襲いかかってくることがある——たとえば、一九八八年コンゴ〔ただしくは、一九八六年カメルーン〕において、〔湖水爆発を起こした〕ニオス湖から大規模な二酸化炭素の雲が発生し周囲の村々へと流れこみ、一七〇〇人の住民と数えきれないほどの家畜を殺戮するという事件があった。だが実際に大気がわたしたちを襲うのは、多くの場合、もの言わぬ執拗さによってである——ニューデリーや北京の住民なら嫌というほど思い知らされているように、肺や鼻腔の炎症があらためて証し立てているのは、外と内のあいだ、使う側と使われる側のあいだにはなんら分け隔てがないということだ。これらもまた、認知の瞬間である。そこで気づかされるのは、わたしたちを取り囲むエネルギー——足の下や部屋の壁に埋め込まれた電線を流れ、乗り物を動かし部屋に明かりをともすエネルギー——がすべてを網羅する包括的な存在であり、わたしたちのあずかり知らないそれ自身の目的をもっているのかもしれない、ということだ。

〈人間ならざるもの（ノン・ヒューマン）〉の存在が示す差し迫った近接性をわたし自身も認識するようになったのは、このようにしてだった——わたしをとり囲む環境によって認知を押しつけられた、そういった経験をいく度か経ることによって。そのころわたしは、シュンドルボンを舞台にした小説『飢えた潮』〔*The Hungry Tide*［2004］〕、未邦訳〕を書いていた。シュンドルボン〔「美しい森」〕とは、〔バングラデシュとインドの国境地帯にひろがる〕ベンガル・デルタの巨大なマングローブ天然林のことで、そこで水や泥（シルト）の流れを観察していると、通常ならば悠久なる時間（ディープタイム）のなかで展開する地質学的なプロセスが、数週間や数か月の速さで起きているかのように見えてくる。一晩のうちに川岸の一帯が家や人ごとまるまる消えてしまったと思いきや、また別の場所では泥の浅瀬が浮き出てくると数週間後には幅一メートルほどの立派な川岸になっていたりする。言うまでもなく、これらのプロセスは、そのほとんどが循環的なものである。だがその時分、つまり二一世紀の最初の数年間でさえもすでに、海岸線の後退やそれまで耕地として利用されていた土地への海水の流入のうちに、累積的かつ不可逆

＊2　哲学者アガンベンの言い回しを借りるなら、こういった認知の瞬間＝契機(モーメント)とは、「潜勢力が潜勢力自体に向き返って潜勢力自体に潜勢力を与える」ものである（ジョルジョ・アガンベン『ホモ・サケル　主権権力と剥き出しの生』（高桑和巳訳、以文社、二〇〇七、七一頁）。〔この引用は、アガンベンが、アリストテレースの潜勢力(デュナミス)と現勢力(エネルゲイア)との関係をめぐる思索を独自に再解釈し、「しないことのできる潜勢力」という「ホモ・サケル」プロジェクト全体に通底する重要概念を引き出す箇所（第一部　三・三）から採られたものである。潜勢力(ポテンシャリティ)はたんに現勢力(アクチュアリティ)のうちに存在するのではなく、それ自体が自律的に存在するものであり、前者から後者への「移行」は潜勢力の成就ではなく、むしろ「存在しないでいることのできる潜勢力」（＝非潜勢力）の棄却にほかならないと考えられる。そして、この「棄却」は非潜勢力の破壊ではなく、「潜勢力が潜勢力自体に向き返って潜勢力自体に潜勢力を与える」という意味でむしろその「完成」であるとされる。こうして思考し直される潜勢力(ポテンシャリティ)（「それ自身のうちに留まる潜勢力」）の構造は、まさに存在しないこともできるということによって現勢力(アクチュアリティ)との関係を維持するという点において「主権的締め出し」の構造（「例外状態」）に対応するのだが、ゴーシュはここで、気候変動が引き起こす破局的大災害——さらには、〈人間ならざるもの(ノン・ヒューマン)〉の存在一般——といった〈思考しえぬもの〉と、人間による「認知＝再認」との（非）関係を、これになぞらえていると考えられる。〕

的な変化の兆しを見てとることができた。

かくもダイナミックな地形においては、変幻自在であることそれ自体が、認知の契機＝瞬間（モーメント）をかぞえきれぬほど生みだすものだ。そういった契機のいくつかを、当時のわたしのノートが捉えている。たとえば二〇〇二年五月に書き留められた、こんなくだり――「この土地があきらかに生きているということ、それは人間の歴史が上演されるための舞台として一義的に（どころか副次的にさえも）存在しているわけではないということ、つまりそれ自身が主人公であること、これらの命題は真であるとわたしは信じる」。また別のページには、こんなことが書かれている――「この土地では、子どもでさえもお祖母ちゃんについて話す際に「これは、川がここではないどこかにあって、村もいまとはべつのところにあったころのおはなしです……」と語り起こす」。

とはいえ、そのとき目撃していたものごとにたいするなんらかの認識が事前にわたしのうちに植えつけられていなかったのだとしたら、これらの出会いを認知（の契機＝瞬間）の事例として語ることなど、そもそもできないだろう。そして、そういった認識の植えつけがどのようにして行われたのかというと、おそらくは、先祖の暮らした村を探しに行ったりダッカでサイクロンに遭遇したりした――あのときは家の裏にあった小さな池がにわかに湖となって屋内になだれこんできた――幼少期の体験や記憶、そして、大河のほとりで育ったという祖母の昔話などによってであったろうし、または単純に、ベンガルの大地がその土地の芸術家や物書きや映画作家たちにとって目を背けがたいものとして自身をおしつけてくる、その執拗さによるものかもしれない。

だが、こういった知覚をわたしの想像力が発揮される媒体、すなわち小説へと翻訳する段になると、初期の作品であつかったものとはまったく次元の違う難題と向き合っていることに気づかされた。これらの難題は、『飢えた潮』を執筆していた時点では、この本に特有の問題であると思っていた。しかし時が経ち、地球温暖化の影響が加速化の一途をたどりシュンドルボンのような沖積低地がその存在自体を脅かされるにおよんで、この問題はずっと広範な意味をはらんでいると考えるようになった。気候変動が現代作家につきつける難題＝挑戦（チャレンジ）は、ある意味では個別具体的なものでありながらも、より広く古いなにものかによって生じたのであり、つまるところその原因は、大気中の炭素蓄積が地球の運命を書き換えてきたこの時代とまさに時をおなじくして物語ることの想像力（ナラティヴ・イマジネーション）に〔新たな〕かたちをあたえることとなった文学的慣習や形式の格子〔＝「小説」というジャンルのことを指す〕に由来する——そういった〈認知〉に、わたし自身が至ったのである。

三

気候変動が文芸小説の世界に投げかける影は、世間一般と比べてもずっと小さなものである、という事実を証明することはあまりむずかしくない。ロンドン・レヴュー・オヴ・ブックス、ニューヨーク・レヴュー・オヴ・ブックス、ロスアンジェルス・レヴュー・オヴ・ブックス、リテラリー・レヴュー、ニューヨーク・タイムズ・レヴュー・オヴ・ブックスといった著名な文芸誌や書評誌の紙面をざっと眺めるだけで、このことを十分にうかがい知ることができる。これらの雑誌で気候変動の話題がとりあげられるときは、ほとんどきまってノンフィクション作品がらみで、長編小説や短編小説が視野に入ってくることはまずないと言っていい。実際のところ、こんな風に言ってしまっても良いかもしれない——気候変動をあつかう虚構作品（フィクション）は、ほとんど当然の理として、真剣（シリアス）な文芸誌に真剣に取り上げられる類のものではなく、その話題にふれたとたんにSF〔サイエンス・フィクション〕のジャンルに追いやられることが常套化しているのだ、と。[*3] 文学的想像力においては、あたかも気候変動が地球外生命体や惑星間旅行となにか同類のものと見なされているかのようなのだ。

この奇妙なフィードバック・ループ[*4]には、どこか困惑せざるをえないところがある。真剣（シリアス）であることを、わたしたちの生活を根本的に変容させうる脅威に目をつぶる態度として思い描くのは、あきらかに困難だ。そして、主題の喫緊性がその真剣味＝深刻性（シリアス）の基準であるとして、気候変動が地球の未来にたいして現実に発している警告のことを考えれば、それが世界中の作家の最重要課題となるべきことは至極当然のことであるはずだ。それなのに、現状はそれとはまったくほど遠いことになっている、とわたしには思われるのだ。

それにしても、なぜそんなことになってしまうのだろう。わたしたちの慣れ親しんだ語り（ナレーション）の小舟で漕ぎ渡るには、地球温暖化の潮流はあまりにワイルドすぎるとでも言うのだろうか。だが、ワイルドさがむしろ常態（ノルム）と化した時代[*5]にわたしたちが生きていることは、もはや広く認められた真実ではなかろうか。もし〔近代小説という〕ひとつの文学形式がこの奔流をさばく能力に欠けるというのなら、それは端的に言ってジャンルとしての落第を意味するだろう——そしてこのひとつの文学形式の不首尾は、気候変動がもたらす危機の中心に横たわる想像力と文化のより広範な機能不全の一側面であるとみなされなければならないことだろう。

問題が情報の欠如から生じたものでないことはあきらかだ。現在世界のあちこちで気候システム

＊3　文芸誌の書評欄で多くとりあげられたバーバラ・キングソルヴァーの『蝶のはばたき』（*Flight Behavior*、未邦訳）とイアン・マキューアンの『ソーラー』（村松潔訳、新潮社、二〇一一）は、数少ない例外である。

＊4　ギャヴィン・シュミットとジョシュア・ウォルフの定義によれば、「フィードバック・ループの概念は気候システムの中心に位置しており、そのシステムの複雑性の多くはこの概念によって説明される。気候現象においては、あらゆるものがほかのあらゆるものとつながっており、なにかひとつの要素に変化が生じると、それがほかの部分における長い変化の連鎖を引き起こし、それがさらなる変化につながり……ついには、これらの変化の波が、そもそもの原因となった変化を生んだ要素に戻ってきて影響をあたえる。このフィードバック現象が当初の変化を増幅することになれば、それは正（ポジティヴ）のフィードバックと呼ばれ、逆に減退させることになれば、負（ネガティヴ）のフィードバックと呼ばれる」（Schmidt and Wolfe, eds. *Climate Change: Picturing the Science* [New York: W. W. Norton, 2008], p.11）。

＊5　レスター・R・ブラウンは、「「気候が不安定であること」が新たな常態になりつつある」と書いた（『地球に残された時間　八〇億人を希望に導く最終処方箋』〔枝廣淳子訳、ダイヤモンド社、二〇一二〕、六二頁）。

が乱れに乱れていることに気づかず暮らしている作家など、ほとんどいないはずである。にもかかわらず、小説家が気候変動についてなにか書こうとするとほとんどきまってフィクション以外の形式を選ぶという事実は、じつに顕著なものである。アルンダティ・ロイが良い例だ——今日もっともすぐれた文体をもつ小説家であるのみならず気候変動について情熱的かつ深い理解を示すロイにしても、気候変動について書くときはきまって、さまざまなノンフィクションの形式を用いている。

さらに顕著な例として、ポール・キングズノースを見てみよう。キングズノースは、二一世紀のイングランドを舞台にした歴史小説『目覚め』（*The Wake*、未邦訳）で高い評価を得た小説家であるが、他方で気候変動活動家としての経歴ももち、影響力のあるダーク・マウンテン・プロジェクト——「われわれの文明が自らに言い聞かせる作り話（ストーリーズ）を信じることをやめた作家・芸術家・思想家たちのネットワーク」[*6]——の〔共同〕創設者となった。キングズノースはグローバルな抵抗運動にかんする力強いノンフィクション〔『ひとつのNO！　たくさんのYES！　反グロバリゼーション最前線』（近藤真理子訳、河出書房新社、二〇〇五）〕を書いているが、いままでのところ気候変動が主要な役割をはたす小説は執筆していない。

かく言うわたしも長年気候変動のことで頭がいっぱいのくせに、先のふたりとおなじように、自分の小説におけるこの主題のあらわれ方は間接的なものにすぎない。そこで、この個人的な関心と公表した作品の内容との齟齬について自分なりに考えてみた結果確信したのは、この乖離の原因はわたしの個人的な嗜好にあるのではなく、今日真剣な小説（シリアス・フィクション）[†1]と見なされるジャンルにたいして気候変動が呈示する特異な抵抗のかたちにこそある、ということである。

＊6　dark-mountain.net 参照。また、John H. Richardson, "When the End of Human Civilization Is Your Day Job," *Esquire*, July 7, 2015 も参照。

†1　ここで「真剣な小説」と訳した"serious fiction"は本書第一部における重要な参照枠となる概念であるが、その内実は故意にあいまいなものとされている節があり、それだけに本書刊行時には物議をかもし、また翻訳もしづらいものである。本章の記述からみるに、これはSFやファンタジーといった「ジャンル小説」と名指される一連のフィクション作品を排除しつつ、自らを「文学的」小説（文芸小説）として「主流」に位置づけるような小説を（批判的な視座から）一括りにするもので、日本語の「純文学」という用語に近いものと言える。ただ、「純文学」概念自体は日本特殊の文脈から生じたものであり、ゴーシュが規範とするのが西洋近代小説であることを考えると不適切な訳語ということになるだろう――この点にかんしては、巻末の著者インタヴューを参照のこと。ここでは、ゴーシュの「小説」理解が後出のフランコ・モレッティ『ブルジョワ』（とくにその第二章「真剣な世紀」）に大幅に依拠していることから、同書の訳語である「真剣」を――ことに、「真剣（serious）」が「真面目（earnest）」にとって代わられる、というモレッティの議論もふまえて――採用することとした。なお、当初は「本格小説」という訳語も真剣に検討したが、やはりこの表現にも日本的なイロが付着しているきらいがあると考え――「私は『本格小説』を書こうとしてはいなくとも、日本語で『私小説』的なものから遠く距たったものを書こうとしていることによって、日本語で『本格小説』を書く困難に直面することになったのであった」（水村美苗『本格小説』）――より直訳調で普通名詞的な「真剣な小説」がふさわしいと最終的に判断した。

四

ディペシュ・チャクラバルティは、その先駆的な論文「歴史の気候」[*7]のなかで、〈人新世〉——「人間が地質学上の行為主体（エージェント）となって、地球のもっとも基本的な物理過程をも変化させるようになった」[*8]地層年代——と呼ばれるこの時代においては、歴史家もこれまで自らのものとしてきた根本的な前提や手続きの多くを見直さなければならないだろう、と述べた。わたしとしては、さらに一歩踏みこんで、こう付け加えたい——〈人新生〉は、諸芸術や人文学のみならず、わたしたちの常識的な理解、さらには同時代の文化全般にたいする挑戦（チャレンジ）となっているのだ、と。

もちろん、これが困難な課題（チャレンジ）となっている理由は、部分的に、わたしたちが気候変動について考えようとする際、複雑な専門用語群がそのとっかかりとなる窓口の役割を担ってしまっているという点にあることは疑いない。だが、諸芸術や人文学を導くさまざまな前提や実践もまたその困難さの一因となっているという事実も、同様に疑いえないものだろう。いかにしてこのような事態になっているのかをはっきりさせることが、最重要の懸案であると思われる。それが、きっと、なぜ現代文化が気候変動に取り組むことがかくも困難であるのかを理解するための鍵となるだろう。実際のところ、これはおそらく、もっとも広い意味での〈文化〉が直面するいまだかつてないほどの重要性をもつ問いなのだ。この点を誤解しないでおこう——気候変動の危機はまた、文化の危機であり、したがって想像力の危機でもあるのだ。

文化は欲望を生む。乗り物や器械への欲望、ある種の庭や住まいへの欲望——これらの欲望は、二酸化炭素を排出する経済活動（カーボン・エコノミー）を推進してきた原動力の主要なもののうちに数えられる。高速のオープンカーにわたしたちが興奮するのは、なにもメタルやクロムを偏愛しているからではなく、ましてやその製作技術にかんする抽象的な理解によるのでもない。なぜ興奮するかといえば、それが原野を一直線に貫く道路のイメージを喚起するからで、なびく髪がはらむ風と自由を感じ、[*9] 地平線に向けて走るジェームズ・ディーンとピーター・フォンダを思い浮かべ、ジャック・ケルアックとウラジーミル・ナボコフを思い出させるからだ。南国の島の写真を「楽園」という単語に結びつける広告を目にしたときに胸にわき起こる憧憬には、ダニエル・デフォーやジャン＝ジャック・ル

＊7　Dipesh Chakrabarty, "The Climate of History: Four Theses," *Critical Inquiry* 35 (Winter 2009).

＊8　Naomi Oreskes, "The Scientific Consensus on Climate Change: How Do We Know We're Not Wrong," in Joseph F. C. DiMento and Pamela Doughman, eds. *Climate Change: What It Means for Us, Our Children and Our Grandchildren* (Cambridge, MA: MIT Press, 2007).〈人新世〉概念の系譜にかんしては、Paul J. Crutzen, "Geology of Mankind," *Nature* 415 (January 2002), p.23、および、Will Steffen, Jacques Grinevald, Paul Crutzen, and John McNeill, "The Anthropocene: Conceptual and Historical Perspectives," *Philosophical Transactions of the Royal Society* 369 (2011), pp.842-67 を参照。

＊9　ステファニー・ルメナジャーは、これを「道路 - 快感コンプレクス」と呼んでいる（Stephanie LeMenager, *Living Oil: Petroleum Culture in the American Century* [Oxford: Oxford UP, 2014], p.81）。

ソーにまで遡る感染経路があり、島への移動手段である飛行機などは燃え盛る火の燃えさしにすぎない。アブ・ダビや南カリフォルニアなど、かつては小さな植木を育てるためにすこしの水を大切に使っていたような土地において、海水から塩分を抜いた水が緑の芝生の上にふんだんにまかれる光景には、ジェイン・オースティンの小説によって焚きつけられたのかもしれない切望の表現が見いだされるだろう。こういった欲望によって召喚された人造の品々は、ある意味で、それらを生みだした文化の母体（マトリクス）を表現するものであると同時に隠蔽するものでもあるのだ。

この文化は、もちろん、現代世界をかたちづくった帝国主義と資本主義の歴史と密接な関係をもっている。だがそのことを知ったからといって、文化の母体が詩・芸術・建築・演劇・散文作品といったさまざまな形態の文化活動とのあいだに相互作用を生む際の、それぞれに特有の仕方についてはほとんどなにもわかりはしない。文化を担ってきたこれらの諸形態は、ながい歴史を通じて、戦争や自然災害など多種多様な危機に応答してきた。なのになぜ、気候変動ばかりは、これらの文化実践にたいしてかくも奇妙な抵抗を示すのだろうか。

こういった観点に立てば、今日の作家や芸術家が直面している問題は、たんに炭素経済（カーボン・エコノミー）がらみの政治的問題なのではなく、むしろ多くの部分は文化的生産にかかわるわたしたち自身の実践にも関連しており、そういった実践がいかにして文化のより大きな領野の隠蔽と共犯関係にあるのか、と問わざるをえない状況が見えてくる。たとえば、建築における現代的なトレンドについて見てみよう。二酸化炭素の排出量が加速度的に増加している今日においてさえ、ガラスや金属で覆われた光輝く高層ビルが好まれているのだとしたら、そういった身ぶりによって満たされる欲望のパターンとはいったいなんなのか、と問われなければならないだろう。また、わたしは小説家だが、作品のなかで登場人物を描写するのにブランド名を並べる手法をとったとしたら、それが市場経済による〔消費者の欲望の〕操作とどの程度まで共犯関係にあるのか、と自問する必要があるのではないだろうか。

同様のこころがまえで、こういった問いも問われなければならいと思う——作品に気候変動を組み込むことが真剣な小説（シリアス・フィクション）の領分からの追放につながるとするならば、いったい気候変動のなにがそうさせるのか。そして、そのことは、広く文化全般における〔気候変動を直視することの〕回避のパターンにかんして、わたしたちになにを教えてくれるのだろうか。

海面の上昇がシュンドルボンのような低地帯を呑みこみ、コルカタ、ニューヨーク、バンコクといった都市を居住不能[*10]においこむというように、変化が肌身に感じられるようになってきたこの世界の住民たちならば、まずなによりも、自分たちが受け継いだ世界の変わり果ててしまった姿の痕跡や予兆を見つけようとして、同時代の芸術や文学に目を向けるのではないだろうか。それが見いだせないと知ったとき、かれらが到達すべき結論、せいぜい到達しうる結論は、芸術や文学のほぼ

＊10　ジェームズ・ハンセンによれば、「海岸線に位置する諸都市の一部はかろうじて沈まずに海面上に顔を出していられるだろうが、居住は不可能となるだろう」とのことだ（http://www.thedailybeast.com/articles/2015/07/20/climateseer-james-hansen-issues-his-direst-forecast-yet.html）。

すべてが、人びとが自らの惨状を認知するのを妨げるべく仕組まれたさまざまな隠蔽の様式へと引きずり込まれていくような、そんな時代をわたしたちは生きているのだ、という以外にないのではなかろうか。そう考えると、自己認識を自画自賛して得意になっているこの時代が、将来的には〈大いなる錯乱〉の時代としてふりかえられることになるというのも、じつにありそうなことではないか。[*11]

五

一九七八年三月一七日の午後、デリー北部の天候は奇妙な急変をみせた。インドでもあのあたりは、ふつう三月半ばといえば一年のうちでも良い季節だ——冬の冷え込みも去り、灼熱の夏はまだ先のことで、空は青々と晴れ渡り、モンスーンもとうぶんはやってこない。しかしその日は、黒雲がにわかにわきあがり、土砂降りの雨を降らせた。そして、さらに驚くべきことがあとに続いた——大粒の雹が雨あられと降ってきたのだ。

その時分わたしは、デリー大学の修士課程で勉強しながら、ジャーナリスト見習いとして働いていた。雹の大降りがはじまったときには、図書館にいた。その日は遅くまで勉強するつもりでいたのだが、季節はずれの天気にすっかり気が変わってしまい、図書館を出ることにした。そのままっすぐ下宿の部屋に帰るつもりだったのだが、ふと思い立って向きを変え、友人の家に転がりこんだ。友人とおしゃべりしているあいだにも天気はますます悪くなってきたので、ふだんはめったに通る機会がない道からまっすぐ家に帰ることに決めたのだった。

モーリス街(ナガール)の混みあった交差点をちょうど渡ったあたりで、上の方からゴロゴロと轟音が聞こえてきた。肩ごしにふりかえってみると、黒雲の底面からチューブのような灰色の突起物がにょきにょきと出てきているのが見えた。その突起物はみるみるうちに大きくなり、急に向きを変えたかと思いきやビュンビュンうなりながら地面めがけて、よりによってわたしが立っていた方角にむかって降りてきた。

大通りの反対側には行政府の建物があったので、その入り口らしき場所をめがけてわたしは全力で走りよった。だが、ガラス張りのドアは固く閉ざされており、その前には、張り出しの下で雨をさけようと肩よせあって立ちすくんでいる人びとの小さな集まりができていた。そこにはもうわたしの入る余地はなかったので、駆け足で建物の正面にまわりこんだ。そこに小さなバルコニーを見つけ、手すりを飛び越え、そのまま床にうずくまった。

＊11　歴史家のフレドリック・アルブリトン・ヨンソンは以下のように記している――「地球システムを「完新世の状態に」維持するために必要な惑星としての限界が侵犯されていることを考えれば、化石燃料使い放題のわれわれの時代状況は、人類の英知による恒久的な達成というよりはむしろ、目のくらむような暴飲暴食の大宴会にこそそっくりだと言える」(Fredrik Albritton Jonsson, "The Origins of Cornucopianism: A Preliminary Genealogy," *Critical Historical Studies*, Spring 2014, p.151)。

すぐに轟音が狂ったようにピッチを上げ、暴風がはげしくわたしの服を引っ張りはじめた。手すり越しにおそるおそる外をのぞいてみると、周囲はもうもうと巻き上げる砂ぼこりのせいですっかり暗くなっているのに驚かされた。頭上からはおぼろげな光がさしこんでいて、見上げるとそこにはとんでもない光景が展開していた——自転車、スクーター、街灯、くしゃくしゃになった鉄板、さらには屋台がまるごと、宙に浮いて飛び回っていたのだ。その瞬間、重力そのものが変容し、なにか未知の力の指先でまわる円盤〔ヴィシュヌの武器スダルシャナ・チャクラのイメージ〕と化したかのようだった。

わたしは腕で頭を抱え込んで、その場に伏せてじっとしていた。数分ののち轟音は止み、不気味な静けさが残された。やっと起き上がりバルコニーから身を乗り出すと、そこには、いまだかつて見たことがなかったような荒れはてた光景がひろがっていた。バスはひっくり返り、スクーターは木のてっぺんに引っかかっている。建物の壁は引きはがされ、すっかりさらけ出された屋内の天井にはひん曲がってチューリップのようなかたちをしている扇風機がぶらさがっている。最初に避難しようとして近づいたガラス張りの戸口のあたりには、とがった破片が山をなしていた。ガラスはこなごなに砕け散り、たくさんの人がガラスの破片で大けがをしていた。そこに留まっていたならば、自分もあのけが人たちのうちに数えられることとなっていたのだろう。呆然と、わたしはその場から歩き去った。

ずっとあとになってから、いつどこでだったか正確には思い出せないけれど、わたしは三月一八日刊の『タイムズ・オヴ・インディア』紙ニューデリー版を見つけ出した。そのときにとったコピーは、いまでもわたしの手もとにある。

「デリー北部を襲ったサイクロンで死者三〇人、重軽傷者あわせて七〇〇人」——その日の見出しが躍っている。

つづく記事のなかから、数か所を引用しよう——「三月一七日、デリー。すくなくとも三〇人の死亡、七〇〇人の負傷者、うち多くが重傷。今夕首都を襲った奇怪な漏斗状の旋風は豪雨をともない、モーリス街、キングズウェイ・キャンプ地区の一部、ロシャナーラー通り、カムラ街に死と荒廃をもたらした。負傷者は首都の複数の病院に収容された」。

「旋風はほとんど一直線に進んだ。ヤムナー川を直撃し川の水を二〇フィートか三〇フィートももち上げた、という目撃談もある……モーリス街は殺伐とした光景を呈した——大通りの一面には、倒れた柱、枝、ワイヤー、周囲の施設の壁から崩れ出たレンガ、職員宿舎や道路脇の食堂（ダバ）のブリキ屋根、そして何十というスクーターやバスや自動車が散乱していた。通りの両脇の木々は、一本たりとも残ってはいなかった」。

目撃者の証言もある——「あの恐ろしいときに、わたしは、自分が道に乗り捨てたスクーターが凧のように上空に舞い上がるのを見ました。まわりで起きていることにあまりにも驚いて、声も出ませんでした。死にかけている人も見かけたけれど、助けることはできませんでした。モーリス街の角にあったふたつの屋台も吹き飛ばされ、跡形もなくなっていました。あそこだけでも、一二〜

一五人は瓦礫の下じきになっていたはずです。たったの四分ほどで猛烈な嵐がおさまると、死と荒廃が一面にひろがっていました」。

記事の言葉づかいが、この惨事がいかに空前の出来事であったかを物語っている。あまりに見慣れない出来事であったため、それをどう名づければ良いのか、文字通り見当もつかなかったのだ――適切な名称が見当たらないので、「サイクロン」とか「漏斗状の旋風」といった表現にはしっていた。

翌日になってようやく、正確な表現が見つかった。「きわめてまれな現象と気象庁が見解」という見出しに続いて、三月一九日の記事はこう記している――「一昨日首都北部を襲ったのは竜巻(トルネード)であり、この地域では史上はじめて観測されたものである。インド気象庁によると、竜巻は約五〇メートルの大きさで、二~三分のあいだに約五〇キロの距離を移動した」。

要するに、これは、デリー(のみならずこの地域全域)を襲った気象学史上最初の竜巻だったのだ。[*12]

そして、大学街のそちらの側にはめったに足を運ばず、その通りに足を踏み入れたこともほとんどなかったこのわたしが、どういうわけかその史上初の竜巻の通り道に居合わせることとなった、というわけだ。

竜巻の目が自分のちょうど真上を通り過ぎていたという事実にはたと気がついたのは、だいぶ時間が経ってからのことだった。〈目〉の比喩には、奇妙なほどしっくりくるものがあった――あの瞬間に起きたことは、見つめるものと見つめられるものとの、ある種の視覚的接触に、不思議と似かよったものだったのだ。そして、この接触（コンタクト）の瞬間、わたしのこころの奥底に、なにかが深く埋め込まれた——なにものにも還元できない神秘的ななにか、わたしがそれ以前に曝された危険や目撃した破壊とはすっかり異質のなにか、そのもの自体の特性ではなくそれがわたしの人生と交差した仕方の固有性にかかわるなにか、が埋め込まれたのだった。

六

予想をだにしなかった出来事に見舞われた人にありがちなように、それから何年ものあいだ、わたしはあの竜巻（トルネード）との遭遇の場面にくりかえし立ち返って考えたものだ。どうして、あの日、それまでめったに通ったことのない通りをわたしは歩いていたのだろう——よりによって、地域の歴史上はじめて出来した現象がその通りを襲うこととなる、まさにその直前のタイミングで。偶然の一致や確率の問題として考えるのは、その経験を貧しいものにするだけだと思われた。それではまるで、詩を理解しようとするのに単語の数を数えるようなものだ。かわりに反対の極にある、説明不可能

＊12　インド亜大陸において竜巻が頻繁に発生する唯一の地域はベンガル・デルタ、とくにバングラデシュである。参考として、Someshwar Das, U. C. Mohanty, Ajit Tyagi, et al., "The SAARC Storm: A Coordinated Field Experiment on Severe Thunderstorm Observations and Regional Modeling over the South Asian Region," *American Meteorological Society*, April 2014, p.606.

で途方もない超常的なものに、その意味づけを求めようとしたこともあった。だがそれも、この出来事の記憶に十分つりあうものとは思えなかった。

小説家が自分自身の経験から作品の素材を発掘しようとするのはしごく当然のことであって、尋常でない出来事というのは必然的に数が限られている以上、その数少ない出来事を幾度となく掘り返してみてはまだ未発見の鉱脈が見つかりはしないかと期待するのは、いたって自然な態度だろう。わたしだって、他の作家たちに勝るとも劣らぬほどに、自分の過去の経験を掘り下げて小説に生かしているつもりだ。だから本来なら、例の竜巻との遭遇などはまさに無尽蔵の鉱脈のようなもので、その金塊の最後の小片にいたるまで掘りつくすべき天からの授かりものであったはずなのだ。

たしかに、わたしの書くもののなかに嵐や洪水や尋常でない天候事象がくりかえし出てくることは事実で、これは竜巻の爪あとと言えるのかもしれない。ただ奇妙なことに、竜巻そのものがわたしの小説に描かれたことは、一度たりともない。それはわたしの努力が足りなかったせいではなく、実際のところ、『タイムズ・オヴ・インディア』紙の切り抜きをいまだに手元にとっているのは、長年にわたって幾度となくそれを小説のなかでうまく使いたいと思いながらも、そのたびに失敗してきたことの証なのだ。

こういった出来事をフィクションに移しかえる〔＝翻訳する〕のを困難にする理由は、見たところどこにもない。なにしろ世の小説の多くには、奇妙な事件が満載ではないか。ならばなぜ、小説家としての精いっぱいの努力にもかかわらず、まもなく竜巻に襲われることになる通りへと主人公を送り出すことが、わたしにはできずじまいとなっているのだろうか。

そのことについて思いをめぐらせているうちに、また別の問いに行きあたった——もし自分ではなく他人が書いた小説のなかでこういったシーンに出くわしたとしたら、わたしはそれをどう考えるだろうか。おそらくわたしの反応は、懐疑的なものとなるだろう。切羽詰まったあげくにこしらえたシーンではないかと疑ってかかりたくなるところだ。想像力が完全に枯渇してしまった作家ででもなければ、よもや、こうも極端に蓋然性の乏しい状況設定に頼るようなことはしないのではなかろうか。

蓋然性の乏しさ（*improbability*）が、ここでのキーワードである。ついては、この語の意味するところを問うてみなければならない。

「蓋然性が乏しい」とは「蓋然性がある」と対になる概念ではなく、むしろ蓋然性の連続体における度合いの問題である。では、数学の世界では「確率論」とも呼ばれるこの蓋然性の問題が、フィクションといったいなんの関係があるというのだろうか。

「おおあり」が、その答えだ。なぜなら、この概念の歴史に通暁するイアン・ハッキングが述べているように、蓋然性〔確率〕にもとづく思考とは「われわれが〔偶然的な〕世界を理解するやり方で、それとは気づかずにできあがっているもの」[*13]なのだから。

〔現代的な意味における〕蓋然性〔確率〕の概念と近代小説とは、じつのところ、ほぼ同時期に同一人物たちのあいだで孕まれた双子であって、おなじ星の下に生まれ、おなじ類の経験を容れる器となるべく運命づけられたものなのだ。近代小説の誕生以前には、物語（ストーリー）が語られるときはいつも、いまだかつて聞いたこともないものごとやおよそありそうもないことがらをフィクションは嬉々として題材にしたものだ。『アラビアン・ナイト』『西遊記』『デカメロン』といった物語においては、次から次へと起こる例外的な出来事のあいだを能天気に飛躍しながら語り（ナラティヴ）が進行する。つまるところ、物語行為とは「なにが起こったのか」を詳しく述べることである以上、こういったかたちで物語が展開することには必然性があるのだ——というのも、「なにが起こったのか」という問いかけ自体が、そもそもなにか尋常ならざるものごとをめぐってのみ生じるものであって、それは「例外的」とか「およそありそうもない」と言うのに等しいのだから。語り（ナラティヴ）は、なんらかの意味で特徴的であったり異質であったりする場面や瞬間をつなぎ合わせることにより進行するのをその本質とするのであるから、例外事の連鎖以外のなにものでもないのは当然のことなのである。

　小説もまたおなじような仕方で進行するのだが、ただこの形式に特徴的なのは、語り（ナラティヴ）の原動力となる例外的な瞬間（モーメント）＝契機を隠蔽するという、まさにその点にある。この隠蔽は、文学理論家のフランコ・モレッティが「埋め草（fillers）」と呼ぶものを挿入することによってなし遂げられる。モレッティによると、「埋め草は、ジェイン・オースティンの小説においてきわめて重要な位置を占める礼儀作法にたいへんよく似た機能をはたす。それらはいずれも、存在のあり様に規格すなわち〈型（スタイル）＝文体〉をあたえることにより、人間の生の「物語性（ナラティヴィティ）」を制御可能なものとすることが意図されたからくりである」。小説世界が呼び起こされるのは、まさにこのからくりによって——「〈語り（ナラティヴ）

の対極〉として」機能する日常的なディテールによって——のことなのである。つまり、小説が近代的形式を獲得するに至ったのは、「前代未聞の事物を背景に退けつつ日常性を前面に押し出すような配置換え」によるところが大であるわけだ。[*14]

かくして小説は、〈蓋然性の乏しさ〉を追放し〈日常性〉を挿入することにより生を享け、世界中に広がることとなった。このプロセスは、バンキムチャンドラ・チャタジー〔チャトーパーディヤーエ〕の創作活動のうちに、ひときわはっきりと見てとることができる。チャタジーは一九世紀に活躍したベンガルの作家・批評家であるが、かれは自覚的に、西洋風のリアリズム小説がインド土着の諸言語によって書かれうる空間を切り拓くという企図を引き受けたのだった。宗主国の主流から遠く隔てられた文脈において着手されたこの大胆な企ては、思考や行為の実践系（レジーム）が有する真の生命はむしろ例外状況によってあきらかになる、ということの好例と言えるだろう。[*15]

＊13　イアン・ハッキング『確率の出現』（広田すみれ他訳、慶應義塾大学出版会、二〇一三）、三二九頁。〔この引用は同書の「二〇〇六年版序論」からとられたものだが、若干不正確な引用で指示語の対象があいまいにされているために、元の文脈とはことなる解釈を生む余地がある。ここでは引用元の文脈にも配慮しつつ、本書の脈絡に合うような変更をくわえた。〕

＊14　フランコ・モレッティ「真剣な世紀　フェルメールからオースティンまで」（Franco Moretti, ed. *The Novel, Volume 1* [Princeton UP, 2006], p.372）〔本論文は若干の加筆修正をへて、フランコ・モレッティ『ブルジョワ　歴史と文学のあいだ』（田中裕介訳、みすず書房、二〇一八）に再録されている。ここの引用箇所は訳書七九頁にあたるが、著者は元の論文から引用しているため訳書とは多少の異同がある。〕

チャタジーが模索していたのは、実際のところ、古代インドの叙事詩群や仏教の説話集、さらにはきわめて豊穣なイスラーム化されたウルドゥー語物語（ダスターン）の伝統にまで至る、古い歴史とたいへんな影響力をもつさまざまなフィクションの形式を乗り越えることだった。ながい時間をかけて、こういった語り（ナラティヴ）の形式はそうとうな重みと権威を蓄積しており、その影響はインド亜大陸をはるかに越えて広がっていた。そういうわけで、新たな種類のフィクションの領域を主張するというかれの試みは、そのこと自体がすでに英雄的行為だったのである。チャタジーの探求がとりわけ興味深い理由もそこにある。チャタジーによるこの新たな領域の地図作成作業は、西洋の小説と非西洋のより古い語り（ナラティヴ）の形式とのコントラストを、かつてないほどはっきりと浮かび上がらせることになるのだ。

一八七一年に執筆されたベンガル文学にかんする長文のエッセイにおいて、チャタジーは、伝統的な物語形式をモデルとして創作活動をする作家たちへの正面攻撃を行った。かれが言うところの「サンスクリット派」作家たちへの攻撃が照準を合わせたのは、まさに、「たんなる語り（mere narrative）」という考えだった。それに代わってかれが唱道したのが、「登場人物の写生（スケッチ）とベンガル的生活の肖像（ピクチャー）」を主座にすえるような創作のスタイルだったのだ。[*16]

その意味するところは、チャタジー自身が一八六〇年代前半に英語で執筆した小説デビュー作『ラジモハンの妻』という実作によって、とてもわかりやすく示されている。[*17] その小説の一節を引用しよう――「マトゥール・ゴースの家は、田舎風（モフシル）の格調の高さが田舎風（モフシル）の清潔感の乏しさと手を結んだ屋敷の、純粋な標本のようだった。（中略）遠くの田んぼからでも、視界をさえぎる群葉のすきまから、背の高い柵と黒々とした壁を垣間見ることができるだろう。もっと近づいてみれば、はるかいにしえよりへばりついてきた壁土の一部が、厳しい気候にさらされ古くなった建物に別れを告げようとしているさまを見とどけることができるかもしれない」。

この一節を、ギュスターヴ・フローベールの『ボヴァリー夫人』の以下のくだり〔第二部冒頭近く〕と比べてみよう――「国道をラ・ボワシエールではなれて、平地をルー丘まで出るとそこから盆地が見わたせた。（中略）牧場がまるく盛り上がった低い丘つづきの下に延びて、ブレ地方の牧草地とうしろから接しているいっぽう、東の方には平原がゆるやかに上って、目のとどくかぎり黄金色の小麦畑がひろがっていた[*18]」。

いずれにおいても読者は、視線とその先に見られるものを通じて「場面（シーン）」へと導かれる。わたしたちは、「垣間見」たり「見とどけ」たり「見わた」したりするよう促されるのだ。他の語り（ナラティヴ）の

---

*15　アガンベンが「規則の真の生命が例外化であるとする」（『ホモ・サケル』、一八九頁）カール・シュミットの主権理論について論じたことを参照。

*16　Bankim Chandra Chatterjee, "Bengali Literature"。当初は匿名で『カルカッタ・レヴュー』一〇四号（一八七一）に発表された。現在ではオンラインで全文を読むことができる。https://en.wikisource.org/wiki/Bengali_Literature

*17　わたしは、"The March of the Novel through History: The Testimony of My Grandfather's Bookcase"（*The Imam and the Indian* [New Delhi: Ravi Dayal, 2002] 所収）において、この小説について詳細に論じている。

*18　ギュスターヴ・フローベール『ボヴァリー夫人』（生島遼一訳、新潮文庫、一九九七）、八三頁。

形式と比べれば、これはたしかに新しいことだ――起こったことについて聞かされるかわりに、観察されたものについて学ぶこととなる。チャタジーは、ある意味で、リアリズム小説に内在する「模倣（ミメーシス）の野心」の核心へとまっすぐに飛びこんだのだと言える。そのようなわけで、日々の生活の詳細な描写（＝「埋め草」）は、この新たな形式をめぐるチャタジーの実験にとって中心的な地位を占めるものとなったのだ。

　日常性のレトリックの出現と、蓋然性の概念によって支配される統計学の実践系（レジーム）が社会に新たなかたちをあたえはじめたのとが、ちょうど時をおなじくしていたのはいったいなぜなのだろう。「埋め草」が突如としてこれほど重要視されるようになったのは、なぜなのだろうか。モレッティの解答は、以下のようなものだ――「それがブルジョワ生活の新たな規則正しさに見合った物語の快楽を提供するものだからだ。（中略）〔「埋め草」によって〕小説は、「静かな情念」へと、ヴェーバーの「合理化」という局面へと変化する。経済と行政においてはじまるこの過程は、最終的には、〔『経済と社会』の最終巻においてのように〕余暇、私生活、感情、美意識の領域へと拡大する。つまるところ、「埋め草」は小説の世界を合理化する。すなわち、それを驚きに乏しく、冒険はほとんどなく、奇跡は皆無である世界へと変える」[*19]。

　こういった思考の実践系（レジーム）は、芸術のみならず科学の分野にものしかかってきた。だからこそ、スティーヴン・ジェイ・グールドが「漸進説（gradualism）」と「激変説（catastrophism）」という地質学の理論についてみごとに分析した『時間の矢・時間の環』は、本質的に語り（ナラティヴ）の研究でもあると言えるのだ。グールドが語る歴史＝物語（ストーリー）において、激変説的な地球誌の典型としてあつかわれるのはトマス・バーネットの『地球にかんする神聖なる理論』（一六九〇）だが、その作品の語り（ナラティヴ）は「反復不能の独自性」をもつ出来事をめぐって展開する。これとは対照的に、ジェイムズ・ハットン（一七二六—九七）やチャールズ・ライエル（一七九七—一八七五）に代表される漸進説的アプローチが重要視するのは、むらのない予測可能な速度で時間をかけてゆっくりと進行するプロセスである。この説をその中核でささえる信念は、「現在見られる変化の様相と違った仕方では、なにものも変化することはない」[*20]というものだ。つまり、一言で言えば、「自然は飛躍しない」[*21]のだ。自然は飛躍しないかもしれないが、たしかに跳躍はする、[*22]というのが厄介なのだ。地質学的記録

＊19　モレッティ『ブルジョワ』、八九−九〇頁。ここには、カール・シュミットの反響を聴きとることができる——「現代の法治国家の理念は、理神論、すなわち、奇蹟を世界から追放し、奇蹟の概念に含まれている自然法則の中断、つまり直接介入による例外の設定を——現行法秩序への主権の直接介入を拒否するのとまったく同様に——拒否する神学および形而上学、を踏まえつつ確立してきたのである。啓蒙思想の合理主義は、いかなる形での例外事例をも否定した」（『政治神学』（田中浩ほか訳、未來社、一九七一）、四九頁）。

＊20　Spencer R. Weart, *Discovery of Global Warming* (Cambridge, MA: Harvard UP, 2003), p.9.

＊21　スティーヴン・ジェイ・グールド『時間の矢・時間の環　地質学的時間をめぐる神話と隠喩』（渡辺政隆訳、工作舎、一九九〇）、二二三頁。［「自然は飛躍しない（Natura non facit saltum）」とはもともとラテン語の格言で、ライプニッツやリンネが好んだもの。この箇所でグールドは、ダーウィンが「身をまかせていた」考えとして引用している。］

が証言するように、地球の時間軸には多くの裂け目が存在しており、なかには恐竜を絶滅に導いたとされるチクシュルーブ小惑星の地球衝突のように大量絶滅やそれに類する大惨事を招いたものもある。いずれにせよ議論の余地なく言えるのは、激変(カタストロフィ)は地球とそこに住む者たちをともに待ち伏せしており、予期せざる間隔をおいてまったく蓋然性の乏しい仕方で襲ってくる、ということだ。

では、この現実世界において、予測可能なプロセスとありそうもない（unlikely）出来事のどちらに主導権があるのだろうか。グールドによれば、「唯一可能な答えは「どちらも正しくてどちらもまちがっている」というものでしかない」[*23]ということになる。おなじことを、全米研究評議会（NRC）はこのように表現している――「地球の表面に存在する諸物質の再配置を主導するのが、不断に作用している緩慢だが連続的な流動なのか、短期間に起こる大変動のあいだに生じるすさまじく巨大な流動なのかは、いまだに判然としない」[*24]。

地質学がこの不可知論的コンセンサスに到達したのは、つい最近のことだ。地質学が――近代小説とともに――成熟していく時代をとおして、漸進説（あるいは「斉一説［uniformitarian］」）的な視座が圧倒的な優位を占めることとなり、激変説は周縁へと追いやられた。漸進説の主導者たちはその勝利をさらにたしかなものとするために、近代のもっとも効果的な武器のひとつを用いて、すなわち異質な知の形態に「時代遅れ」のレッテルを貼るという手段でもって、執拗な攻撃をくわえた。グールドがみごとに描き出したように、ライエルは論敵たちを粉砕するにあたって「原始的」という汚名をかれらに着せたのだった――「向上進歩の初期の段階では、説明のつかない自然現象がきわめて多数存在する。そして、日食、地震、洪水、彗星の接近など、自然の成り行きであることがその後判明した多くの出来事が、凶事の前兆とみなされる。それとおなじ妄想は、精神にかかわることがらにも蔓延している。そうした出来事の多くが、悪魔、幽霊、魔女など、実体のない超自然的な存在のせいとされるのである」[*25]。

チャタジーが「サンスクリット派」を攻撃するのに用いたのも、まったくおなじレトリックだった。その非難の矛先は、因習的な表現様式や現実ばなれした因果関係への依存に向けられている——「〔因習を盲信するサンスクリット派の作品において〕愛がテーマとなるならば、五本の花の矢をたずさえたマダナ〔愛神カーマの別称〕がきまって召喚され、春の暴君〔ヴァサンタ〕はまちがいなく加勢にあらわれ、ミツバチ軍団やら春のそよ風やらその他もろもろ古代世界の一族郎党を連れてくる。さて、別れの苦しみも歌われようか。月はほどなく呪われよう——あわれな恋の餌食をその冷たい光で焦がしたかどで[*26]」。

---

*22 スティーヴン・ジェイ・グールドとナイルズ・エルドリッジが表明した「断続平衡説」が提唱する説によれば、「新たな種の発生は安定したプロセスによるのではなく、発作的な不規則さで進行する——漸進的ではなく断続的なのである」(John L. Brooke, *Climate Change and the Course of Global History* [New York: Cambridge UP, 2014], p.29 参照)。

*23 スティーヴン・ジェイ・グールド前掲書、二四八頁。

*24 Matt Rosenberg, "Uniformitarianism" に引用。https://www.thoughtco.com/what-is-uniformitarianism-1435364

*25 スティーヴン・ジェイ・グールド前掲書、一四八頁〔訳文を若干変更〕。

フローベールが、娘時代のエマ・ルオー〔のちのボヴァリー夫人〕をうっとりさせる語り(ナラティヴ)の文体を揶揄するときの書きぶりにも、おどろくほど似通った調子を聴きとることができる。修道院にこっそりもちこまれ回し読みされる小説の「内容(なかみ)はいつも、恋、恋する男女、さびしい離れ家で気を失う貴婦人、駅場につくとすぐ殺される御者、ページごとに疲れて死ぬ馬、暗い森、そぞろ心、愛の誓い、すすり泣き、涙と接吻、月下の小舟、茂みで鳴く夜鶯(ナイチンゲール)……」[*27]。これらはすべて、エマ・ボヴァリーが放りこまれることになる規則正しいブルジョワの世界からすると、まるっきり異国のおはなしで、こういった空想のものごとはエマがこころから住みたいと願う「ディオニソス的な国々」にしかないものだったのだ。

物語への嗜好をみごとに要約するかたちで、エマはこう言い放つ――「いまではあたし、むしろ物語、一気に読んでしまえる、こわい気持ちにさせられるような、そういうのが大好き。自然にざらにあるような、平凡な人物やおだやかな気持ちはきらい」[*28]。「平凡」「おだやか」――いったいどうすれば、〈自然〉からこういった表現が連想されるのだろうか。

こういった連想に今日のわたしたちが疑いの目を向けざるをえないという事実が示すのは、完新世[†2]における気候の相対的安定にもとづいた発想の多くが、いかに人新世によってすでになし崩しとなってしまったのかということだ。今日の視点からふりかえってみると、勃興するブルジョワ階級の自信と自己満足もまた、ここまで見てきた〈不気味〉な事例のひとつに数えられるように思えてくる――それはまるで、人類に自身の運命を自由にかたちづくることができると思いこませてやることによって、地球が人類をもてあそんでいたかのようではないか。

いまとなってはおよそありそうもないことに思えてしまうのだが、フィクションにおいても地質学においても、〈自然〉はおだやかで秩序正しいのが当然であると思いこまれていたのがまさに一九世紀という時代であって、それが新しい「近代的」な世界観の特徴だったのだ。チャタジーはわざわざ紙幅を割いて、同時代の詩人であるマイケル・マドゥスダン・ダッタが自然をおだやかならぬものとして描くことを非難している――「〔すぐれて現代的な面ももち合わせている詩人のダッタも〕沈着に欠けることがある。ちょっとしたそよ風すらなくても良いところで暴風が吹き荒れたり、まっ

＊26 バンキムチャンドラ・チャタジー前掲エッセイ。

＊27 フローベール前掲書、四六頁。

＊28 フローベール前掲書、一〇〇頁。〔生島訳で「世間に」となっているところを文脈上「自然に」とかえた。原文では《dans la nature》で、ゴーシュが引用するエリノア・マルクス＝エイヴリング訳では“in nature”であり、「世間に」というのは達意の訳であると言えるが、ゴーシュはわざわざ“in Nature”と大文字にして「自然」の意味を強調しているため、ややぎこちなくなってしまうが訳文に手を入れた。同様に、「おだやか」も生島訳の「中途半端」から変更した（原文では《tempéré》、英訳では“moderate”で、いずれも天候についての形容辞としても使えるもの）。〕

†2 地質時代区分で、最終氷河期が終わった約一万一七〇〇年前から現在までの比較的温暖な期間を指す。ただし直近の急激な地球温暖化が人類の活動に起因するとの見立てから、そこに新たな「人新世（Anthropocene）」という区分を設けるのが今日の趨勢である。

たく必要のないところで暗雲がたちこめ大雨を降らせたり、だれもがむやみな介入にいらだちたくなるような仕方で海原が猛り狂ったりする」[*29]。

科学における漸進説の勝利も同様に、激変説に非‐近代的というレッテルを貼ることにより勝ちとられた。地質学においても漸進説的思考は完全に支配的地位を占めていたので、あまりに唐突で想像を絶するような猛烈な大変動を仮定するアルフレート・ヴェーゲナーの「大陸移動説」は、何十年にもわたって無視され嘲笑の的にさえなったのだ。

こういった考え方が、ことに一般大衆のあいだで、二〇世紀終盤まで圧倒的な影響力を誇示していたという事実は、思い起こしておく価値があるだろう。歴史家のジョン・L・ブルックによれば、「一九六〇年代中盤の時点で、地球の歴史や進化にかんする漸進説モデルは至上権を保持していた」[*30]。一九八五年になってさえ、『ニューヨーク・タイムズ』の社説が巨大隕石の落下による恐竜絶滅説を腐していた――「地上の出来事の原因を天体に求めるような仕事は占星術師にまかせるべきだ、と天文学者諸氏には言っておきたい」[*31]。古生物学の専門家たちも巨大隕石落下説およびその提唱者であるルイスとウォルターのアルヴァレス父子をあしざまに罵った、とエリザベス・コルバートは書いている――「白亜紀末期の大絶滅は漸進的なもので激変説は端的に言って誤謬なのだが、単細胞的な理論というものは往々にして生きながらえ、少数の科学者を魅了し大衆誌の表紙をにぎわし続けるものなんだよ」と、ある古生物学者は語った」[*32]。

換言すれば、漸進説は「目隠しとして機能」していたのだ。それがゆくゆくは、「時間軸における一瞬一瞬を特異なものとして弁別するような独自性という視点と、〔諸事象の〕理解可能性の根拠をなすところの法則への適合性という視点とを、同時に満たす必要がある」[*33]ことを認識するような観点にとって代わられなければならなかったのだ。

特異な瞬間(モーメント)=契機は、地質学や歴史学その他あらゆる形態の語り(ナラティヴ)にとって重要であるのと同様に、近代小説にとってもじつは欠かせないものなのである。皮肉にもこのことは、ほかならぬ『ラジモハンの妻』と『ボヴァリー夫人』にもっともよく表れており、いずれの小説においても偶然のめぐりあわせや思いもよらぬ出来事が語り(ナラティヴ)にとって決定的な重要性をもっている。たとえば、フローベールの小説におけるオペラ座のシーン。エマが主演歌手の歌声に恍惚となりながら、「あのひとは自分を見ている。たしかに！　男の腕にとびこんで、その力のなかへ、愛そのものの化身のなかへのごとく、逃げこみたく思った。《つれて行ってちょうだい、あたしをつれてって……》[*34]」と妄想

＊29　バンキムチャンドラ・チャタジー前掲エッセイ。
＊30　ブルック前掲書。
＊31　グールド前掲書、二二七頁に引用。
＊32　Elizabeth Kolbert, *The Sixth Extinction: An Unnatural History* (New York: Henry Holt, 2014), p.76。Jan Zalasiewicz and Mark Williams, *The Goldilocks Planet: The Four Billion Year Story of Earth's Climate* (Oxford: Oxford UP, 2012), Kindle edition, loc. 3042、および、グウィン・ダイヤー『地球温暖化戦争』〔平賀秀明訳、新潮社、二〇〇九〕も参照。
＊33　グールド前掲書、二七頁。〔訳文を適宜変更〕

する情熱的なくだりの直後、〔幕間に妻のために飲み物を買いに行った〕ボヴァリー氏が、ほどなく妻の愛人となる男にばったり出くわすが、この偶然の契機を軸として小説の語り（ナラティヴ）は大きく転回することとなる。

むろん、そうでしかありえないだろう。もし小説を例外的な瞬間（モーメント）＝契機を足場として組み立てないのだとしたら、小説家は世界全体をまるごと再創造するというボルヘス的課題に直面しなければならないだろうから。だが、近代小説は、地質学とはことなり、〈蓋然性の乏しさ〉の中心性にむりやりにでも向き合わされるということはなかった。というのも、出来事〔の連鎖〕という足場を覆い隠すことが、小説が機能するための基本であり続けてきたからだ。ある種の語り（ナラティヴ）を、はっきりそれとわかるような近代小説とするのは、この覆い隠しにほかならないのだ。

ここに「リアリズム」小説のアイロニーがある――リアリズム小説は、現実（リアリティ）を喚起するというその仕草によってまさに、実際には〈リアルなもの（the real）〉を覆い隠しているのだ。

実作においてこれが意味するところは、小説という想像世界において適用される蓋然性の評価方法が、外の世界で通用しているものとおなじではない、ということだ。だからこそ、「もしこれが小説のなかでのことだったら、だれも信じはしないだろう」というような言い草があたりまえのようになされるわけだ。ながいこと音信不通だった幼なじみとばったり出会うといったような、現実世界ではただちょっとばかり「ありそうもない〔蓋然性が乏しい〕こと」とでも言われそうな出来事も、小説のなかに描かれようものならひどくありそうもないことのように見えてしまうもので、それに説得力をもたせるために書き手はかなりの骨折りをしなければならないはめに陥るだろう。ちょっとした偶然の出来事についてもかようであるのに、ましてや現実世界においてさえひどくありそうもない場面を立ち上げるには、いったいどれほどの骨折りが要求されることになるのか考えてもみてほしい――たとえば、主人公がふだんはめったに通らない道をその日に限って歩いていたら、まさにその時その場所が前代未聞の天候現象に襲われる、というような場面のことを。

これほどありそうもない出来事を小説に導入することは、事実上、真剣な小説(シリアス・フィクション)がながらく居を定めてきた豪邸からの立ち退き命令を頂戴することを意味する。つまり、領主の邸宅(マナーハウス)のまわりに散在する格下の住居へと追い払われる危険をおかすこととなるわけだ。これらのありふれた(ジェネリック)〔=ジャンル名で呼ばれる〕住居であるが、かつては「ゴシック」「ロマンス」「メロドラマ」などの名称があたえられており、いまでは「ファンタジー」「ホラー」「SF」と呼ばれるようになっている。

七

わたしの知る限り、気候変動は、一九七八年にデリーを襲った竜巻の原因ではなかった。今日わたしたちが目の当たりにしている天候がらみの奇怪な事象の数々とあの出来事とのあいだにある唯

---

*34 フローベール前掲書、二八二-三頁。

一の共通点は、極端な〈蓋然性の乏しさ〉である。わたしたちが生きているこの時代は、まさに、現在通用している正常さの基準からすればかなり蓋然性の乏しい事象によって特徴づけられることになるように思われる——たとえば、鉄砲水、百年に一度の大しけ、うちつづく干ばつ、くりかえす観測史上最高気温、突然の地すべり、崩れた氷湖からあふれ出す奔流、そして、そう、気まぐれな竜巻（トルネード）。

二〇一二年にニューヨークを襲った超巨大低気圧（スーパーストーム）ハリケーン・サンディは、こういったかなり蓋然性の乏しい事象の一例だった——天候事象を表現するのに「前代未聞」という熟語がこれほど多く使われたことは、それ以前にはなかったのではないだろうか。気象学者のアダム・ソーベルがハリケーン・サンディにかんするすぐれた研究書において指摘しているように、アメリカ合衆国の東海岸を直撃したそのハリケーンの進路は前例のないものだった。ハリケーンが大西洋の真ん中で鋭角に向きを変え西進することなど、いまだかつてなかったのだ。さらにその旋回によって冬の嵐と合流したハリケーン・サンディは「巨大な混成体（マンモス・ハイブリッド）」へと成長し、自然科学の記憶のなかでも前代未聞のサイズとなった。そして、そのハリケーンによる高潮は、周辺地域の気象学上のあらゆる記録をはるかに凌ぐものとなったのだった。[*35]

実際、サンディは〈蓋然性の乏しさ〉という点では並はずれた現象であっただけに、天気予報の統計学的モデルは混乱をきわめた。他方で、物理法則にもとづく力学的モデルは、サンディの軌道ならびにインパクトを正確に予測することができたのだった。[*36]

しかし、緊急事態において当局者が判断の根拠とするようなリスク計算は、おおかた蓋然性にもとづいてなされている。ソーベルが示すように、サンディのケースでは、〈蓋然性の乏しさ〉がその事象の本質をなしていたという事実が脅威の過小評価へとつながり、結果的に緊急事態対策を遅らせることとなったのだ。

さらにソーベルは、ほかの多くの論者たちと同様に、人類には稀有な出来事にたいする準備をする能力が本来的に欠けている、と論じている。だが、ほんとうに人類はそのながい歴史を通して、いつもそのようであったのだろうか。それとも、それはむしろ、「ブルジョワ生活の規則正しさ」への信仰の拡大とともに勢力を増した無意識の思考パターン（すなわち「常識」）の一側面なのだろうか。思うに、人類は概して、こころのなかでは激変説の信奉者なのではなかろうか。地球上でのさまざまな出来事が予測不能であることに本能的に気づいているのにもかかわらず、その気づきは徐々に斉一説の信奉にとってかわられてしまう。そして、この斉一説という観念の実践系(レジーム)は、ライエルのような科学者の諸説や、統計学や蓋然性にもとづく考え方が浸透している政府の諸政策によって支持されているのだ。

実際、こんなことがあったではないか——イタリア中部の町ラクイラでは、二〇〇九年の大地震

＊35　Adam Sobel, *Storm Surge: Hurricane Sandy, Our Changing Climate, and Extreme Weather of the Past and Future* (New York: HarperCollins, 2014), Kindle edition, locs. 91-105.

＊36　Ibid., locs. 120, 617-21.

が起きる直前に小さな揺れが断続的に続いていたが、多くの住民は、地震慣れした土地柄もあって、本能的に建物のない空き地などに移動していた。そんなかれらが帰宅したのは、パニックをおさえこむことを目的とした政府の介入があったからにほかならない。その結果、実際に大地震が起きたときには、多くの住民が建物のなかに閉じ込められてしまったのだ。

こういった本能的な行動は、ニューヨークでは見られなかったものだ。ソーベルが記しているように、サンディに襲われたニューヨークでは、「ハリケーンで人命が損なわれるというのは、どこか遠い国々で起こる出来事なのだ」と多くの人が信じきっていたのだ（「どこか遠い国々」のことを「ディオニソス的な国々」と呼んでくれてもよかったかもしれない）[*37]。おなじようにブラジルでも、二〇〇四年にハリケーン・カトリーナが直撃した際に多くの住民が避難していなかったのは、「ブラジルにもハリケーンが来る可能性があると信じることをかれらが拒んでいた」[*38]ためだという。

だが、地球温暖化の時代にあっては、なにものもどこか遠い国で起こることではすまされない——ブルジョワ生活の規則正しさへの期待がなんの問題もなくまかり通る場所など、もはやどこにもないのだ。それはまるで、わたしたちの地球が文芸批評家となって、フローベールやチャタジーのような作家たちが叙事詩やロマンスのなかであまりにしばしば起こる「驚異的な出来事」をあざけっている姿を、かえってあざ笑っているかのようではないか。

地球温暖化の時代に文芸小説と常識の両方が挑戦をうけるさまざまな仕方の筆頭にくるのがまさにこれ、すなわち、現在の天候事象はきわめて高い度合いで〈蓋然性が乏しい〉ものとなっているという事実なのだ。実際、この時代を「破局生代」[*39]と名づけるべきだという提案までなされている（「ながびく非常事態」や「暗雲期」といった表現を好む論者もいる）。[*40]いずれにせよ、たしかに言えるのは、わたしたちが生きているのは尋常な時代ではない、ということだ——この時代をしるしづける出来事の数々は、真剣な小説（シリアス・フィクション）のことさらに散文的な世界には容易におさめることができなくなっている、というわけだ。

他方で詩について言えば、むかしから気候と密接な関係をもってきた。ジェフリー・パーカー〔英国出身の著名な軍事史家で、一七世紀の気候変動と歴史的転換にかんする著書もある〕が指摘するように、ジョン・ミルトンが叙事詩『失楽園』〔一六六七、一六七四年〕を書いたのは、猛烈な寒波におそわれた冬のことだった——「予測不可能で容赦のない気候の変化が、その叙事詩の中核にある。ミルトンの虚構世界は、かれが生きていた現実世界とおなじように、灼熱と厳寒にふりまわされる「死

＊37　Ibid., loc. 105.

＊38　Mark Lynas, *Six Degrees: Our Future on a Hotter Planet* (New York: HarperCollins, 2008), p.41.

＊39　Kolbert, *The Sixth Extinction*, p. 107〔ここで仮に「破局生代」と訳した "catastrophozoic" はもともと保全生物学者マイケル・スーレが提唱した造語で、恐竜が絶滅し哺乳類が繁栄する現在に至るまでの「新生代（Cenozoic）」がもはや終末を迎えつつあるという認識にもとづくものである。〕

＊40　David Orr, *Down to the Wire: Confronting Climate Collapse* (Oxford: Oxford UP, 2009), pp.27-32、および、ナオミ・オレスケス、エリック・M・コンウェイ『こうして、世界は終わる』（渡会圭子訳、ダイヤモンド社、二〇一五）、一八頁。

の世界」〔第二巻、六二二行〕そのものだったのだ」[*41]。これは、現代の文芸小説のそれとはだいぶことなる世界である。

もちろん、ここにわたしが描いている構図は、とても大雑把なものだ。小説の幼少期などはとうのむかしに過ぎ去ったもので、その形式はこの二世紀のあいだにさまざまな面で変貌をとげている。とはいえ、文芸小説がその誕生時に定められた運命に忠実であり続けた度合いには、じつに驚くべきものがあるのも事実である。二〇世紀のさまざまな文芸運動が、ほぼ例外なく話の筋（プロット）や語り（ナラティヴ）を軽視し、その力点をますます文体や「観察」——日常的なディテールであれ登場人物の性格であれ感情の機微であれ——にシフトさせていったことを考えてみてほしい。文芸創作学科の教員たちが学生に「語るな、示せ（show, don't tell）」と熱心に教える理由は、ここにあるのだ。

だがありがたいことに、散発的にではあるが、聞いたこともないようなことやおよそありえなさそうなことを言祝ぐ運動も歴史上存在する。たとえば、シュールレアリスム。さらに、もっとも重要なものにマジカル〔マジック〕・リアリズムがある。そこには、蓋然性の計算とは縁のないさまざまな出来事が満ち満ちている。

しかしながら、シュールレアリスムやマジカル・リアリズムの小説内で起こる出来事とわたしたちが今日実際に経験している気候にかかわる異常な出来事とのあいだには、重要な違いがある。わたしたちが経験している出来事は、いかに蓋然性が乏しかろうと、シュールでもマジカルでもなく、どうしようもなく差し迫ったものとして驚くほどリアルなのだ。これら現実の出来事を比喩的・寓意的あるいはマジカルなものとあつかってしまうと生じるであろう倫理的困難は、おそらく自明のことだろう。だが、作家の立場から言わせてもらうと、現実にたいするそのようなアプローチでは役に立たない理由がもうひとつある。それはなにかというと、〔気候変動がもたらす〕およそありえなさそうな出来事をシュールやマジカルなものとあつかうことによって、それらの出来事をこれほどまでに差し迫った説得力のあるものとしている性質そのもの——すなわち、それらが実際に、まさにこの時代・この地上において起きているという事実——が失われてしまうということなのだ。

八

シュンドルボンは、文学作品でふつうに見かけるような森林とは似ても似つかないものだ。木々の緑は濃く低くもつれ合っていて、林冠は頭上に見上げるものではなく、通過する人の周囲をとりかこみ衣服や素肌にひっかき傷をつける。この鬱蒼としたしげみに風が通うことはついぞなく、空気がかすかにふるえるのを感じたとしても、それはハエかなにかにまとわりつかれているだけだ。足もとにあるのは、土へと還るやわらかい落ち葉のじゅうたんの代わりに、ひざまで浸かるすべ

＊41　Geoffrey Parker, *Global Crisis: War, Climate Change, and Catastrophe in the Seventeenth Century* (New Haven, CT: Yale UP, 2013), p.685.

りやすい泥ばかりで、マングローブの根っこがその尖った先っぽをあちらこちらに突き立てている。多少なりとも視界が開けるとしたら、それは泥土をかき分けてうねる何百という小川や入江のひとつに足を踏み入れたときなのだが、それとても視野に入ってくるのは水ばかりで、泥でできた塁壁のむこうに姿を隠してしまう森はなにひとつ明かしてはくれない。

シュンドルボンのなかでは、トラはあらゆるところにいるとも、どこにもいないとも言える。岸辺にあがると、まだ踏みたてのトラの足あとが泥土に残されているのをしばしば見かけるが、その本体はというとまるっきり見あたらない。トラ自体を見かけることはきわめて稀で、見たとしてもほんの一瞬のことにすぎない。とはいえ、足あとの新しさからして、トラがすぐ近くにいることは疑いようがないし、おそらくはこちらの動きを見張っているだろうことがわかるのだ。野獣にとってこの密林に身を隠すのはいともたやすいことで、ほんの数フィート先にひそんでいたとしても驚くにはあたらない。そいつがとびかかってきたとしたら、もはや手遅れというまでこちらに気づかれることはないだろうし、たとえ早めに気づいたとしても、泥が足をとらえているのでどのみち逃げることなどできはしないのだ。

森のあちこちで赤い布切れが枝にかかってゆれているのを見かけるが、これらはヒトがトラに襲われた場所を示す標識だ。毎年多くの犠牲者が出ているはずだが、正確な数字は統計があてにならないのではっきりしない。それも近年にはじまったことではなく、一九世紀だけでも何万人というヒトがトラの餌食となっている。[*42] 近隣の村のどの家でも家族のひとりやふたりはトラに襲われている、と言えば十分だろう。その手の話には、誰であっても、こと欠かない。

これらの話のなかでは、まなざしが重要な役割をはたす。「見る」ことが中心的なテーマであり、「見えない」こともまたそうである。トラがこちらを見ている──その視線にこちらはいつも気づいているが、その姿を見ることはない──襲ってくる瞬間までこちらの視線がその姿をとらえることはない──その瞬間、衝撃が身体をかけぬけるが、こちらは身動きひとつとることができず、こおりついたままである。

シュンドルボンの民話『ボン・ビビの奇跡』も、互いのまなざしが交差する瞬間に山場をむかえる。トラに化けた悪魔ドッキン・ライの視線が主人公の少年ダッキーをとらえる。

そのとき悪魔は、遠目にダッキーの姿をとらえた……
ながらく腹をすかせた悪魔、待ちに待った獲物を逃さじと、
すばやくトラの姿に化けた。
「さいごに人間の生肉にありついたのはいつだったかな。
やっとごちそうにありつける──ダッキー坊やのごちそうに」

＊42　一八六〇年から六六年のあいだに、低地ベンガルで四二一八人がトラの餌食となったことが記録されている。(Joseph Fayrer, *The Royal Tiger of Bengal: His Life and Death* [London: J. and A. Churchill, 1875])

遠くの泥の土手に立つダッキーの目もまた野獣をとらえた。
「あのトラは例の悪魔だ。ぼくを餌食にしようってんだ」
頭をあげたそのトラの巨体はすっくと立ちあがり、
風をはらんだ帆のように下あごの肉をふくらませ、
少年めがけて跳びかかる。
このおそろしい光景がまぶたに焼きつくひまもなく、
少年のいのちは飛び去った。[*43]

トラとの遭遇を語る多くの物語は、この民話と同様に、相互的認知の瞬間に重要な意味をもたせている。トラのまなざしを見つめ返すことは、じつはすでに気づいていたものが現実に存在することの認知＝再認を意味する。そして、その接触（コンタクト）の瞬間に、ヒトはその存在がおなじくこちらに気づいていたことを思い知る――たとえそれが人間でなかったとしても。この沈黙のうちに行われるまなざしの交換は、その存在と自分とのあいだに生じうる唯一のコミュニケーションだ。そしてそれは、まちがいなくコミュニケーションと言えるものなのだ。

それにしても、いまだかつて経験したことのないような心の状態にあるこの極度に危険な瞬間において、コミュニケーションをとっている相手とはいったいなにものなのだろう。たとえば、この世のものではない存在である幽霊を見てしまったようなものだろうか。

シュンドルボンのトラとの遭遇談には、わたし自身が竜巻と遭遇した経験とおなじように、なにものにも還元できない神秘的ななにかがある。ここでわたしが言おうとしていることは、おそらく、別の語でよりよく表現されるだろう——それは、〈不気味なもの（uncanny）〉という語で、フロイトやハイデガーの翻訳にしばしば登場するものだ。ハイデガーの〔「形而上学とはなにか」（一九二九）における〕以下のくだりは、わたしの竜巻との遭遇体験を、それこそ不気味なほど正確に言い当てている——「恐怖〔不安〕のうちにあって、われわれは、「なんとなく不気味な感じがする」と言う。この「なんとなく」とはなんだろう。感じが「する」とはどういうことか。なにに向き合って不気味な感じが「する」のか、われわれに言うことはできない。〔はっきりと個別に「感じる」のではなくあいまいに全体として、そういう感じが「する」としか言いようがないのだ[*44]」。

この〈不気味なもの〉という語が、気候変動とのかかわりでますます頻繁に使用されるように

＊43 Amitav Ghosh, *The Hungry Tide* (New York: Houghton Mifflin Harcourt, 2005).

＊44 Martin Heidegger, *Existence and Being*, intro. Werner Brock, tr. R. F. C. Hull and Alan Crick (Washington, DC: Gateway Editions, 1949), p.366.〔ここで「なんとなく不気味な感じがする」と訳した箇所は “one feels something uncanny” であり、ドイツ語原文の “ist es einem unheimlich” の英語訳である。『ハイデッガー全集 第九巻』における邦訳は（よりドイツ語原文に忠実に）「何となく〈ひとにとって〉不気味だ」（一三三頁）となっているが、ゴーシュの文脈に合わせるために英訳よりの孫訳とした。なお冒頭の “dread” は、ゴーシュの文脈では「（極端な）恐怖」ということになるが、ハイデガーの原文では、いうまでもなく、「不安（Angst）」である。〕

なってきたのは、けっして偶然ではない。わたしたちの世界に見られる異様なものごとをめぐって、ティモシー・モートンは問いかける――「尋常でない大雨や異様に巨大なサイクロンや海面を覆う大量の油といったものがわれわれにあたえる影響には、なにか不気味なものがありはしないだろうか」[*45]。また、ジョージ・マーシャルはこう述べている――「気候変動は本質的に不気味なものだ。天候というもの、そしてその天候を変化させている高炭素なライフスタイルというものは、われわれにとってあまりにも慣れ親しんだものでありながら、いまや新たな脅威と不確実性にさらされているのだ[*46]」。

　わたしたちのまわりで起きているものごとの奇怪さを表現するのに、これほど適切な語はないだろう。というのも、これら環境の変化は、ただたんに知らなかったりなじみがなかったりするという意味で奇怪なのではないからだ。その不気味さのまさに核心にあるのは、わたしたちが「じっは気づいていながら」目を背けていたものがその遭遇において認知されるという事実である。つまり、人間ならざる（ノン・ヒューマン）対話者が現に存在し、しかも身近にいるということが不気味なのだ。

　だが、いまや、わたしたちの視線はふたたび「人間ならざるもの（ノン・ヒューマン）の方へと」向きなおろうとしているようだ。わたしたちの家の戸をドンドンたたいている〈不気味なもの〉や〈ありそうにないこと〉が、わたしたちのうちに、ある種の〈認知＝再認〉の感覚を呼び覚ましたかのようなのだ――人間はけっして単独で存在するものではなく、意志・思惟・意識といった人間固有の能力と思いなしてきた要素を共有するさまざまな種類の存在者につねにとり囲まれて生きている、という気づきを。そうでないとしたら、ここ一〇年ほど、人文学のあらゆる分野においてわき起こった〈人間ならざるもの〉（ノン・ヒューマン）にたいする関心というものを、どうやって説明できるだろうか——アルフレッド・ノース・ホワイトヘッドの汎心論的形而上学が新たな注目をあつめていることや、オブジェクト指向存在論、アクターネットワーク理論、新しいアニミズムといった思想の新動向があいついで興隆してきていることを。

こういった〈認知＝再認〉の〔同時多発的な〕再活性化が、たんなる偶然でありうるだろうか。むしろ、この同時多発性が示唆しているのは、この世界は（たとえば森がそうであるように）わたしたちの思考プロセスに介入する能力を十分にもっているさまざまな〔人間ならざる〕存在（entity）に満ちあふれているということではないだろうか。[*47] そうだとするならば、知性や行為主体性を不当にもすべて人間固有のものとなし、ほかのあらゆる存在にそれらを認めないデカルト的二元論にもとづく思考法を見直させるために地球自身が介入してきたのだ、という言い方もまたできはしないだろうか。

＊45 Timothy Morton, *Hyperobjects* (Minneapolis: U of Minnesota P, 2013), p.50.〔邦訳は以文社より刊行予定〕

＊46 George Marshall, *Don't Even Think about It: Why Our Brains Are Wired to Ignore Climate Change* (New York: Bloomsbury, 2014), p.95.

＊47 エドゥアルド・コーン『森は考える　人間的なるものを超えた人類学』（奥野克巳ほか訳、亜紀書房、二〇一六）を参照。

この可能性は、いろいろな仕方で気候変動が啓蒙主義的な思考法に異議を申し立て、その誤りを証明するうちの、もっとも重要なものだとはけっして言えないだろう。しかし、まちがいなく、もっとも不気味なものではある。というのも、それが示唆（それどころか証明）しているのは、人間ならざる諸力（ノン・ヒューマン）が人間の思考にたいして直接介入する能力を有しているということなのだから。そして、こういった「介入」に注意深くなるということはまた、わたしたち人間同士の会話に、じつは、ほかの〔人間ならざる〕参加者がつねに介在していたのだという不気味な気づきを得ることでもあるのだ。それはまるで、自分の電話がながいあいだ盗聴されていたとか、隣人がわが家の話し合いをずっと盗み聞きしていたとか、そういったことに気づくような感覚なのだ。

ある意味で、状況はさらに悪いとも言える。これら目に見えない諸存在は、わたしたちがまったく気づかないうちに、そもそもわたしたちの議論をかたちづくるのに一役買っていたらしいのだから。こういったことがリアルな可能性としてある以上、こんなふうに疑ってかからざるをえないのではないだろうか――わたしたちは、いままでずっと、見たところ生命をもたないモノどもは人間が思考する対象であると思いこんできたけれど、じつはわたしたち人間自身が、ほかのさまざまな存在によって「思考」されていたのではないのか、と。これではまるで、スタニスワフ・レムが空想した人間のこころに影響をあたえる力をもつ惑星ソラリスが、わたしたちのよく知るこの地球であるかのようではないか。これほど不気味なことがあるだろうか。

こういった可能性は、本書の主題である文芸小説にとってさまざまな意味をもつ。それらの意味についてはまたのちほど立ち返ってみたいと思うが、ここでは〈不気味なもの〉の側面に絞って考えてみたい。

一見したところ、小説とは〈不気味なもの〉が難なく住みつくことのできる形式であると思われるだろう。なにしろ、偉大な小説家たちが不気味な物語を書いているではないか。チャールズ・ディケンズ、ヘンリー・ジェームズ、ラビンドラナート・タゴールといった名がすぐに思い出される。

しかし、環境をめぐる〈不気味なもの〉は、超自然的な不気味さとは似て非なるものだ。その違いは、まさに、前者が人間ならざる（ノン・ヒューマン）諸力・諸存在にかかわる点にある。小説に登場する幽霊ももちろん人間ではないが、かつて生きていた人間を投影したものであることに変わりはない。それに対して、シュンドルボンのトラといった動物やデリーの竜巻のような奇怪な天候事象は、人間とは縁もゆかりもないものだ。

気候変動によって引き起こされる出来事の不気味さには、わたし自身はデリーで竜巻に遭遇した際に気づかなかった、さらなる要素がある。それはなにかと言えば、今日わたしたちが経験している奇怪な天候事象は、それがいかに徹底的に非-人間的（ノン・ヒューマン）な性質のものであろうとも、人間の行為の蓄積によって生じたものであるということだ。その意味では、地球温暖化によって引き起こされる諸事象は、わたしたちがみな多かれ少なかれその発生になんらかのかたちで寄与しているという点で、むかしにくらべて人間とより親密な関係をもっていると言える。自分の手でこしらえたあやしげな創造物が、まったく思いもつかなかったような姿かたちとなって舞い戻り、わたしたちにとりつくようなものなのだ。

　これらの性質によって、気候変動がらみの諸事象は、文学が慣例として「自然」に適用してきた枠組みにたいして特異な抵抗をみせることになる。抒情的であったり哀歌調であったりするロマン主義の脈絡で描かれるには、あまりに強力、あまりにグロテスク、あまりに危険であるうえに、人類にたいする非難があまりに強すぎるのだ。実際のところ、これらの諸事象は「自然」――それがなにを意味するのであれ――に完全に属するものではないので、「ネイチャー・ライティング」やエコロジー的著作といった考え方そのものを混乱させずにはおかない。そういった著作は、むしろ、わたしたちと〈人間ならざるもの（ノン・ヒューマン）〉が不気味なまでに親密な関係をもつことの証左なのだ。[*48]

　ビル・マッキベンが「われわれは、ポスト自然的世界を生きている」[*49]と宣言してから、すでに四半世紀以上がたった。だが、そもそも、こういった意味での「自然」は一度でも存在したのだろうか。それとも、むしろ、自然が人間と乖離したものであるという幻想が生まれたのは、人間が自らを神格化した結果にすぎないのだろうか。人間ならざる行為体（ノン・ヒューマン・エージェンシー）がそんな幻想を吹き飛ばしてしまったいまとなっては、わたしたちには突如として新たな課題がつきつけられることとなった――この時代の思いもよらない諸存在や諸事象を想像可能にするような、これまでとはことなる方法を見いださなければならないという課題が。

九

わたしの小説『飢えた潮』の最終盤に、サイクロンがやってきてシュンドルボンを巨大な高潮が襲う場面がある。この大嵐によって主要人物のひとりはいのちを落とすことになるのだが、それは主人公のいのちを救うための犠牲であった。

この場面を書くのにはひとかたならぬ苦労があった。その準備のためにわたしは、高潮や津波といった海がもたらす大災害にかんする資料を大量に読みこんだ。その過程で、これは小説を書くときしばしば起こることなのだが、高潮に襲われた登場人物たちの惨状はぎょっとするほどにリアルなものとなった。

『飢えた潮』は二〇〇四年の夏に出版された。その数か月後、一二月二五日の晩に、わたしはコルカタの家族の家に戻っていた。翌朝ネットサーフをしていると、インド洋での巨大地震が壊滅的

＊48　「「自然」や「環境」といった概念は完膚なきまでに脱構築されてしまった。にもかかわらず、環境運動や世間一般において、それらの概念はいまだに事態を悪化させかねない神話的な力を保持している」（Michael Shellenberger and Ted Nordhaus, "The Death of Environmentalism: Global Warming Politics in a Post-Environmental World" [Oakland, CA: Breakthrough Institute, 2007], p.12）。

＊49　Bill McKibben, *The End of Nature* (New York: Random House, 1989), p.49.

な津波を引き起こしていたのを知ることとなる。マグニチュード九・〇を記録したその大地震の震源地は、スマトラ島の北端とアンダマン・ニコバル諸島の南端とのあいだに位置していた。その時点ではまだ災害の全容は判明していなかったが、被害者の数がはかり知れないものになるだろうことはすでにあきらかだった。

このニュースにわたしはひどく狼狽した。『飢えた潮』を書く過程でこころのうちに植えつけられたイメージが津波のライヴ映像と混じり合い、わたしを圧倒したのだ。取り乱し、しばらくはなにも手につかなくなってしまった。

数日後、わたしはとある新聞社と連絡をとり、アンダマン・ニコバル諸島における津波の惨状をレポートする仕事を請け負うこととなった。最初に向かったのは諸島の中心都市ポート・ブレアだった。そこは避難民であふれかえっていたが、大きな被害には見舞われていなかった。波よけとなっている入り江の高台という地形によって守られたのだ。そこで数日過ごしたのちに、わたしは、ニコバル諸島のもっとも被害が大きかった地域に支援物資を運ぶインド空軍の飛行機に搭乗することが許された。

海岸が切り立った崖になっているアンダマンとはことなり、ニコバルは背の低い島々からなっている。震源に近かったこともあり、これらの島々は津波の被害をもろにうけ、居住地域の多くは跡形もなく流されてしまった。沿岸地域のマラッカという町を訪ねたが、そこは文字通り土台があらわになっているような状態で、家々があったところには床が残るばかりでちらほらと壁の名残がみられる程度だった。まるで、人間の手になるものをすべて破壊するよう特別に設計された爆弾でも落とされたかのようだった。それはじつに奇妙な光景だった。ヤシの木々がほとんど影響をうけずに、強い日差しに照らされきらめく海原から吹き寄せるそよ風に大きな葉を揺らしながら、なにごともなかったかのように瓦礫のあいだに立っていたのだ。

わたしはノートに書きつけた——「被害は海岸から半マイルの地域に限られている。島の内陸ではすべてが平穏無事で、実際おどろくほど美しい。色濃く背の高い原生林には美しいカリンの木々が生い茂り、その小さな空き地ごとに支柱で底上げされた小屋が建てられている……なんとも皮肉なことに、〔津波が直撃した〕島のへりに住みついていたのは成功して裕福になった島民たちだったのだ」。

このように、おもに内陸部に居をかまえるのが元からの島民たちの典型的な定住の仕方で、かれらは津波の影響をあまりうけてはいなかった。他方で海岸近くに住みついたのはおもに本土出身の住民で、多くは教育のある中産階級だった。かれらは海辺に居住することによって、ほとんどありそうもない出来事というものは現実ではなく空想の世界に属するものだ、という信念を暗黙裡に表現していたのだ。別の言い方をすれば、中産階級的ライフスタイルを生みだした都会からおよそ考えうる限りもっとも遠くに位置するこの地でさえ、〔新たな住民たちの〕定住の仕方は、「ブルジョワ生活の規則正しさ」に根ざした斉一説的な見こみを反映するものとなっていたのだった。

このことは、わたしの乗った飛行機が降り立った空軍基地周辺の様子によっても、よりドラマチックに物語られていた。基地の機能的な部分を担う飛行機や機器類を格納するエリアは海岸から十分に離れた内陸部に設置されているのだが、こぎれいな二階建て家屋からなる住居エリアはぐっと海に近い、ヤシの木に縁どられた美しい海岸線のまぎわに築かれていた。そして、軍隊にかかわることはいつもそうであるように序列はしっかりと守られており、将校の階級が高ければ高いほどその邸宅は海に近く、一家がより良い海の眺めを楽しめるようになっていた。

このように基地周辺はデザインされていたため、居住地域を津波が襲ったさいに助かる可能性はきわめて低かった。たとえ可能性があったとしても、それは階級の高低とは真逆ということになり、司令官の邸宅が最初に津波に呑みこまれたのだった。

そこで多くのいのちが失われたという津波が引き起こした直接的な悲劇もさることながら、破壊されつくした住居跡の光景には、それ以上に不穏な気持ちにさせられるものがあった。というのも、この基地のデザインが暗示するのは、狂気としか言いようのない人間の自己満足だったのだから。これらの建物の配置を、インド人によくある即興的ででたらめな定住の仕方のせいにすることはできない。基地は政府機関によって設計・建築されたにちがいなく、その立地を選定し認可をあたえたのはあきらかにやり手の軍人や国に任命された技術者たちだったのだ。まるで、国家公認のもとで、世界の規則正しさというブルジョワ的信念が錯乱の域にまで達してしまったかのようではないか。

わたしはこころのなかでこうつぶやいた——周辺環境を無視したこれほど無謀な計画にもとづい

て基地を建設した者どもには、地獄に特等席が用意されてしかるべきだ、と。

それからしばらくして、ニューヨークのジョン・F・ケネディー空港への着陸態勢に入った旅客機の窓から地上を眺めたわたしの目をとらえたのは、大西洋と空港のあいだに挟まれたロングアイランドのファーロッカウェイとロングビーチという人口密集地だった。上空から見下ろしてみてはっきりとわかったのは、延々と連なるその居住地域が乗っかっているのはもともと〔ニューヨーク市の〕波よけの役割をはたしていた島々であって、大嵐の高波でも来ようものなら（実際、二〇一二年にハリケーン・サンディが直撃した際に起こったように）たちまち水没するであろうことだった。とはいえ、これもまたはっきりとしていることだが、これらの居住地域は無計画にわいて出たのではなく、幾何学的に整然と配置された道路からもあきらかなように公的な認可のもとに建設されたものなのだ。

そのときになってはじめて、ニコバル諸島で見た空軍基地のロケーションはなんら異常なものではなかったのだと思い至った。あの基地を建設した者たちは世界的に認められた標準からなんら逸脱した行動をとっていたわけではなく、ボンベイ（現ムンバイ）、マドラス（現チェンナイ）、ニューヨーク、シンガポール、香港といった海に面した大都市を建設した西洋の植民者たちの先例にたんに従っていただけだったのだ。また同時にわたしが理解したのは、ニコバル諸島で見たものは現在世界中で支配的な定住パターンの縮図にすぎないということだった——海岸近くに住むことは豊かさと教養のあらわれであり、海辺の立地はステータス・シンボルであり、窓から見える海の景色は不動産価値をおおいに高めるのだ。海岸への隣接が権力と安全保障、支配と征服を意味するという植民地主義的な世界観が、いまや世界中の中産階級的居住パターンの基礎に組み込まれてしまったのだ。

しかし、人びとはいつだって、水辺に住みたがっていたのではないか。

いや、そうでもない。人類の歴史のほとんどを通じて、人びとの海を見る目はじつに用心深いものだった。漁業や海運といったかたちで海から生活の糧を得ている場合でさえも、水際に大きな定住地を作るようなことはあまりしなかった。ロンドン、アムステルダム、ロッテルダム、ストックホルム、リスボン、ハンブルクといったヨーロッパの古い大港湾都市はみな、入り江や広大な河口域あるいは小河川がなすデルタ地帯などによって外洋から守られている。おなじことはアジアの古い港町についても言える――コーチン、スーラト、タムルーク、ダッカ、ミャウウー、広州、杭州、マラッカなどはみな良い例だ。それはあたかも、初期近代以前の世界には通有の了解――津波や高潮といった予測できない太洋の猛りにたいして、われわれ人間は身構えていなければならないという了解――が存在していたかのようなのだ。

こういった警戒心の一部は、一六世紀に西洋の世界進出がはじまってからもしばらくは残っていたようだ。それが一七世紀になると、世界中の臨海部に巨大植民都市が勃興しはじめることとなる。ムンバイ、チェンナイ、ニューヨーク、〔米サウスカロライナ州〕チャールストンといった港湾都市はみな、この時期に建設された。そして、一九世紀のさらに自信に満ちた港湾都市建設の大波――

シンガポールや香港など――が、それに続くことになるだろう。これらの大都市はみな植民地化の過程で産声をあげたわけだが、いまでは気候変動によってもっとも直接的な脅威にさらされているのである。

一〇

ムンバイ〔旧ボンベイ〕とニューヨーク。多くの点でこれほどまでにことなるふたつの都市は、それらの命運がほぼおなじ時期――一六六〇年代――に大英帝国に結びつけられることとなったという共通点をもっている。

ジョバンニ・ダ・ヴェラッツァーノ〔イタリア人の探検家で、北アメリカ大西洋岸を最初に探検したヨーロッパ人とされる〕がマンハッタンに上陸したのは一五二四年であったが、初期の入植者たちは〔現在のニューヨーク市があるマンハッタン周辺ではなく〕ハドソン川を内陸へとずいぶん遡った場所にある〔現在のニューヨーク州都である〕オールバニー周辺に住みついた。その後オランダ人たちによってマンハッタン島にアムステルダム砦が築かれるには、一六二五年まで待たなければならなかった。これがニューアムステルダム入植地へと発展するが、一六六〇年代になって英国に接収されニューヨークとなる。

他方、ムンバイの地が最初にヨーロッパ人の支配下に入るのは、グジャラート王がポルトガル人に同地を割譲した一五三五年である。そこはもともと大河の河口域にできた群島をなしており、北には丘のある大きめの島々がいくつか本土に近接しており、南には背の低い島々が群れをなしていた。河口域であるので地面と水域とはおおいに混じり合っており、群島の地形も潮汐や季節によってさまざまに変化していた。[*50]

南の島々には寺院や村落や砦や船着き場や市場のネットワークが何千年にもわたって存在していたが、都市を形成することはついぞなく、それは初期のヨーロッパ人による入植においても同様だった。ポルトガル人たちは、これらの島々に教会や砦をいくつか建てはしたが、その入植の中心地としては本土に近いバセインやサールセートを選んでいた。[*51]

この南側の群島は、〔イングランド王〕チャールズ二世と〔ポルトガル王女〕ブラガンサのキャサリンが一六六一年に結婚するに際して、その持参金の一部として英国の支配地域となった。（ちなみに、この持参金のうちには茶葉一箱[*52]もふくまれていたが、これがまさにパンドラの箱となったのだった。この飲料の虜となった英国人は巨大な三角貿易の回路を始動させ、それが一九世紀のボンベイをアヘン輸出の世界的港湾都市に発展させることになる。）南の島々が拡大する都市の中核として人口集積地に変貌したのは、そこが英国人の手にわたってからのことだった。そしてまた、「植民地権力の環境[*53]」の枠内で稼働する測量術の適用によって土地と海とのあいだに明確な線引きがなされたのも、まさにこのときのことだったのだ。

ムンバイおよびニューヨークの立地が魅力的だった理由は、外洋航海船が寄港できる港に近いことと、その戦略的優位性——島は防御に適しているうえに、帝国の中心から物資を運びこみやすい——にあった。こうして、植民地主義的な起源[*54]という理由によって、これらの都市の発展模様にはそのはじめからある程度の危険性が縫いこまれていたのだった。

ムンバイの南側の島々は、英国人の手にわたると、もとの姿をながらく留めておくことはなかった。一八世紀には、砂州に築かれた土手道や橋、盛り土や土地改良事業によって次々と島は連結されていったのだ。河口域の風景はたいへんな速度で変貌してゆき、一八六〇年代にはすでに、マラーター族の年代記作者であるゴービンド・ナーラーヤンが、「かつてムンバイが島であったことなど思いもよらなくなる」日がすぐにやってくるだろうと、自信をもって予言するまでになってい

＊50　この点については、以下の卓抜な文献で詳細に語られている。Anuradha Mathur & Dilip da Cunha, *SOAK: Mumbai in an Estuary* (New Delhi: Rupa Publications, 2009).

＊51　この洞察は、都市論の専門家でURBZ (http://urbz.net/about/people/) の共同創設者でもあるラウル・シュリヴァスターヴァの教示による。

＊52　Bennett Alan Weinberg and Bonnie K. Bealer, *The World of Caffeine: The Science and Culture of the World's Most Popular Drug* (New York: Routledge, 2000), p.161.

＊53　Mathur & da Cunha, *SOAK*, p.47.

＊54　英国の地理学者ジェームズ・ダンカンは植民地都市を評して、それは「石に刻んで空間に書きこまれた政治パンフレットであって、できあがった風景は植民地権力の行使を物語る」と語った。(Karen Piper, *The Price of Thirst: Global Water Inequality and the Coming Chaos* [Minneapolis: U of Minnesota P, 2014], Kindle edition, loc. 3168. に引用。)

た。[55]

かつてサールセートの南の島々をなしていた地域は、今日では一一八〇〇万の人口を誇るまでになっている（広域ムンバイ都市圏の人口は一九〇〇万から二〇〇〇万ほど）。この二〇キロにも満たない半島の先端部が、金融業をふくむさまざまな産業の中心地であり、隣接するボンベイ港はインド国内のコンテナのじつに半数以上をあつかっている。この地域はまた、億万長者が多く居をかまえることでも知られているが、もちろんそのほとんどは、アラビア海の絶景が見わたせる半島の西海岸にそって並んでいる。

その人口密度および施設・産業の重要性から、ムンバイは並はずれた、ことによると唯一無二の、「リスク集中地帯」[56]をなしている。というのも、経済・金融・文化活動の巨大ハブであるこの幾千万の人びとでごったがえす大都市は、まるっきり大洋にさらされた継ぎはぎだらけの土地にうちこまれたくさびの上に乗っかっているのだから。地図をちょっと見てみればこんなことは誰にでもわかるはずなのに、わたし自身、二〇一二年一〇月二九日にニューヨークが巨大ハリケーン・サンディに襲われるまで、ムンバイの地形がはらむ危険について考えてもみなかったのだ。

妻とわたしはそのときゴアにいたのだが、ニューヨークもわたしたちにとっては地元なので、インターネットやテレビでハリケーンのニュースをことこまかに追いかけていた。飛行機で戻る際にわたしたちが幾度となく上空から眺めていた海岸近くの住宅街を破壊しながらハリケーンがニューヨーク市に突進するさまを見つめながら、信じられないという気持ちとさらなる破壊への不安とが募っていった。

事態の推移を見まもりながら、ふとわたしの脳裏をよぎったのは、もしおなじ規模の大嵐がムンバイを襲ったならば、いったいどうなってしまうのだろう、ということだった。それはありそうもないことだ、と自分を安心させようとした。ムンバイもゴアもアラビア海に面していて、そこはベンガル湾とは違って、歴史的に見てもサイクロンはめったに発生しない地域なのだから。[*57] それに、インドの東海岸とは違って、西海岸は津波の影響をもろにうけたこともない。東海岸のかなり広範囲にわたって被害をもたらした二〇〇四年の津波のときでさえ、西海岸は影響をうけなかったのだ。それでもこの問いはなかなか頭を離れなかったので、わたしは、この地域が地震やサイクロンの被害をこうむる可能性にかんする情報をかき集めはじめた。そこですぐにわかったのは、西海岸がこういった大災害に見舞われずにすんだのは、地質学的時間軸においてなんらかの天祐によって先送りされた結果にすぎないのかもしれない、ということだった――アラビア海が地震活動と無

＊55　Govind Narayan, *Govind Narayan's Mumbai: An Urban Biography from 1863*, tr. Murali Ranganathan (London: Anthem P, 2009), p.256。ムラーリ・ランガナータンには、ムンバイの地形にかんする多くのことがらについて教示をうけた。記して感謝したい。

＊56　参考として、Aromar Revi, "Lessons from the Deluge," *Economic and Political Weekly*, 40.36 (September 3-8, 2005): pp.3911-16, p.3912.

＊57　インド気象庁と国家防災委員会が共同で発表した二〇一〇年の報告書によれば、西インド諸州の海岸地域は、サイクロン被害にかんしてもっとも低いカテゴリーに指定されている。

縁などということはまったくないのだ。数年前、オーエン断裂帯〔インド洋北西のアラビア海に位置する、インドプレートとアラビア・アフリカプレートの境にあたる海底断層〕において、いままで知られていなかったおそらくとても活発な断層系がオマーン沖で発見された。この断層系は全長八〇〇キロで、インドの西海岸に向き合うかたちで横たわっていた。[*58] この発見を告げる記事の結論にあたる以下の文言は、その控えめな表現ゆえにかえって背筋が寒くなる思いがする――「これらの調査結果は、インド洋北西域における地震ならびに津波の危険評価に再考を促すものとなるだろう[*59]」。

アラビア海のサイクロンについても、わたしが抱いていた予断をまもなく再考せざるをえなくなった。ハリケーン・サンディにかんする記事を読んでいるうちに、気候変動によって熱帯低気圧の活動パターンが地球上のあちこちで変化してきているという証拠に次々と行き当たるようになったのだ。たとえば、アダム・ソーベルは前掲書において、重大な変化がそう遠からず起こるであろうことを示唆している。とくにアラビア海についての情報を集めはじめて知ったのは、ここ二〇年ほどのあいだにこの海域でのサイクロンの発生回数は確実に増加していることだった。一九九八年から二〇〇一年の三年間に、三つのサイクロンがインド亜大陸のムンバイの北方を直撃しており、あわせて一万七〇〇〇人以上の人命が失われている。二〇〇七年には、アラビア海で記録されたうちで史上最大規模のカテゴリー五となるサイクロン・ゴヌが発生し、その年の六月にオマーン、イラン、パキスタンを襲って広範囲に甚大な被害をもたらした。

これらサイクロンの発生は、いったいなにを意味するのだろう。その答えをもとめて、わたしは、コロンビア大学で気象学の教授職にあるアダム・ソーベルその人に連絡をとってみることにした。ソーベル教授は面会を承諾してくださり、二〇一五年一〇月のある晴れた日に、わたしはマンハッタンにある教授の自宅を訪問した。そこで教授が確証してくれたのは、最新の研究結果によれば、アラビア海はたしかにサイクロンの活動が今後さらに活発化していくだろう地域のひとつであるということだった。二〇一二年に日本の研究チームによって発表された研究予測によると、アラビア海におけるサイクロン発生の頻度は次世紀の終わりまでに四六パーセント増加する見込みで、それはベンガル湾における三一パーセントの減少に対応するものだという。さらにその研究は別の予測も行っている。かつては、モンスーンの時期にサイクロンが発生することはきわめて稀で、理由はその時期にインド洋北部を吹く風がサイクロンの発生を邪魔するからだった。しかし、いまやこのパターンも崩れつつあり、むしろモンスーンの季節やその直後にサイクロンが発生しやすくなってきている。[*60] また別の、今度はアメリカの研究チームによる論文は、アラビア海におけるサイクロン

＊58　オーエン断裂帯では、二〇一三年一〇月二日にマグニチュード五・八、二〇一四年一一月一二日にマグニチュード五・〇の地震が観測されている。

＊59　M. Fournier, N. Chamot-Rooke, M. Rodriguez, et al., "Owen Fracture Zone: The Arabia-India Plate Boundary Unveiled," *Earth and Planetary Science Letters* 302. 1-2 (February 1, 2011), pp.247-52.

＊60　Hiroyuki Murakami et al., "Future Changes in Tropical Cyclone Activity in the North Indian Ocean Projected by High Resolution MRI-AGCMs," *Climate Dynamics* 40 (2013): pp.1949-68, p.1949.

の活発化を促進している要因として、インド亜大陸および周辺海域の上空を覆う粉塵や汚染物質の雲の存在を指摘している。[*61] こんなこともまた、地域の風向パターンの変化を助長しているわけだ。

これらの発見に促されるようなかたちで、わたしはソーベル教授に、気候変動がムンバイにもたらすリスクを評価する短い論文を執筆する気はないかと尋ねてみた。教授はその提案に同意し、そこからじつに興味深いやりとりがはじまることとなる。

面会から数週間後、ソーベル教授からのメールが届いた。

ムンバイにおけるサイクロンによる高潮のリスクについて、すこしリサーチをしてみました。この件について書かれたものは非常に少ないという印象で、いくつかあいまいにリスクの存在を指摘する記述はみかけましたが、それを定量的に示すものには出くわしていません。

それはそうなのですが、あなたは一八八二年にムンバイを襲ったサイクロンのことをご存知でしたか。いまのところじつにそっけない記録しか見つかっていないのですが、どうも死者の数は一〇万から二〇万にもおよんだようで、ある記録によると六メートルの高波が押し寄せたとありますから、そんなにも巨大な高波が市街地を襲ったのならそれくらいの被害が出ても不思議はないでしょう。その記述が出てくるのは、いまでは絶版らしい本の一節です。ネット上で検索しただけでは、これ以上中身のある情報源には行き当たりませんでした。ほとんどは破壊的大嵐のリストにくわえられた一行の言及といったところです。あなたは、なにかもっと詳しい情報をおもちではないでしょうか。
それにしても、今回インドにおけるサイクロンによる高潮のリスクにかんする学術論文にずいぶんたくさん当たってみましたが、この〔一八八二年の〕サイクロンへの言及がまったくないというのは、なんとも薄気味悪いことですね。

てっとりばやくグーグル検索をしただけでも、一八八二年のボンベイ・サイクロンへの言及をいくつか見つけることができ、そのなかにはイラストがついているものもあった。犠牲者の数についても、一〇万人からはじまりそれ以上のものもあった。

これは肝をつぶすような数字である。当時のムンバイの人口はだいたい八〇万人ほどであったというから、全人口の八分の一かそれ以上が亡くなったことになる。この割合を現在のムンバイの人口にあてはめれば、ゆうに一〇〇万人以上ということになるだろう。

ところが、これにはまた別の意表をつくメッセージが続いた。ソーベル教授は、この一八八二年のサイクロンはたぶんガセネタか噂の類だろう、と書いてよこしたのだ。知り合いの気象学者や歴史家にも問い合わせてみたが、信頼できる記録はなにひとつ見いだせなかったというのだ。そこで

＊61 Amato T. Evan, James P. Kossin, et al., "Arabian Sea Tropical Cyclones Intensified by Emissions of Black Carbon and Aerosols," *Nature* 479 (2011), pp.94-98.

わたしは、一九世紀ボンベイ史の専門家ムラーリ・ランガナータンに問い合わせてみることとした。かれは、ボンベイのパールシー教徒によって発刊されていたグジャラート語の週刊誌『インドの皇帝』の一八八二年分を調べてくれた。見つかったのは、六月四日に強風と大雨をもたらした暴風雨にかんする短い記事だけで、死者にかんする言及はなかったという。一八八二年に巨大サイクロンがやってきていないのはあきらかだ。それは勝手にふくれあがった神話にすぎなかったのだ。

とはいえ、調べてみてわかったのは、植民地ボンベイは過去幾度かにわたってサイクロンに見舞われていたということだ。たとえば、ボンベイの地方紙が一九〇九年に記しているところによると、「歴史記録が伝説にとってかわって以来、ボンベイは巨大ハリケーンや小さめのサイクロンに、それなりの頻度で襲われてきたようだ[*62]」。

ムンバイを大嵐が襲ったもっとも古い記録は、一六一八年五月一五日のものである。イエズス会の歴史家がこう記している——「空は曇り、雷鳴がとどろき、はげしい暴風がやってきた。日が暮れるころになって旋風が海水を高々と巻き上げるのを見て、恐怖でもう生きた心地のしない人びとは、いよいよ街はまるごと呑みこまれてしまうと思いこんだ。(中略)街中が廃墟となり、さながらこの世の終わりのようであった[*63]」。おなじ大嵐について、別のポルトガル人歴史家の記述もある——「暴風によって海の水が街に押し寄せてきた。波はおそろしい咆え声をあげていた。教会という教会の尖塔は吹き飛ばされ、巨大な石の塊がかなり遠くまでもち去られた。二〇〇〇人の男女が命を落とした[*64]」。この数字が正確だとするならば、この大嵐による死者は当時この群島地域に暮らしていた人口の約五分の一ということになる。

その後も、一七四〇年に「おそろしい大嵐」が市街地に大きなダメージをあたえており、一七八三年には「出くわしたあらゆる船舶を沈めた」大嵐によってボンベイ港では四〇〇人の死者を数えた。一九世紀に入ってからもボンベイ市は幾度かサイクロンに見舞われているが、なかでも最大の被害を出したのが一八五四年のもので、ほんの四時間のあいだに「五〇万ポンド相当の財産」が失われ、一〇〇〇人もの人が命を落とした。

一九世紀後半以降、この地域を襲うサイクロンはその「数および規模において減少傾向にある」[*65]ようだが、その傾向もいまや終わりつつあるのかもしれない。二〇〇九年にムンバイは熱帯低気圧に襲われたが、その最大持続風速は幸運にも時速五〇マイル（八五キロ）ほどでサファ・シンプソン・スケール[*66]のカテゴリー一にも達しないものだった。とはいえ、より強烈な大嵐が今後ムンバイを襲う蓋然性は高まっている。二〇一五年には記録上はじめて、アラビア海に発生した熱帯低気圧の数がベンガル湾のそれを上回った。この方向性で、数世紀前のような頻度でサイクロンが来襲す

＊62　*Gazetteer of Bombay City and Island*, Vol. I (1909), p.96. この記事を提供してくれたムラーリ・ランガナータンに感謝する。
＊63　Ibid., p.97.
＊64　Ibid., p.98.
＊65　Ibid.

る時代へと逆戻りすることも、おおいにありうるのだ。

実際、わたしがソーベル教授とメッセージのやりとりをしていたまさにそのときに、強力なサイクロン・チャパラがアラビア海に発生した。そのサイクロンは西に向かい〔二〇一五年〕一一月三日にイエメンに上陸することになるのだが、この地域にカテゴリー一のサイクロンが上陸するのは観測史上はじめてのことだった。沿岸地域はたったの二日間で、ゆうに数年分にもなる大雨に見舞われた。さらに、あたかもわれわれの予測を裏づけるかのように、まだチャパラがイエメンに多大な被害をあたえているそばから、アラビア海には次の大型サイクロン・メグが発生しており、前者とほぼおなじコースをたどって北上してきた。他方ベンガル湾においても数日後にサイクロンが発生しており、インド亜大陸が東西のサイクロンによって両脇を固められるという、なんともめずらしい現象が起きていたことになる。

突如として、インド周辺の海洋は〈ありそうもない〉ことどもによって攪拌されはじめたのだ〔ヒンドゥーの天地創造神話「乳海攪拌」のもじり〕。

一一

カテゴリー四や五といった、最大持続風速が時速一五〇マイルを超えてくるような巨大サイクロンがムンバイを直撃したら、いったいどんなことが起こるのだろうか。ムンバイがかつて巨大サイクロンに襲われていた頃には市街地の人口は一〇〇万人をだいぶ下回る規模であったが、今日のムンバイ都市圏は人口二〇〇〇万を超える、インドでも二番目に大きい世界有数の大都市である。都市の発展にしたがって都市環境におおいに手がくわえられた結果、例外的とは言い難い天候でさえ深刻な被害をもたらすこともしばしばで、例年モンスーンの季節に降る大雨が洪水を引き起こすのも今日ではありふれた光景だ。ましてや例外的な天候事象となれば、破滅的な結果をもたらしかねない。

それは実際、二〇〇五年七月二六日に起きた。前例のない豪雨がムンバイを襲い、一四時間に九四・四センチメートルという一日で記録されたものとしてはインド史上最大級の雨量が北側の郊外で観測された。[*67]その日、ムンバイ市民たちは、この突如やってきた破滅的な事態によって、三世紀にわたって河口地域の生態系に介入し続けたことの代価と向き合うこととなったのだ。[*68]

＊66　サファ・シンプソン・ハリケーン・ウィンド・スケールでは、最大持続風速時速七五マイル以上の熱帯低気圧を「カテゴリー一」ハリケーンと認定する〔全部で五段階〕。なお、インド気象庁が採用する熱帯サイクロン強度スケールでは時速三九キロ以上の風速があればサイクロン扱いとなるので、この熱帯低気圧も「サイクロン・ファイアン」の名称を得た。

＊67　R. B. Bhagat et al., "Mumbai after 26/7 Deluge: Issues and Concerns in Urban Planning," *Population and Environment* 27. 4 (March 2006), pp.337-49, p.340.

＊68　この部分のリサーチにかんしては、ラウル・シュリヴァスターヴァ、マナシュヴィーニ・ハリハラーン、アプールヴァ・タデパリほかＵＲＢＺのみなさんにたいへんお世話になった。記して感謝したい。

人間の手による地形のつくりかえが地域全体にあたえた影響は甚大で、もともと天然の排水システムをなしていたあまたの水路は、いまや汚物のたまるどぶ川と化している。[*69] むかしの水上交通路も広範囲にわたって埋め立てられたり流れを変えられたり暗渠にされたりして、水運の機能は大幅に縮減された。天然の下水だめの役割をはたしていた水域や沼地やマングローブ林も浸食され、すっかり吸水力を失ってしまった。[*70]

七月二六日ほどの極端な豪雨であれば、いかに効果的な排水システムであったとしてもそうとうにこたえただろうが、あちこちが詰まってしまっているムンバイの河川やクリークではその猛威の前にひとたまりもなかった。あっという間に河川はあふれ、下水だけでなく危険な工業廃水とも混じり合いながら洪水は街を覆った。街道や線路は、腰上さらには胸の高さほどにも達した水の下に沈み、とくに豪雨が集中した北側の地区では町全体が浸水した。二五〇万人が「数時間にもわたって水浸し」になった。

ムンバイ中心部と郊外をむすぶ電車網は、週日には一日のべ六六〇万人を運び、バスものべ一五〇万人以上が利用している。[*71] 洪水は火曜日の午後二時頃にはじまった。すぐに電車のダイヤは乱れ、午後四時半にはすべての列車が運休していた。おなじころには、幹線道路やインターセクションの一部が冠水し道路交通網も寸断されていた。それでもどんどん車がなだれこんでくるので状況はますます悪化し、都市部の多くの地区で交通は完全に麻痺してしまった。全部で二〇〇キロもの道路が水に浸かり、電気系統がショートしてドアも窓も開けることができなくなったせいで車中で溺死する人もでた。何千台ものスクーター・バイク・自動車・バスが水没した道路に置き去りにされた。午後五時頃には携帯電話が通じなくなった。固定電話もほとんど役に立たなかった。すぐに多くの地区を停電が襲った（そのまえに感電死の憂き目にあった人もいたのだが）――その後、数日にわたって電力は戻ってこないことになる。学校帰りの児童もふくめ二〇〇万人が帰宅困難者となり、市内にあるふたつの主要なターミナル駅では一五万人の乗客がすし詰め状態だった。ＡＴＭもすっかりだめになっていたので、現金を引き出すこともできなくなっていた。[*72]

道路・線路・空路すべての交通手段が二日間まったく機能しなくなった。五〇〇人以上の犠牲者が出た――その多くは洪水で流されたのだが、なかには地滑りの被害者もいた。住居二〇〇〇棟が

＊69 ムンバイの水利システムがながい年月をかけてどれほど変容したのかを正確に記述した論文として、Ｂ・アルナーチャラム「広域ムンバイにおける排水の諸問題」がある（*Economic and Political Weekly* 40. 36 [September 3-9, 2005]）。

＊70 Vidyadhar Date, "Mumbai Floods: The Blame Game Begins," *Economic and Political Weekly* 40. 34 (August 20-26, 2005): pp.3714-16, 3716; Ranger et al., "An Assessment of the Potential Impact of Climate Change on Flood Risk in Mumbai," *Climate Change* 104 (2011), pp.139-67, p.142, p.146; R. B. Bhagat et al., "Mumbai after 26/7 Deluge," p.342.

＊71 P. C. Sehgal and Teki Surayya, "Innovative Strategic Management: The Case of Mumbai Suburban Railway System," *Vikalpa* 36. 1 (January-March 2011), p.63.

＊72 Aromar Revi, "Lessons from the Deluge," p.3913.

半壊あるいは全壊し、店舗・学校・保健所といった施設の被害も九万件におよんだ。[*73]

もっともひどい目にあったのはムンバイの貧困層、とくに公式に認められていない場所に居住する人びとだったのだが、富裕層や有名人たちとて無事とはいかなかった。ムンバイ市の最有力政治家は自宅から釣り船で救助されなければならなくなったし、[*74]多くの映画スターや経営者たちも洪水で身動きがとれなくなった。[*75]

困難の日々を通じて、ムンバイの人びとは食料や水を分け合い、知らない人にも家の扉を開き、その寛大さと立ち直りのはやさ（レジリエンス）をおおいに示した。[*76]だが、ある観察者は以下のような見立てをしている――「二〇〇五年七月二六日、ムンバイに住む何百万の人びとにはっきりと理解されたのは、もはや以前とおなじ生活にはけっして戻ることができないということだった。ありとあらゆる衝撃、インド・パキスタン分離独立〔とそれに続いた大混乱〕でさえも乗り越えるだけの不滅の回復力（レジリエンス）をムンバイは備えているという、ながく信じられてきた神話に、例外的な豪雨が終止符を打つことになったのだ」。[*77]

洪水が去ったあと、市民団体やNGOさらには裁判所までが、多くの勧告を提出した。[*78]しかし、一〇年後の二〇一五年六月一〇日にふたたび豪雨が襲ってくると、それらの勧告はほとんど実行に移されていなかったことが判明した。そのときの雨量は二〇〇五年の三分の一にすぎなかったのに、市街地の多くはまたもや洪水の餌食となったのだった。[*79]

二〇〇五年豪雨の経験に照らしてみると、これから巨大サイクロンがムンバイ市を直撃するとして、その際いったいなにが起こりそうで、なにが起こりそうもないのだろうか。もちろん、事態の推移はかなり違ったものとなるだろう。そもそも、サイクロンの襲来は、二〇〇五年のときのように数時間前に知らされるのではなく、数日前から警告されることだろう。いまや熱帯低気圧はその発生時点からしっかりと追いかけられているので、緊急対策が実行されるまでにおおむね数日の余裕があるはずだ。

＊73　これらの統計はおもに、二〇〇六年刊行の『ムンバイ洪水被害最終報告書』第一巻の一三―一五頁によっている。

＊74　Vidyadhar Date, "Mumbai Floods," p.3714.

＊75　Aromar Revi, "Lessons from the Deluge," p.3913.

＊76　Carsten Butsch et al., "Risk Governance in the Megacity Mumbai/India – A Complex Adaptive System Perspective," *Habitat International* (2016), p.5.

＊77　Aromar Revi, "Lessons from the Deluge," p.3912.

＊78　Ranger et al., "An Assessment of the Potential Impact of Climate Change on Flood Risk in Mumbai," p.156.

＊79　カーステン・ブッチ（ほか）によれば、ムンバイ市の警報システムや防災管理業務の点では多くの改善が見られたものの、「災害への備えという観点からは疑問が残る。第一に、あらたに建設されたインフラのなかには、有効に機能するのに必要な維持管理がなされていないものがあること。第二に、発表された防災対策の多く（とくに市街地の上下水道の刷新）は完成までに至っていないこと。第三に、非公式な諸実践がこういった計画・実行の妨げとなっていること、などが挙げられる」（"Risk Governance in the Megacity Mumbai/India," pp.9-10）。

緊急対策のうちでも、おそらくもっとも有効なのが住民退避だろう。歴史的にサイクロン被害の多いインド東部やバングラデシュでは、巨大サイクロンが接近した際に海岸地帯から何百万という住民を内陸へ移動させるシステムが整っていて、これらの対策によって犠牲者の数は近年顕著に減少している。[*80] だが、アラビア海でのサイクロン発生率の急上昇はつい最近のことなので、インド西海岸における大規模な住民退避はいままでのところ必要とされてこなかった。こういった退避計画がそもそもまとめられうるのかは、まったくの未知数だ。おそらくこういった理由から、防災計画において大規模退避の可能性が適切に考慮されてこなかったように思われる。[*81] なにより、ムンバイにおいても、「メガシティの防災対策がほとんどそうであるように、大災害発生後の対応に焦点がおかれている」[*82] のだ。

ムンバイの防災計画は、大地震や河川の氾濫といった事前予測がほぼあるいはまったく不可能な事態への対策をおもな関心事としてきたように思われる。こういった災害においては、住民退避は事前ではなく事後に行われるものだ。[*83] 他方、サイクロンについて言えば、発生確認から直撃まで数日間の猶予があるため、その間に住民の大部分を市街地から退避させることもロジスティクス的には不可能ではないはずだ。ムンバイの鉄道網と船舶を総動員すれば、何百万人という住民を本土の安全な場所に移送することは可能だろう。とはいえ、このような大規模退避計画を可能にするには、何年にもわたる計画・準備が必要であろうし、リスクのある地域に暮らす住民には起こりうる危険について十分に周知がなされなければならないだろう――ここがまさに問題なのだ。マイアミその

他の海岸都市と同様にムンバイにおいても、こういった〔海岸に近い＝リスクのある〕地域はしばし

＊80　緊急対策が奏功して、二〇一三年のカテゴリー五サイクロン（ファイリン）による犠牲者は数十人にとどまった。二〇一三年一〇月一四日のCNN報道「サイクロン・ファイリン　犠牲者の少なさにインドは胸をなでおろす」を参照。

＊81　ランガー（ほか）の見立てによれば、ムンバイ市当局によるリスク削減の諸方策は立派なものであるが、「長期的計画のレベルでは、気候変動の潜在的インパクトを考慮に入れていないと思われる」（"An Assessment of the Potential Impact of Climate Change on Flood Risk in Mumbai," p.156）。

＊82　Friedemann Wenzel et al., "Megacities – Megarisks," *Natural Hazards* 42 (2007), pp.481-91, p.486.

＊83　ムンバイ広域行政区が発行している防災管理の標準行程を記した小冊子をみると、洪水は明確に主題化されている一方でサイクロンへの言及はまったくない。二〇一〇年刊行の『ムンバイ広域行政区における災害リスク管理にかんする総合基本計画　法的および制度的な準備状況』にはサイクロンへの言及がみられるが、それもごく一般的なものであり、そもそも国レベルで成立した二〇〇五年の災害管理法にもとづいて設立された国家災害管理局の指示によって書きくわえられたという背景がある。この点にかんして〔ムンバイが州都である〕マハーラーシュトラ州の防災基本計画はずっと詳しく、サイクロンに長大なセクション（一〇・四節）を割いており、そこでは「安全性を確保できない建物から住民を退避させ避難所へうつす」ことが推奨されている。しかしながら、その対象は地方に限られていて、ムンバイ市の住民退避計画については（おそらく行政区分による住み分けにより）その可能性にすらふれられていない。『ムンバイ広域行政区災害管理行動計画　リスク評価と対応計画』第一巻はサイクロンの脅威を明示し、住民退避が必要になるかもしれない地域のリストを掲載すらしているが（二・八節）、そのリストがカヴァーするのはムンバイ市の人口のごくわずかにすぎず、市街地のほぼ全域を巻きこむようなはるかに大規模な住民退避の可能性については等閑視されている。なお、これらの諸計画はいずれもウェブ上で閲覧可能である。

ば大規模開発に大量の資金が投入されている場所でもあるのだから。[*84] ありうるリスクが住民たちに知らされたならば資産価値が下がることはほぼまちがいないわけで、当然のことながら建築業者やディベロッパーたちは災害リスクにかんする情報が出回ることを事前に食い止めようと働きかける。ここ二〇年ほどのグローバル化がムンバイのみならず世界中にもたらした帰結のひとつに、不動産利権が巨大な権力を獲得したことが挙げられるだろう。とくに先進国においては、もはや建設業界ロビーに対抗できるような市民団体はほぼ皆無と言って良い――たとえそれが公共安全にかかわる案件であったとしても。世界中の多くの海岸都市が謳歌する「発展」が、リスクにたいしてしっかりと目をつぶっておくことに依存しているというのが、今日の現実なのだ。

たとえ包括的な計画・準備がなされていても、巨大都市における住民退避を実行に移すのは並たいていのことではないのだが、それはたんなるロジスティクス上の理由にはとどまらない。ハリケーン・カトリーナ襲来前のニューオリンズ、ハリケーン・サンディが迫るニューヨーク、〔二〇一三年の台風三〇号〕ハイエン直撃をひかえたタクロバンを思い出してほしい。甚大な被害をもたらしたこれら都市災害の経験からわかるのは、最大級の警告にもかかわらず住民のほとんどは市内にとどまり、強制的な退避命令ですら平気で無視をする者が少なからず出てくるということだ。おなじことがムンバイのようなメガシティで起きるとしたら、それは、サイクロンの上陸とともに何百万とまでは言わずとも何十万もの住民の生命が危機にさらされることを意味するだろう。ところが、多くの住民が、ここ数年の洪水被害もどうにかしのいだのだからサイクロン直撃もどうにかなるだろうとたかをくくっていることは、ほぼまちがいない。

しかし、カテゴリー四や五にもなるサイクロンの衝撃は、ムンバイ住民の記憶にあるいかなる天災ともまったく違ったものとなるだろう。二〇〇五年および二〇一五年の洪水の際に、豪雨被害の矢面に立ったのは市街地北部の一部地域で、それ以外の地域の雨量はそれほどでもなかった。また、河川氾濫の被害をもろにうけたのは海抜高度の低い地域のとくに地上階に住む住民だったわけだが、高台や高層ビルの上層階の住民はそれほど影響をうけなかった。

だが、サイクロンの暴風は、高かろうが低かろうが容赦なく吹きつけることだろう――むしろ、高いところの方が突風の猛威にさらされるのではないだろうか。ムンバイの高層建築の多くは大きなガラス窓を備えているが、補強工事などほとんど行われていない。サイクロン来襲の際に、こういったむき出しのガラス面は、強力な暴風のみならず吹き飛ばされてくるさまざまな飛来物の衝撃にもちこたえなければならないというのに。無認可居住地の家屋の多くは金属板を使ったトタン屋根だが、[*85] サイクロン規模の暴風はこれらの金属板や街中にあふれるビルボードを吹きあげ、街を

＊84 『インディアン・エクスプレス』の二〇一五年四月三〇日の記事によれば、「ムンバイの西海岸沿いでは、そのほとんどが超高級住宅用である六〇件もの臨海地区開発プロジェクト」が認可待ちの状態にある。また、『ヒンドゥー・ビジネス・ライン』の二〇一五年八月二二日の記事によれば、マハーラーシュトラ州政府は、ムンバイの古い塩田をふくむ建造物のない沿岸地域の多くの土地を、開発業者に開放する計画である。

＊85 Carsten Butsch et al., "Risk Governance in the Megacity Mumbai/India," p.5.

見下ろす高層ビル群のガラスに覆われた壁面めがけて猛スピードで撃ちつけることによって、またたくまに凶器へとかえることだろう。

サイクロンはまた、洪水被害に遭わずにすんだ南側の地域も見逃しはしないだろう。いや、むしろ、そこが最初にもっともひどく直撃をうける可能性が高いのだ。過去にインドの西海岸を襲ったサイクロンの進路を見ると、すべて、アラビア海南部から北東に上ってくることがわかる。[*86] この進路をとるサイクロンがムンバイを直撃するならば、まっすぐムンバイ南部に突入してくることとなるだろう。そして、そこは、多くの国および地方自治体レベルの重要施設がひしめき合っている地域なのである。

ムンバイ南端に突き出た舌状の岬は多くが埋め立てによってできあがった土地だが、そこには陸海軍の重要施設や、インド有数の研究施設であるタタ基礎研究所が配置されている。二〜三メートルの高潮は、この地域のほぼ全域を水中に沈めるだろう。一階建ての建物なら屋根まで沈んでしまうかもしれない。そして、もっと大きな高潮だってありうるのだ。

ここからすこし北に行くと、ムンバイが誇る有名な歴史的建造物や施設が集中するエリアとなる。なかでも西岸のマリーン・ドライブは人気スポットで、海に面したホテル群は美しい夕景で知られているし、海岸線に沿って立ち並ぶアールデコの建物はネックレスにたとえられるほどだ。これらはすべて埋立地の上に立っており、満ち潮の時間帯にはしばしば波よけを越えて海水が入りこんでくる。サイクロンによる高潮が東向きに海からおしよせてきたならば、それを押しとどめる手立てはほぼありえないだろう。

ムンバイ南側半島部分の西岸と東岸のあいだの幅はおよそ四キロほどである。東岸にはさまざまな港湾施設にくわえ、老舗のタージ・マハル・ホテル、そしてインド門広場があるが、この広場はすでに高潮にさらされがちとなっている。その先にはにぎやかな漁港があるが、ひとたび大嵐に襲われたならば、安全な場所に移動していない漁船はことごとく高潮に乗ってインド門やタージ・マハル・ホテルの方にどっとなだれこんでくることだろう。

こうして高潮の津波は南ムンバイの両岸に同時におしよせることになるわけだが、そのとき両者の先端が出会い一緒になることすら想像できないことではない。そうなると、南ムンバイの丘や崖は、荒れ狂う海に囲まれ屹立する島々へと逆戻りすることとなるだろう。また、かろうじて波間から頭を出しているのは、ムンバイ市の重要施設である高層建築の上層部分——市役所、議会、チャトラパティ・シヴァージー・ターミナス駅、インド準備銀行本店、国内最大手の金融機関が同居する巨大高層ビル——のみとなるだろう。

南ムンバイは広く低地帯なので、サイクロンが過ぎ去った後もおそらく数日間は、多くが水浸しのままとなるだろう。おなじことはムンバイ市のほかの地域にも言える。[*87] 道路や線路が長期間にわ

---

*86 C. W. B. Normand, *Storm Tracks in the Arabian Sea*, India Meteorological Department, 1926.
*87 二〇〇五年の水害においては、「郊外の水は七日間以上も引かず、市街地の多くでも洪水で数フィート単位の水位上昇がみられた」(B. Arunachalam, "Drainage Problems of Brihan Mumbai," p.3909)

たって寸断されれば食料や飲料水の不足が生じるだろうが、それはおそらく社会不安に直結する。ムンバイが水浸しになるとしばしば病気がまん延するのだが[*88]、市の医療インフラは現在の人口の約半数に対処するので手いっぱいで、市立病院の病床数もたったの四〇〇〇床を数えるばかりだ[*89]。さらに、病院の多くがサイクロン直撃前に退避しているだろうことを考えると、けが人や病人が医療をうけることがますます困難になっているであろうことが予想される。また、ムンバイの株式市場と準備銀行が機能不全に陥れば、インド全体の商取引・金融システムが麻痺してしまうかもしれない。

だが、これらの可能性にとどまらず、さらにおそるべき事態が起こりうるのだ。世界中のメガシティのなかでもめずらしく、ムンバイは郊外のトロンベイ地区にバーバ原子力研究センターという核施設を抱えている[*90]。また、市の周辺地域から北に九四キロ行ったところには、タラプール原発というもうひとつの核施設がある。世界中の多くの地域同様に、冷却水確保を容易にするため、これらの核施設は海岸べりに建てられている。

気候変動にともなって、世界各地の核施設の多くは海面上昇の脅威にさらされている[*91]。『原子力学会会報』に掲載されたある記事に以下のような記述がある――「巨大な暴風雨に見舞われると、原子力発電所における電源喪失の危険性がおおいに増大する。そして、電源喪失は重大な安全性リスクへと直結する[*92]」。須要な冷却システムの停止、安全確保システムの損傷、核汚染物質の漏出、核汚染水の流出――福島第一原発事故で目の当たりにしたままのことが起こりうるのだ。

では、ムンバイ近郊の核施設にたいして、大型サイクロンがもたらす脅威にはどのようなものが考えられるのだろうか。わたしはこの質問を、原子力の安全にかんする専門家でプリンストン大学「科学とグローバル安全保障」プログラム所属のM・V・ラマーナ博士に投げかけてみた。博士の回答は以下のようなものだった――「最大の懸念は、液体放射性廃棄物を貯蔵するタンクにあります。これらのタンクは高密度の放射性核分裂生成物をかかえており、放射性崩壊により高熱を発しています。そこでは、また、水素ガスのような起爆性の化学物質も生成します。概して核廃棄物貯蔵施設には爆発を防ぐための安全システムが何重にも用意されているものですが、巨大な暴風雨に襲われればそのシステムの一部あるいは全部が同時に作動停止する可能性も否めません。なだれ式に安全システムの作動停止が発生したならば、作業員による修復作業は困難をきわめるでしょう。そもそも、そんな暴風のなかで修復作業に従事する能力のある作業員が現地に残っていることを仮定しての話ですが。貯蔵タンクのひとつでも爆発すれば、その爆発の威力と正確な気候条件によるとはいえ、半径数百キロメートル規模の広範囲に放射性物質をばらまくこともありえます。そうな

＊88　カーステン・ブッチ（ほか）前掲書、四頁。

＊89　ムンバイ広域行政区発行の「ムンバイ都市開発計画」セクション九・一「医療」を参照。

＊90　Aromar Revi, “Lessons from the Deluge,” p.3912.

＊91　Natalie Kopytko, “Uncertain Seas, Uncertain Future for Nuclear Power,” *Bulletin of the Atomic Scientists*, 71.2 (2015), pp.29-38.

＊92　Ibid., pp.30-31.

ると、高度に汚染された地域における大規模な住民退避が必要となり、その土地での農業も長期間にわたって停止せざるをえなくなるでしょう」。

幸いにも、目下のところサイクロンがムンバイを直撃する確率は低い。しかし、降雨量の増加や海面の上昇といった気候変動がもたらす他の影響がムンバイ市につきつけるさまざまな脅威が存在することに、まったくもって疑いの余地はない。気候モデルが予想するようにこのさき数十年の降雨量に有意な増加がみられるとするならば、[*93]水害の頻度も増すにちがいない。海面上昇についても、一部の気候科学者が予測しているように今世紀末までに一メートルあるいはそれ以上の上昇があるとするならば、南ムンバイのいくつかの地域はじわじわと居住不能になっていくことだろう。[*94]

ムンバイとおなじく一七世紀に建設されたふたつの植民都市であるチェンナイ（マドラス）とコルカタにも、似たような運命が待ちうけている。やはり二〇一五年に、チェンナイはトラウマ的な大水害に見舞われている。コルカタについて言えば、わたしにとっては家族を通しての深い縁で結ばれた土地である。

チェンナイやムンバイとはちがって、コルカタは海岸に直面しているわけではない。とはいえ、都市の大部分は海抜ゼロメートル地帯で、水害は日常茶飯事だ。コルカタに暮らしたことがある人なら誰にでもあるように、わたし自身にも大水害の鮮明な記憶がある。だが、慣れというのはこわいもので、明白な危機をわがことと考えずに過ごしていた。そんなわけで、世界銀行の報告書で気候変動による高リスクのメガシティのひとつにコルカタが挙げられているのを知ったとき、わたしはショックをうけてしまった。さらに、母と姉が暮らす家がコルカタでももっとも危険な地域のすぐそばにあることもわかりショックを受けている始末だった。[*95]

この報告書によって、わたしはひとつの問いに向き合わざるをえなくなったのだ。それは、気候変動について自ら調べる手間を惜しまない人なら誰でも向き合わなければならない問いだ。すなわち、この先なにが待ちうけているのか知ってしまったうえは、家族や愛する人たちを守るために

＊93　「あらゆるモデルが示唆するところによると、年間平均降水量は、現在の基準値である一九三六ミリと比べて大幅に増加することが見込まれており、全モデルの平均値をとると〔二〇七一―二〇九九年までに〕二三五〇ミリとなる」（Arnn Rana et al., "Impact of Climate Change on Rainfall over Mumbai using Distribution - Based Scaling of Global Climate Model Projections," *Journal of Hydrology: Regional Studies* 1 (2014), pp.107-28, 118）。「極端な天候事象――とくに顕著なものとしては熱波や集中豪雨が挙げられる――が温暖化の影響でその頻度をおおいに増すだろう、あるいはすでに増していることをつよく示す証拠は、枚挙にいとまがない」（Dim Coumou and Stefan Rahmstorf, "A Decade of Weather Extremes," *Nature Climate Change* 2 [July 2012], p.494）。

＊94　「生態学的合理性と経済的公平性を加味しつつ、ムンバイ広域行政区における土地の被覆と用途を合理化する必要性は明白である。（中略）もっとも重要なポイントは、ディベロッパーの利害を「公共の利益」に優先させることなく、貧者の権利を守ることにある。さもなければ、住民たちが退去後に強制的に移住させられる先はいまより危険な地域である、ということになりかねないだろう」（Aromar Revi, "Lessons from the Deluge," p.3914）。

＊95　*Climate Risks and Adaptation in Asian Coastal Megacities: A Synthesis Report*, World Bank, 2010. この報告書には、コルカタ市内で気候変動の影響をもっともうけやすい地区のリストがふくまれている。

いったいわたしになにができるのだろうか、という問いである。わたしの母は高齢で日に日に衰えていくなかで、もしも河川の氾濫で家が孤立し、長期間にわたって医療へのアクセスが絶たれたとしたならば、どうやって急場をしのいでいけるのかまったくわからない。

熟慮のすえ、わたしは母に引っ越しをもちかけることに決めた。この話題をもちだすに際してかなり慎重に臨んだのだが、それはほとんど意味がなかった——母は、気でも狂ったのかといった目で、わたしを見つめたのだった。だが、それも無理からぬことだ。世銀の報告書があげつらう脅威ごときのために、思い出や地縁をぜんぶ投げうって愛するわが家を出ていくことを口にするなど、たしかに狂気の沙汰としか思えなかったのだろう。

天気のわりに涼しい、気持ちのいい日のことだった。わたしはその話題をとりさげた。こんなことでもなければぜったいに認めたくはなかったような事実を、このとき思い知らされたのだった——わたしの人生は、自分でそうありたいと願っているのとは裏腹に、理性に導かれているのではなく、むしろ日常の暮らしのなかでつちかった習慣の惰性に支配されているのだ。これこそまさに、人類の圧倒的大多数がおかれている状況であり、それがために、地球温暖化対策として必要なさまざまな変革がわたしたち一人ひとりにゆだねられたときに、ほとんどの人はうまく対応できないのだ。逆に、それまでの習慣をきっぱり捨て去り、ただしく備える意志をもった者は、なにかにとりつかれた偏執狂あつかいをうけ、まさに狂気すれすれの人物とみなされることとなるだろう。

政府・社会が総体として〔地球温暖化に〕適応する道を選ぶとするならば、それは戦時その他の国家的危機においてみられるように、必要な決定が集団的意志のもとに政治制度の枠内で行われることとなるだろう。つまるところ、それこそが、〈政治〉のもっとも根源的な形態なのではないだろうか——集団の生存（サヴァイヴァル）と政体の維持とが。

だが、今日の世界を見わたせばわかるように、オランダや中国という目立った例外をのぞいて、危険な地域から住民を計画的に移動させる政策を実行するどころか思案することさえできない政府や公的機関がほとんどなのだ。大多数の個人にとってそうであるように、諸国の政府や政治家のほとんどにとってもまた、記憶や愛着と結びついた土地を離れ、人生に根と安定と意味をあたえてくれたわが家（ホーム）を捨て去るなど、まさに思いもよらないこと以外のなにものでもないのだ。

一二

ムンバイ、ニューヨーク、ボストン、コルカタといった植民都市がみなグローバリゼーションの黎明期に産声を上げたことは、たしかに偶然ではないだろう。これらの都市を結びつけるのは、その創建にまつわる諸状況においてのみならず、西洋の経済を拡大・加速させた交易の諸パターンによってでもあった。つまり、これら植民都市は今日自身を崩壊の脅威にさらしているプロセスそのものを駆動してきた張本人なのである。その意味では、これら沿岸部大都市が直面している窮状は、いまや全世界に共通の苦境がことさらに誇張された事例にすぎないとも言える。

これらの都市の立地は、いまやまったく無謀なものと思われるのだが、たんなる後知恵でそう言えるというわけでもなさそうだ。最初にボンベイへ移住したパールシー〔サーサーン朝ペルシャの滅亡を機にインド亜大陸に移住してきたゾロアスター教徒の一派。インドでは少数派ながら経済的・政治的影響力をもつ人物を多く輩出している〕の商人たちは、スーラトやナヴサーリー〔いずれもグジャラート州に古くから栄えた交易都市で、後者はタタ財閥創始者の出身地としても知られる〕といったボンベイほど海にさらされてはいない古くからある港町を去りたがらなかったため、かれらにこの新たに建設された都市への移住を促すために報奨金が支払われたほどだ。おなじような話は中国にもあって、英国人が香港島に都市を建設する意図があると聞いて清朝の役人たちは驚きあきれたという――いったいどこのだれが、あんな大地の気まぐれにまるっきり身をさらすような土地に住みつきたいなどと思うのだ、と。

しかし、じつにわかりやすいことに、何世代にもわたってそこで暮らした人びとのあいだで蓄積された知恵も、時がたつにつれて集団的忘却の憂き目にあうことになる。そして、人びとは、どんどん海岸近くへと移動していったのだ。

いったいどうして、こんなことになってしまったのだろう――おなじ問いは、三陸海岸を津波が襲った際にもくりかえされた。そこには津波の襲来を警告するため中世に建てられた石碑があり、「此処より下に　家を建てるな」という子孫への明確な教訓が刻まれていたのだった。*96

日本人は、もちろん、よその誰にも負けず先祖のことばに耳を傾ける人びとに違いないのだが、それでもかれらは「家を建てるな」とはっきり禁止されたまさにその場所に家々を建てるにとどまらず、こともあろうに原発まで設置してしまったのだった。

これもまた、わたしたち人類が地球環境と関係してきた歴史における〈不気味なもの〉の一様相といえるだろう。警告をうけなかったわけでもなければ、リスクに気づいていなかったわけでもないのだ。人間存在のよるべなさへの自覚は、あらゆる文化に見いだすことができる。それは、聖書やクルアーンにおける黙示録、北欧神話が語る「フィンブルの冬」〔世界の終わり「ラグナロク」の前兆として続く三度の冬〕、サンスクリット文献にみられる「プララーヤ〔破壊〕」譚などに反映されている。なんと言っても、こういった意識があふれているのは、どこにおいても文学的想像力なのだ。

では、こういった直観が、植民都市建設者たちの精神からだけでなく、文学的想像力の最先端からも退いてしまったのは、なぜなのだろう。西洋においてさえ、近代の到来からずいぶんと時間が経ってからやっと、大地は秩序正しく穏やかなものと見なされるようになった。詩人や作家たちにとって、「崇高」の観念と結びついた畏怖の念を惹起する力を〈自然〉が失うのは、一九世紀も終わりごろになってからにすぎないのだ。[*97] だが、植民地を経営し都市を建設する実務家たちは、あき

---

*96 『ニューヨーク・タイムズ』、二〇一一年四月二〇日の記事。〔ここで言及されている碑文は宮古市重茂・姉吉集落に残るもので、著者は「中世」に建立されたと誤解しているが、実際は昭和八年の三陸大津波の教訓として生存者によって建てられた。〕

らかに、大地の破壊的な力にたいする無関心をずっと早くから獲得していたのだった。

いったいどうして、こんなことになってしまったのだろう。いったいどうして、何百万もの人びとが大洋にさらされたあれほど危険な土地に移住して平気でいられるような、そんな意識の状態が生まれたのだろう。

これらの海岸都市が創建された年代を考えれば、たいていの人は、大地やその資源を際限なく略奪することを旨とするヨーロッパ啓蒙主義の傲慢を、犯人あつかいしたくなる誘惑にかられるだろう。だが、この見立てでは、例のニコバル諸島の基地周辺地区建設を計画・実施した人たちの思考回路を、ほとんど説明することができない。この計画立案者たちが基地の立地をかの地に決めたことと、資源の略奪や人間の傲慢さとを関連づけるのは、だいぶ的はずれだ。そうではなくて、かれらと初期近代に海岸都市建設のための地図を作製した測量士たちとのあいだには、もっと直接的なつながりがあるようにわたしには思われるのだ。それは、ものごとを不連続なものとして切り取ることで先に進もうとする思考習慣のことで、現代の島嶼基地や初期近代の植民都市を建築した人びとは共通して、問題をどんどん細分化していき、ついには解決法がおのずとあきらかになるような小さなパズルにまで還元してしまうように訓練されていたのだ。この思考法は、目の前にあるモノの地平のかなたに存在するもの・ちから(「外部性」)をことさら排除する。それは、あらゆるものが相互に連結しているというガイアのあり様を〈思考しえぬもの〉にしてしまうような視座なのだ。

ベンガル都市化の歴史は、わたしがここで言わんとしていることに格好の事例を提供してくれる。

ながらく英国支配の中心地だった植民地カルカッタは、一七世紀後半にフーグリー川の河岸にまず建設されたが、泥がたまって川が浅くなっていくことが知られるようになると、その土地は早々と放棄されることになる。一九世紀初頭までには、ベンガル湾により近い立地で新たな港が建設されるべきことが、東インド会社によって原則的に決定されていたが、実際に具体的な場所が確定するのは一八四〇年代のことだった。それはカルカッタから南東に三五マイルほど行ったところにある、マトラ川の岸辺であった。（ちなみに「マトラ」とは、ベンガル語で「気が狂った」「酔っぱらった」という意味である。）

当時のカルカッタには、ヘンリー・ピディントンという名のイギリス人が住んでいた。職業としては船舶査察官をしていたが、文学に文献学、さらにはさまざまな科学にまで手あたり次第に手を染める人物だった。それがある時、ウィリアム・リード〔英領カリブを中心に活躍した海軍士官・行政官で、ハリケーンの先駆的研究でも知られる〕の論文『大嵐の法則をめぐる試論』を読むことによって、自分の真の天職に目覚めることとなる。その論文は、熱帯低気圧が巻き起こす回転運動にかんする

＊97 「ワーズワースやソローが抱いていた、山頂に坐す神の存在を前にした際にふさわしい敬虔な態度としての深い畏怖の念というものも、一九世紀後半までには、ずっと居心地がよくほとんど感傷的とも言えるような態度へと道を譲っていた」（William Cronon, "The Trouble with Wilderness; or Getting Back to the Wrong Nature," in *Uncommon Ground: Rethinking the Human Place in Nature*, ed. William Cronon (New York: W.W. Norton, 1995), p.75）。

野心的な研究だった。リードの著書に情熱をおおいにかきたてられたピディントンは、残りの人生をその分野の研究に捧げることにした。今日ピディントンは、「サイクロン」の名づけ親としてもっともよく知られている。だが、実際にピディントンがとくに関心をもっていたのは、大嵐が引き起こす高潮（ストーム・サージ）（当時の呼称では「高波（ストーム・ウェイヴ）」）という現象だった。そのため、かれは、ベンガルの海岸で起きたサイクロンによる高潮とその被害の詳細な記録を後世に残すこととなったのだ。[*98]

ピディントンは高潮の実態とその脅威を熟知していたため、マトラ川に建設が計画されていた港はサイクロンによる著しい危険にさらされることを理解していた。危機感を強めたピディントンは、一八五三年、当時のインド総督に宛てた意見書を公表し、そこに不吉な警告の文句を書きつけた――「この地に暮らすあらゆるひとやものは、大嵐の恐怖のさなかに海水が巨大な山となっておしよせ、かれらの頭上に覆いかぶさり、あっという間に五～一五フィートの水底にすべてを沈めてしまう日がくることを、こころしておかねばならない」。[*99]

ピディントンの警告に耳を傾ける者はいなかった。新都市建設にまい進する建築業者や植民地行政官たちからすれば、狂人のたわ言と思えたことだろう。かれらが立ち働く、このきちんと区分けされて計測可能な世界には、何百マイルのかなたに生を享け「驚異の彗星」（ピディントンの表現）のごとく大海原を越えて襲ってくるようなものの居場所など、もとよりありはしなかったのだ。

それが、「ブルジョワ生活の規則正しさ」にすっかり慣れ親しんだ実務家の鏡のようなかれらにとって〈思考しえぬもの〉であった理由は、おそらく、ピディントンが語る天候事象の規模があまりに大きすぎたことにあったのだろう。港町の建設は、一八五七年の大叛乱のあいだも休むことなく続けられた。銀行やホテルや鉄道の駅、公共施設の堂々たる建物——それはたいへん贅沢な港湾都市建設事業であった。そしてついに一八六四年、盛大なセレモニーでもってこの新都市は正式に発足し、前インド総督カニング卿にちなんでポート・カニングの名があたえられた。

ポート・カニングの栄光はじつに短命であった。正式な発足からたったの三年後、まさにピディントンが予言していたとおり、港町はサイクロンに襲われた。そのサイクロンがもたらした高潮は最大六フィートというほどほどのものではあったが、甚大な被害をもたらした。そして、その四年後に、ポート・カニングは放棄されることとなる（現在のカニングは川べりの小さな港で、シュンドルボン方面への入り口となっている）。こうしてピディントンは、気候科学のカッサンドラー〔ギリシャ神話に登場するトロイアの王女で、トロイアの滅亡を予言するが誰にも信じてもらえず、かえって狂人あつかいされる〕たちの先駆けとなったのだ。

＊98　A. K. Sen Sarma, "Henry Piddington (1797-1858): A Bicentennial Tribute," in *Weather* 52.6 (1997), pp.187-93.

＊99　Henry Piddington, "A letter to the most noble James Andrew, Marquis of Dalhousie, Governor-General of India, on the storm wave of the cyclones in the Bay of Bengal and their effects in the Sunderbunds," *Baptist Mission Press* (Calcutta, 1853). Quoted in A. K. Sen Sarma, "Henry Piddington (1797-1858): A Bicentennial Tribute."

一三

この件にかんして、ながながとこだわりすぎたかもしれないが、その理由は、ここでわたしが指摘した不連続なものへの切り取りという思考習慣が、小説のなかでそれぞれの世界が創造される仕方とも関係してくることにある。ほとんどの物語は、小説の「舞台（セッティング）」があることによって展開することができる。〔登場人物の〕行為にとって舞台とは、演劇にとってのステージと同様に、切っても切れないものである。『ミドルマーチ』〔ジョージ・エリオット著、一八七一―二年刊〕や『ブッデンブローク家の人びと』〔トーマス・マン著、一九〇一年刊〕や『ウォーターランド』〔グレアム・スウィフト著、一九八三年刊〕やベンガル語の偉大な小説『ティタシュという名の川』〔後出〕といった長編小説を読むとき、わたしたちは、小説が描き出す舞台のうちへと導かれ、それがだんだんとリアルなものと感じられるようになり、ついにはその舞台のなかに自分自身が身を置くようになる。であればこそ、まさに「場所（プレイス）の感覚」が、小説という形式がもつ魔法のひとつとしてよく知られているのだ。

小説が描く舞台と測量士たちが計測する立地とに共通するのは、いずれも不連続なものへの切り取りによってできあがっているという点だ。おのおのの舞台はそれ自体において閉じているので、かなたにある世界との関連性は不可避的に後景においやられる（たとえば、ジェーン・オースティンやシャーロット・ブロンテの小説に描かれるイングランドの田舎の世界が、その存立可能性を英帝国のネットワークから吸い上げられる富に依存しているという事実は、小説の「舞台」としては前景化されない）。叙事詩とはちがって、小説は、ふつう複数の世界（ユニヴァース）を混線させるようなことはしないし、その場面が、『オデュッセイア』のイタケーや『ラーマーヤナ』のアヨーディヤーのような仕方で文脈の外に運び出されるようなこともない。

小説において直接描かれているのは切り取られた場所であるが、それはまた別様に切り取られたいくつかの場所と入れ子構造をなすものだ。『アラバマ物語』〔ハーパー・リー著、一九六〇年刊〕の舞台であるアラバマ州メイカムは、アメリカの深南部（ディープ・サウス）を代表する。『白鯨』〔ハーマン・メルヴィル著、一八五一年刊〕の物語が展開する小さな捕鯨船ピークォド号は、アメリカ合衆国の隠喩をなす。こうして、小説の「舞台」は、かの切り取りの最終審級——すなわち、国民国家——を探究するための器となるのだ。

長編小説において、空間的な切り取りは時間的な切り取りにともなわれる。すなわち、小説の舞台は「時代」も必要とするのが通常で、ある種の時間的地平の内部であってこそ舞台は成立する。しばしば永劫の時間軸で展開される叙事詩とはことなり、長編小説が数世代を越えて続くことはまれである。「長期持続」は小説の領分ではないのだ。

長編小説の世界は、まさに、時間・空間におけるこういった境界線を引くことによって成り立っている。これらの境界線が、本の頁の余白のように、さまざまな場所をテクストのなかにおさめることによって、わたしたちは小説を読むことができるようになる。『ティタシュという名の川』の冒頭部分を読むと、このプロセスがよくわかる。一九五六年に〔死後〕出版されたこの瞠目すべき長編小説は、貧困にあえぐ漁民ダリト〔「不可触民」として差別をうけてきたカースト〕に出自をもつアドゥウェイト・マッラバルマンによる唯一の小説で、舞台はベンガル地方の田舎、ティタシュという名の架空の川のほとりにある一漁村である。

すでに述べたように、ベンガルは巨大な河川からなる土地である。マッラバルマンは、その荒漠たる風景に、以下のような描写でせまろうとする――「ベンガルは大河と数限りないその支流とが織りなす大地だ。河川はもつれた巻き毛のようによじれからまりあい、泡立つ川波が白髪になってところどころに筋をつけている」。

だが、すぐさま著者は、小説の舞台をこの広大な風景から引き離そうとする。河川はすべてがおなじというわけではない、と語り手は言う。あるものは、「狂乱せる彫刻家の手にかかったかのごとく、猛烈な勢いでブランコを高々と夢中にこぐときのような歓喜にとりつかれて、創っては壊し創っては壊しをくりかえす――それは、まさに、ある種の芸術なのだ」。

それにつづく印象的なくだりにおいて、著者の意図・前提があかされる――「だが、それとはことなる種類の芸術もある。この芸術にたずさわる者には、マハーカーラ〔シヴァ神の別名で創造と破壊を司る〕の創造と破壊の宇宙的舞踊を描くことはできない。とぐろを巻きからまりあう褐色の毛髪をふり乱すおそるべき神の姿が、この芸術家の筆によって描かれることはないだろう。かれは、パドマやメグナやダレスワリといった大河を離れ、ティタシュという名の川のほとりに居場所を見いだす。この芸術家が描く絵には、こころをなごませるものがある。川のほとりに点在する村々。その背後には畑がひろがっている」[*100]。

こうやって読者は、あまたの大河よりなる広大な土地にありながらも、ティタシュ自体は比較的おだやかで小さな川であることを知らされるのだ——「その川べりに、都市や大きめの町が築かれることはついぞなかった。川面に、大きな帆をあげた商船を見かけることもない。その名は、地図帳のどのページにも載ってはいない」[*101]。

こうやって順々に舞台の周辺を切り捨てていくことによって、マッラバルマンは、近代小説の技法に合うような空間を創造する。つまり、小説の語り(ナラティヴ)が可能になる舞台に絞り込まれるまで、それ以外の風景はどんどんと後景に退いていくのだ。ある意味で、小説の舞台は自己充足した生態系(エコ・システム)をなしており、この場合「川」が人びとの生活の支えであるとともに、小説の語り(ナラティヴ)を支えるものともなっているのだ。この小説を突き動かし、そこに切実さをもたらすのは、ティタシュ川それ自体で、それがじわじわと干上がっていくという事実が、登場人物たちの運命の鍵をにぎっている。言うま

＊100 Adwaita Mallabarman, *A River Called Titash*. Trans. Kalpana Bardhan (Berkeley: U of California P, 1993), pp.16-17.
＊101 Ibid., p.12.

でもなく、ティタシュ川は、無数の河川よりなる巨大ネットワークという「もつれた巻き毛」のほんの一本にすぎず、その流れは必然的に土地全体の動態によって支配されている。だが、まさにこういった想像を絶する規模の諸力を切り捨て、変動を限定的な時間軸に切り縮めることによって、小説は語りうるものとなるのだ。

これを、ことなる形態の散文の語り(ナラティヴ)が召喚する、際限なく長大な時間と広大な空間からなる宇宙と比較してみたい。ためしに、一六世紀中国の民間説話『西遊記』冒頭よりいくらか引用してみたい――「ここに到って、天ははじめて根を持つ。それから五千四百年たって、子の会になると、軽く清(す)めるものは上にあがって、日となり、月となり、星（昼のホシ）となり、辰（夜のホシ）となる。（中略）さて、盤古が天地を開闢し、三皇が世を治め、五帝が倫(みち)を定めたのに感応して、世界は四大部州に分かれた。（中略）この書物はその東勝神州のお話でございます。この東勝神州の海の外に傲来国(ごうらいこく)という国があった。この国は大海に接していましたが、その海の中に花果山という名山がありました[*102]」。

これはいまだに絶大な人気を誇る散文作品だが、その語り(ナラティヴ)は膨大な時間・空間を自由気ままに行き来する。それは、小説〔というジャンル〕が忌避するのとほとんど同程度に、想像を絶する大きさというものを平気で受け入れる。『西遊記』とは対照的に、世の小説が召喚する世界は、まさに明確に切り取られ限界をもつがゆえに現実的(リアル)なものとなるのだ。真剣な小説(シリアス・フィクション)の豪邸に住まう者はだれひとりとして、諸大陸がどうやって創造されたかなど語りはしないし、何千年もの時の流れを口にするようなこともない。この規模の事象連環は、小説が描く限られた地平にあっては、まるでありそうにないだけでなく、ばかばかしいものに見えるだろう。イアン・マキューアンの『ソーラー』が良い例だが、こういったものが物語に入りこんでくるやいなや諷刺にはしってしまう誘惑には、ほとんど抗しがたいものがある。

だが人新世における地球は、まさに、想像を絶するとしか言いようのない巨大な諸力によって脈動する、執拗なまでの連続性から逃れようのない世界なのだ。シュンドルボンを侵食する海水は、マイアミ・ビーチも水浸しにする。砂漠化は、ペルーでも中国でもおなじく進行している。山火事は、テキサスやカナダと同様にオーストラリアでも激化している。

もちろん、どんな時代でも、気候や地質の変動が人間の生活に影響をあたえてきたのは事実だが、それがこれほどまで容赦なく直接的なかたちでわれわれに迫ってきたことは、いまだかつてなかった。ティモシー・モートンの言うように、われわれはハイパーオブジェクトの時代に突入したのだ。〔気候変動のように、規模があまりに大きいために人間の想像力が捉え損なうような対象である〕ハイパーオブジェクトは、また、われわれの生活にますますしつこくまとわりついてくる性質によっても特徴づけられる。かつてはもっとも安全な話題であった天気のことも、いまや、気候変動否定論者の隣人とのいさかいの種になりかねない。こうしてなにからなにまで〔地球規模で〕つながっていると

＊102　呉承恩『西遊記（一）』（小野忍訳、岩波文庫、一九七七）、六－七頁。

いうことは、国境線によって国と国とのあいだに差しはさまれる不連続性を無効にするのと同様に、ベンガルとルイジアナ、ニューヨークとムンバイ、チベットとアラスカのあいだに経験の連続性を生みだすことによって〔小説というジャンルの基幹をなす〕「場所（プレイス）」の区切りをも平然と無視するのだ。

わたしのもとに、最近、パプアニューギニアのマングローブ林にかんする記事が送られてきた。それはかつて、共生と象徴の濃密な網の目をなして現地住民たちと結びついていた、ことばのもっとも深い意味で「場所（プレイス）」と呼べるような林だった。しかし、二〇〇七年の雨季に「沿岸洲は破られ、砂洲を切り刻んで無数にできた水路をとおして砂が湖になだれこんできた。高潮は村々を襲い、あとには見るも無残な光景が広がっていた――海岸線に並んでいたココナツやほかの木々はなぎ倒され、カヌーはあてどなくただよい、地面にはたくさんの溝が残されていた。地域の村民は全員退去せざるをえなくなった」[*103]。そして住民たちは、結局、強制的に自分たちの村を放棄させられることとなる。

人新世は、近代が内包していた時間秩序を反転させた。人類全体を待ちうける未来が最初に経験されるのは、いまや、周縁にいる人びとによってなのだ。ソローがかつて「広大かつ巨大で、非人間的な自然」[*104]と呼んだものと、もっとも直接的に向き合っているのは、こういった人びとなのだ。また、よそとは違う独特な個性でかつては名をはせていた場所においてさえも、こういった力学が同様に働いている現実を見ずにいることは、もはや不可能だ。ヴェネツィアを舞台になにか書こうとする際に、都市の街路や広場を水浸しにするアックア・アルタにふれずにすますことができるだろうか。それに、このことと、ヴェネツィアの街中で今日もっともよく耳にする言語のひとつがべンガル語であることとの関係性を無視することもできないだろう。街角で野菜を売る風変わりな屋台を引いていたり、ピザを焼いていたり、ときにはアコーディオンを演奏していたりする男たちの多くはバングラデシュ人なのだ。かれらの多くは、そもそも、移民してきた先のこの街を目下おびやかしているものとまさにおなじ現象によって、故郷から追い出されてきた難民なのだ——その現象とは、そう、海面上昇のことである。

これらすべてのことの背後にあるのは、かの〔地球規模の〕連続性であり、その連続性を稼働させる想像を絶する巨大な諸力なのだ。こういったことを視野の外におくことは、もはや（テクストにおいてさえも）とうてい不可能となっている。

ここにもまた、小説というジャンルにもっとも親しい技法にたいして人新世が呈示する抵抗のかたち——量的なそれ——を見ることができる。人新世は、その本質において、だいぶむかしに小説の領域から排斥された諸現象——時間・空間においてかけ離れた事象を耐えがたいほど親密に結びつけてしまうような、思考しえぬほどに巨大な力——からできあがっているのだ。

＊103 David Lipset, "Place in the Anthropocene: A Mangrove Lagoon in Papua New Guinea in the Time of Rising Sea Levels," *Hau: Journal of Ethnographic Theory*, 4.3 (2014): pp. 215-43, p.233.

＊104 ヘンリー・D・ソロー『メインの森』（一八六四）〔この有名な表現は、クターデン山頂に到達したソローが「その光景は太古の叙事詩の創造の瞬間と熱烈な詩人たちを思い起こさせ」たと述懐する、「雲の工場」の章に出てくる（『メインの森』［大出健訳、冬樹社、一九八八］、一〇一頁）。〕

一四

動きだしそうもなかったものがじつは生きていると唐突に判明する、という本書冒頭にもちだしたイメージに、ちょっと戻ってみたいと思う。すでに述べたとおり、これは人新世がもたらすもっとも〈不気味〉な効果のひとつであり、また、人間がその他多くの存在——おそらく、地球そのものさえもふくむ——と共有する意識や行為主体性（エージェンシー）の諸要素にあらためて気づかされることでもあるのだ。

だが、こう言ってみたところで、それは真理の一面にすぎない。なぜなら、人類のうちのじつに多くは、こういった気づきをそもそも失ってはいなかった、というのが実際のところであるからだ。たとえば、シュンドルボンのマングローブ林のなかやその周辺に住む人びとは、トラやその他多くの動物たちが〔人間とおなじく〕知性と行為主体性を備えていることを、一度たりとも疑ったことなどなかった。ユーコン川周辺域に暮らしてきた〔北米〕原住民たちからすれば、氷河にさえも感情や気分のむらがあり、もちろん好き嫌いだってある。[*105] こういった発想は、幾人かの近代的科学者にとってもまったく〈思考しえぬもの〉であったわけではなく、たとえば、〔インドの無線科学・SFの父である〕ジャガディッシュ・チャンドラ・ボース（一八五八—一九三七）は野菜やさらには鉱物にまで意識の要素を認めていたし、〔『生物の世界』（一九四一）で生物の〈主体性〉を強調した〕霊長類学者の今西錦司（一九〇二―一九九二）は「生きていようがいまいが、地球上のあらゆる存在には一体性が認められる」と主張した。[*106]

また、気候変動への気づきが訪れる以前のわたしたちが、みな一様にデカルト的身心二元論に囚われていたというのも、事実に反する。わたしの祖先はまちがいなくそんなものに囚われてはいなかったし、わたし本人ですら、そういった世界の見方に完全に適応したことはなかった。実際のところ、西洋人もふくめ世界中のほとんどの人についても、おなじことが言えるのではなかろうか。いつどこにおいても、ほとんどの人にとって、犬や馬や象やチンパンジーやその他多くの動物たちが知性や感情をもっていることは自明のことではなかったか。デカルトさんには申し訳ないけれど、動物が自動機械だなんて本気で信じていた人がかつてひとりでもいただろうか。「デカルトが猿を見たことがないのはたしかだ」[*107]とはリンネのことばだが、〔生物分類を体系化した博物学者の〕リンネ

＊105　Julie Cruikshank, *Do Glaciers Listen? Local Knowledge, Colonial Encounters and Social Imagination* (Vancouver: U of British Columbia P, 2005), p.8.

＊106　Julia Adeney Thomas, "The Japanese Critique of History's Suppression of Nature," *Historical Consciousness, Historiography and Modern Japanese Values*, International Symposium in North America, International Research Center for Japanese Studies, Kyoto, Japan, 2002, p.234.〔なお、ここで使用されている「一体性（unity）」という表現は、報告者による今西学説の解釈から出てきたもので、今西からの直接引用ではない。〕

＊107　ジョルジョ・アガンベン『開かれ　人間と動物』（岡田温司ほか訳、平凡社、二〇〇四）、四〇頁に引用。

自身は、人間と他の動物とのあいだに境界線を引くのがけっして容易なことではないと自覚していた。どんなに熱心なデカルト主義者であったとしても、犬にほえたてられて壁際に追いつめられてみれば、おそらく、その犬が自分にたいして抱いている感情を理解するのにたいして困難を感じることはないだろう。

人間ならざるもの（ノン・ヒューマン）の行為主体性への気づきは、語り（ナラティヴ）の伝統においてもっとも顕著に見いだされる。インドの叙事詩——これは、今日に至るまで脈々と受け継がれている生きた伝統であるが——において、さまざまな種類の人間ならざる諸存在に行為主体性を認めることは、まったくもって当然視されている。これは信念体系についてのみの話ではなくて、物語行為の技法についても言えることだ——人間ならざるものは叙事詩に多く勢いをあたえるし、語りを前進させるのに必要な解決を生みだしもする。『イーリアス』や『オデュッセイア』といった古代ギリシャの叙事詩においても、神々や動物たち、さらには自然の猛威といったものの介入が、物語をすすめるからくりとして欠かせない。アジア・アフリカ・地中海など、語りの伝統をもつ多くの地域において、これとおなじことが言えるだろう。旧約聖書とて例外ではない。神学者マイケル・ノースコットが指摘するように、「ユダヤ教の中心には、ことばや文章よりもむしろ大自然の猛威や〔驚くべき〕出来事を通じて出会われる神がいるのだが、それとは対照的にキリスト教やその後のイスラームは、天候・気候や政治権力にはあまり左右されずに、ことばや文章により多くを託すタイプの宗教である」[*108]。

しかし、キリスト教の内部においてさえ、おそらくプロテスタンティズムが勃興してくるまでは、だれも、きまぐれな神を前にして人間を根源的に〔人間以外の諸存在から〕孤立させることで自己神格化を勝ち取ろうなどとは、夢にも思わなかったのだ。人間ならざるものを沈黙させるという夢は、近代化された現代社会のど真ん中においてさえも、完全に実現したことはない。実際のところ、人間ならざるものの行為主体性には、テクノロジーにぴったり寄り添っていられるという不気味な能力をもつという側面があるように思われる。iPad や iPhone といった人工物にもっとも慣れ親しんでいる今日の十代や二十代の若者たちのあいだでさえも、周囲のそこかしこにさまざまな〔人間ならざる〕行為体がひそんでいるという感覚が根強く残っていることはあきらかだ。でなければ、書籍の売上高や映画の興行収入リストの上位を占める作品群において、魔法で姿を変えたり、なんらかの理由で突然変異したりする者ども、狼男や吸血鬼や魔女たち、地球外生命体やゾンビといった輩がいつまでたっても幅を利かせていることは、どうやって説明がつくというのだ。

そう考えてみると、人間ならざる諸存在の行為主体性をめぐる謎の実体は、それが〔最近になって〕あらためて認知されるようになったことにあるのではなく、むしろ、それへの気づきがそもそもどうやって——すくなくともここ二〜三世紀のあいだ支配的であった思考や表現の様式の範囲内

＊108 Michael S. Northcott, *A Political Theology of Climate Change* (Cambridge: Wm. B. Eerdmans Publishing, 2013), p.34。また、リン・ホワイトによれば、「キリスト教は人類の歴史上もっとも人間中心的な宗教である」(Lynn White, "The Historical Roots of Our Ecological Crisis," *Science* 155 [1967] : p.1205)。

では——抑圧されるに至ったのか、というところにある。このプロセスにおいて、文学の諸形態は、あきらかに重要な、おそらくは決定的な役割を演じてきた。であるから、わたしが最初に掲げた前提、すなわち、人新世によってわたしたちは、わたしたちの肩ごしにまったき意識をもって世界をみつめている〈他なる〉まなざしの存在を認知＝再認せざるをえなくなっているという前提を、しばし真にうけてみるならば、まっさきにとび出してくる問いは以下のようなものとなるだろう——近代小説における人間ならざるものの地位＝場所(プレイス)とは、どのようなものであるのか。

この問いに答えようとすると、また別の、人新世がもたらす不気味な効果に向き合うはめになる。それは、文学的想像力が人間へとその照準を劇的に移動させた時期〔＝近代小説の誕生〕と、人間の活動が地球の大気に変化を生じさせはじめた時期〔＝人新世〕とがぴったり重なる、という事実のことだ。そうなると、人間ならざるものが小説の中心に描かれることが仮にあったとしても、それは真剣な小説(シリアス・フィクション)の豪邸のなかでというわけにはいかず、むしろ、その邸宅から放り出されたＳＦやファンタジーが住まう周辺部に散在する小屋においての話となるのだった。

一五

ＳＦが文学の主流から切り離されたのは、ある日突然境界線が引かれた結果ではなく、徐々に進んだゆっくりとしたプロセスを通してであった。とはいえ、そのプロセスにとって決定的に重要な契機となったひとつの出来事があり、しかもそれは、偶然にも、気候と関係したものだった。

バリ島の東三〇〇キロメートルの地点にあるタンボラ山で一八一五年四月五日からはじまった火山活動は、記録に残るなかでは人類史上最大の噴火であった。[*109] 数週間にわたって、一〇〇立方キロメートルもの噴出物が大気中に放出された。一七〇万トンの火山灰の雲はほどなく地球全体を包みこみ、日光をさえぎり、地上では三度から六度の気温低下をまねいた。それから数年間つづいた異常気象によって世界各地で農作物の収穫は減少し、ヨーロッパや中国では飢饉が発生した。インドでのコレラ感染爆発の引き金を引いたのも、この急激な気温変化であった可能性がある。そして翌一八一六年は、世界中の各地で「夏のない年」として知られることになるのだった。[*110]

その年の五月、私生活のスキャンダルがもとで英国を離れたバイロン卿は、専属医のジョン・ポリドリを伴ってジュネーヴへと居を移す。[*111] ちょうどおなじときに、駆け落ちをしてきたパーシー・

＊109 Alexander M. Stoner and Andony Melathopoulos, *Freedom in the Anthropocene: Twentieth-Century Helplessness in the Face of Climate Change* (New York: Palgrave, 2015), p.10.

＊110 参考として、Michael E. Mann, *The Hockey Stick and the Climate Wars* (New York: Columbia UP, 2012), p.39; Gillen D'Arcy Wood, "1816, the Year without a Summer," *BRANCH: Britain, Representation and Nineteenth-Century History*, ed. Dino Franco Felluga, extension of Romanticism and Victorianism on the Net (http://www.branchcollective.org/); and Gillen D'Arcy Wood, *Tambora: The Eruption That Changed the World* (Princeton, NJ: Princeton UP, 2015).

＊111 Fiona MacCarthy, *Byron: Life and Legend* (New York: Farrar, Strauss and Giroux, 2002), p.292.

ビッシュ・シェリーとメアリー・ウルストンクラフト・ゴドウィン〔のちのメアリー・シェリー〕もまたジュネーヴにたどり着き、バイロン一行とおなじホテルに滞在していた。メアリーの義理の妹クレアも同伴していたが、クレアは以前英国でバイロンとつかの間の関係をもったこともあった。

シェリーとバイロンは五月二七日の午後に面会し、ほどなくしてふたりはそれぞれの一行を従えて、レマン湖畔の別荘へと移動する。そこでかれらは、山々を越えてやってくる雷雲を窓越しに眺めることができた。「いつ止むとも知れぬ長雨のせいで、わたしたちは館に閉じ込められている」――メアリー・シェリーは書き残している――「ある晩、いまだかつて見たこともないほどすばらしく立派な嵐を、わたしたちは楽しんだ。ほんの一瞬、湖が明るくなり、ジュラの山々に生い茂る松が浮かび上がり、景色全体が光に包まれたかと思うと、また真っ暗になり、おそろしい雷鳴が暗闇のなか、わたしたちの頭上に鳴りわたった」[*112]。

そんなある日、降りやまぬ長雨で屋内に閉じ込められていた一行に向かって、バイロンが各自一編ずつ怪奇譚を書くことを提案する。数日後、バイロンは「貴族で吸血鬼のオーガスタス・ダーヴェルを主人公とする」物語の構想を示した[*113]。バイロン自身は八頁書いたところでこの物語を捨ててしまうが、ポリドリがその構想を引き継ぎ、完成した物語は『吸血鬼』(一八一九)として出版された。この作品は、今日、その後実り豊かな大きな潮流となるファンタジー文学の分野における嚆矢とみなされている。

メアリー・シェリーもまた、ひとつ物語を書いてみることに決めた。ある晩のこと〔もちろん大雨だったにちがいない)、一行の会話は思わぬ方へと向かい、「死体を生き返らせることができるか否か」という問いに至っていた——「ガルヴァニズム〔イタリアの医師・化学者ルイージ・ガルヴァーニが提唱した、生物が「動物電気」によって動いているという当時最新の学説〕が、この問題にヒントをあたえていた。ことによると、生物の部分部分を加工してつなぎ合わせ、そこに生命力を注ぎ込むことができるかもしれない」[*114]。翌日、メアリーは『フランケンシュタイン、あるいは現代のプロメテウス』の執筆にとりかかった。一八一八年に出版されると、その小説はすぐさまセンセーションを巻き起こした。有名誌に次々と取り上げられ、当代きっての作家たちによって書評された。ウォルター・スコット卿は熱烈な書評を書き、のちには、自分のあまたの小説よりも『フランケンシュタイン』の方が好きだと述べていたという。当時、『フランケンシュタイン』が文学の主流から外れたものだという感覚はまったくなかったように見うけられる。それがSFの最初の大作と見なされるようになるのは、のちの時代になってからにすぎないのだ。

結局バイロンは怪奇譚を書かなかったが、今日のわたしたちなら「気候変動を前にした絶望感」とでも呼びそうなペーソスに満ちた「くらやみ」という詩を一編、書き残している。

＊112　Gillen D'Arcy Wood, "1816, the Year without a Summer" に引用。John Buxton, *Byron and Shelley: The History of a Friendship* (London: Macmillan, 1968), p.10 も参照。

＊113　Fiona MacCarthy, *Byron*, p.292.

＊114　John Buxton, *Byron and Shelley*, p.14 に引用。

世界はうつろとなった。
大勢がつどい優勢を誇った土地も、いまや、ひとつの塊――
季節は移りかわることなく、草葉も樹木もなく、
人も住まず生命の影もない、ひと塊の死――
乾いた粘土からなる混沌。
河川も湖沼も太洋もみな寂寞として、
その深き淵にうごめくものとて、なにひとつない。

ジェフリー・パーカーは、一八一六年の「雨続きの不愉快な夏」がこれらの文学作品の誕生にはたした役割について思いをめぐらし、以下のように書き記している――「これら三作品は、唐突な気候変動がほんの数週間続いただけでどれだけの混乱と絶望を引き起こすかを示している。今日の問いは、気候変動が地球のどこかをふたたび急襲するかいなかではなく、それがいつ来るかであってみれば、お好みによってバイロンの詩を読み直してみるのも、わるくはないかもしれない」*115。

一六

SFがいかにして文学の主流から切り離されることとなったかを問うことは、また別の問いを惹起する。それは、近代性の本質に内在するどういったところが、このような住み分けへとつながったのか、というものだ。この問いにたいするひとつの可能な解答は、ブリュノ・ラトゥールによって示されている。ラトゥールの議論によれば、〈近代〉を駆動する誘因となる推進力のひとつに「分離（partitioning）」の企図（プロジェクト）がある。その意味するところは、〈自然〉と〈文化〉のあいだに仮構された溝を深めていくということだが、その際に〈自然〉は排他的に自然科学の領域へと囲い込まれ、その領域への〈文化〉の立ち入りは禁止される。

だが、この視点から文学世界の進化を見返してみると、「分離」の企図はつねに異議申し立てをうけてきたことがわかる。そして、その異議申し立ては、近代の発端においてこそはっきりとあらわれていて、ことにその前衛においてもっとも精力的に行われていた。このことを証明するには、以下のふたつの詩句を思い出してみるだけで十分だろう。まずは、イングランドに向かって問いかけるウィリアム・ブレイク――

＊115 Geoffrey Parker, *Global Crisis*, p.696.

まことエルサレムは、この地に築かれしや、
かの薄黒く悪魔のごとき工場が立ち並ぶなかに。[†3]

そして、ワーズワースのソネット「浮世の瑣事が余りにも多し」より——

われらのものなるかの大自然に眼を注ぐこと少なく、
われらは自らの心を捨てて賤しき成功に没頭する。
(中略)
——あゝむしろ、
われは古びたる信仰に育まれし異教徒たらん。
さもあらば、この快き野辺に立ちて、
寂しさを慰む想像を捉えて、
海原より昇り行く海神プローティアスを眺め、
さては老いしトライトンの貝殻笛を吹くを聞くをえん。[†4]

これはイングランドだけのことではなく、欧州や北米のあちらこちらで、「ロマン主義」「田園趣

味」「超絶主義」などといった旗印の下、「分離」への抵抗は続けられていた。そして、この抵抗運動の最前線にいたのは、いつも詩人たちだった。その戦列には、ヘルダーリンやリルケから、ゲイリー・スナイダーやW・S・マーウィンといった現代詩人までが加わってきた。

とはいえ、小説家であるわたしにとって、いちばん興味があるのはやはり小説である。小説という形式の発展の歴史をふりかえってみるとあきらかなように、それが「分離」の企図に吸いこまれていくさまは、さきほど引用したワーズワースの詩行によってすでに予言されていたと言える——「あゝむしろ、／われは古びたる信仰に育まれし異教徒たらん」。

この詠嘆によって詩人は、おしよせる時代精神の奔流に侵されることを嘆きつつも、時間を抗いがたい不可逆の前進運動とみなすその時代のもっとも強力な文彩(トロープ)への降伏を宣言しているのだ。〈時間〉という近代の嫉妬深い神には、だれが後進性の闇——「古びたる」時の暗いトンネル——に放りこまれ、だれが他人に先んじてつねに前進するという祝福をあたえられるかを決める権能がそなわっている。こういった時間の概念はプロテスタント神学やヘーゲル・マルクス流の世俗神学とずいぶん相性がいいのだが、まさにこの時間概念によって、「分離」は小説の内部でその仕事を進めることができ、つねに前衛の側に立って猛スピードで前進するのを多としつつ、人間と人間なら

†3　この二行は、「エルサレム」という通称で英国においてとくに愛誦される詩からのもので、もとはブレイクの叙事詩『ミルトン』序文に挿入されたもの。
†4　田部重治選訳『ワーズワース詩集』（岩波文庫、一九五七）より。

ざるものの類縁関係といったあらゆる古代的な残滓を抹消することにやっきになってきたのだ。

もちろん、この「分離」の歴史自体ある種の叙事詩であり、読者の興味をそそる伏線や登場人物の数々を用意してくれているわけだが、ここではもうしばらく、文学の伝統と科学との奇妙な関係をめぐる物語という、一八世紀と現在とのあいだで完全な逆転現象をみせた話の筋（プロット）にこだわってみたい。

近代の黎明期において、文学と科学の関係はきわめて親密なものだった。その完璧な例証は、ベストセラー小説の先駆けとも言える『ポールとヴィルジニー』〔一七八七〕の作者ベルナルダン・ド・サン゠ピエールのうちに見いだすことができる。ベルナルダン・ド・サン゠ピエール〔一七三七―一八一四〕という人物は自身をまずは博物学者と考えており、作家となるべき天性の才と自分が科学者であることとのあいだに、なんら葛藤を見いだしてはいなかった。この人物については、少年のころシャルトルの大聖堂見物に連れていかれた際に、尖塔のうえに巣をつくっているカラスしか目に入らなかった、という逸話が残っている。

また、これも有名な話だが、文豪ゲーテも文学的関心と科学的関心のあいだになんらの葛藤を見いだしておらず、光学の実験を行い、今日でもまだ注目されうるような科学理論をいくつも提出している。ハーマン・メルヴィルもまた、海洋生物学に深い関心をもっており、ご存知のようにその見識は小説『白鯨』〔一八五一〕のなかで縷々呈示されている。ここではさらに、『戦争と平和』の数学から『不思議の国のアリス』の化学まで、その他たくさんの事例を挙げることができるところだが、その必要はないだろう。一九世紀を通して西欧の作家たちが科学と深くかかわり合っていたことについて、ほとんど異論の余地はないだろう。

それはまた、一方的なかかわり合いというわけでもなかった。博物学者や科学者たちは、小説の読者であったのみならず、ダーウィンの『ビーグル号航海記』〔一八三九〕やアルフレッド・ラッセル・ウォレスの『マレー諸島』〔一八六九〕のような一九世紀を代表するもっとも重要な文学的著作のいくつかを生みだしてもいる。そして、こういった著作が今度は、テニソンのような詩人や小説家の多くにインスピレーションをあたえたのだ。

だとするならば、いったいどのようにして、想像力の領域と自然科学の領域はこれほど明確に分割されるに至ったのか。ラトゥールによれば、「分離」の企図はつねに、かれが「純化（purification）」と呼ぶ関連事業によって支えられてきた。「純化」の目的は、〈自然〉の領域への〈文化〉の立ち入りを禁止することにあり、〈自然〉にかんする知は全面的に自然科学にゆだねられることとなる。このことは異種混淆性（ハイブリッド）の抹消・抑圧を意味するわけだが、それがまさに、ＳＦに文学の主流とは乖離したジャンルという烙印を押す流れと一致するものであることは、言うまでもないだろう。ＳＦと主流文学のあいだに引かれた境界線の存在は、たんに、後期近代の時代精神が〈自然〉と〈文化〉の雑種（ハイブリッド）を許容できなかったために生じた、整然さへの要求からくるものなのだ。

このパターンがすぐに変化することはありそうもない。わたしには十分な根拠をもって以下のように予言することができる――真剣な小説（シリアス・フィクション）の豪邸の主人たちは、目の前の海面が上昇してきたとしても、負けがきまっているムンバイやマイアミ・ビーチの臨海地域の高級住宅地の住民たちのように、目下のところ保持している自意識への賭け金をさらに上乗せするかたちで、波よけのための防護壁をどんどん高くしていくことを選ぶだろう、と。

お屋敷から混血児（ハイブリッド）を追い出すという仕置は、そうやって「ジャンル作家」あつかいをうけてきた多くの作家たちをながらく困惑させてきた。その困惑はまったく正当なもので、ＳＦのあつかう素材はどういうわけか汚染されているといった奇妙な発想ほどわけのわからないものはないし、文学の主流が「分離」の企図に完全に屈服している事実をこれほど如実に物語るものもないであろう。この屈服には、それによって文芸小説それ自体が矮小化されるという代償がともなっている。今日でも影響力のある仕事を残した二〇世紀後半に活躍した小説家のリストを作ってみるとするならば、おそらく、かつて文壇の巨人として君臨した多くの作家がまったく忘れ去られている一方で、アーサー・Ｃ・クラークやレイ・ブラッドベリやフィリップ・Ｋ・ディックといった名前がリストの上位を占めることになるのではなかろうか。

それでもなお、疑問は残る。人新世の諸問題をあつかうのに、主流文学と目される小説よりもＳＦの方がより適しているというのは、ほんとうだろうか。そんなことは当然、と思う方も多いかもしれない。なんと言っても、いまやＳＦの新ジャンルとして「気候小説（cli-fi）」と呼ばれるものがあるではないか。だが、気候小説はそのほとんどが未来を舞台とする大災害の物語でできあがっていることが、わたしにとっては、まさにひっかかるところなのだ。未来は、人新世のひとつの側面にすぎない。人新世は近い過去をふくむものであるし、なにより重要なことに、現在のことでもあるのだから。

SFや思弁小説(スペキュラティヴ・フィクション)にかんする洞察に富んだエッセイにおいて、マーガレット・アトウッドはこれらのジャンルについてこのように述べている――「これらはみな、おなじ深い井戸から汲み上げられたのだ。われわれの日常世界から切り離されたどこかにある想像上の異世界。ことなる時間やことなる次元、精霊たちの世界へとつながる扉のむこう、既知と未知を分ける敷居のあちら側。SF、思弁小説(スペキュラティヴ・フィクション)、剣と魔法のファンタジー、スリップストリーム小説――これらはみな、「奇譚(wonder tale)」というおなじ大きな傘の下にまとめることができそうだ[*116]」。

この見立ては、すばらしい明晰さで、人新世がSFに抵抗する仕方のある重要な側面を示してくれている。人新世とは、まさに、わたしたちの世界とは切り離され、ことなる「時間」やことなる「次元」に位置づけられるような想像上の「異」世界のことではないのだ。たしかに、地球温暖

＊116 Margaret Atwood, *In Other Worlds: SF and the Human Imagination* (New York: Anchor Books, 2012), p.8.〔なお、引用中に出てくる「スリップストリーム」とは、一九八〇年代のサイバーパンク運動を牽引したSF作家のブルース・スターリングが一九八九年のエッセイで用いた造語で、いまだ「ジャンル」にも「カテゴリー」にもなり切っていない、主流文学とSFの境界線にあるエアポケットのような領域に生まれ出る現代小説について語ったもの。スターリング自身は、「ある程度の感性をもつ者が二〇世紀終盤を生きていれば自ずと感じとることができるように、読者にとても不思議な感覚を端的にもたらすような作品」と定義している。〕

化が引き起こす諸事象は、「奇譚」の世界とは似ても似つかないものではあるけれども、今日わたしたちがノーマルだと考える尺度からすれば、多くの点で〈不気味なもの〉としか言いようがない。実際、それらの事象がこじ開けた扉のさきには、さまざまな人間ならざる（ノン・ヒューマン）声によって活気づけられた宇宙、「精霊たちの世界」と呼んでも良さそうな領域が広がっているのだ。

　わたしがここで、一生懸命「抵抗」について語り、それを「克服不可能な障害」とは呼ばなかったのは、これらの難問＝挑戦（チャレンジ）は克服可能であり、実際に多くの小説によって克服されてきたという事実があるからだ。リズ・ジェンセンの『断裂』（*Rupture*［2009］、未邦訳）などが、その好例だ。バーバラ・キングソルヴァーの『蝶のはばたき』（*Flight Behavior*［2012］、未邦訳）という素晴らしい小説も、そのうちに数えられるだろう。これらの小説は、それとわかるようにしてわたしたち自身の現代を舞台としながら、いま現在起きているさまざまな変化の規模とそれらのあいだの相互連環について、そしてそれらがいかに〈不気味〉で〈ありそうもない〉ものであるかということについて、どちらも驚くほど鮮明に描き出すことに成功しているのだ。

一七

　芸術にたいする気候変動の抵抗は、地中深くにはじまる。その奥まったところで有機物が変容の過程をくぐりぬけた結果、化石燃料というかたちでわたしたちは太陽エネルギーを消費することができるようになる。こうしてできあがる物質にまつわる語彙をちょっと思い出してみよう――ナフサ、ビチューメン、ペトロリウム、タール、そして化石燃料（フォシル・フュエル）。こんな耳ざわりな音をうまく詩にとりこめる詩人や歌手がいるだろうか。では、物質そのものはどうだろう。石炭は触れるものみなに真っ黒なすすの跡を残し、石油はねばねばとして悪臭を発し五感すべてに不快感をもたらす。すくなくとも石炭については、その採掘の現場をめぐって、階級の団結や勇気、抵抗といった物語を紡ぎだすことができる。実際、ゾラの小説『ジェルミナール』〔一八八五〕やジョン・セイルズ監督の映画『メイトワン一九二〇　暗黒の決闘』〔一九八七〕といった〔炭鉱ストライキを舞台背景とする〕名作がある。

石炭には特有の物質性があるので、既成秩序への抵抗運動を可能にし、また助長するのだと言える。地中深くで採掘され地上へと運び出されるプロセスが、通常の賃金労働者では考えられないような自治自律（オートノミー）の気風を炭鉱労働者のあいだに生みだした。そして、ティモシー・ミッチェルが述べているように、「これらの〔炭鉱という〕労働現場において労働者階級の闘争性が形成されやすかった背景には、この自治自律（オートノミー）を守ろうとする努力が典型的にみられた」[*117]。そういったわけで、一九世紀後半から二〇世紀中盤にかけて、さらにはそれ以降においても、政治的権利拡大闘争の最前線に

＊117　Timothy Mitchell, *Carbon Democracy: Political Power in the Age of Oil* (London and New York: Verso, 2011), pp.20-21.

いつも炭鉱労働者がいたというのは、けっして偶然ではないのだ。さらに言えば、西洋において一八七〇年ころから第一次世界大戦勃発までの期間に前代未聞の民主的権利拡大が実現したことに大きな役割を担っていたのが炭鉱労働者、すなわち石炭経済そのものである、と議論することすら可能なのである。

石油の物質性は、石炭のそれとはおおいにことなる。その採掘に多数の労働者は必要ないし、石油パイプを布けば遠方輸送が可能なため運搬・配給にかかわる大量の労働力も不要となる。[*118] これがおそらく、政治的な意味での効果という点で、石油が石炭と対蹠的な地位を占める理由なのだ。この政治的効果をいちはやく理解していたのがウィンストン・チャーチルら英米の政治指導者たちであり、だからこそかれらは、なんとしてでも石油の使用拡大を促進しようと努めたのだった。これが喫緊の課題として浮上してきたのは、石炭の採掘や輸送にかかわる労働者たちが大きな役割をはたした一九一〇年代・二〇年代の歴史的ストライキの数々であった。また、マーシャル・プラン〔第二次世界大戦で疲弊した欧州経済を立て直すことを目的としてアメリカ合衆国が推進した復興援助計画〕の援助金の多くが、地元経済が石炭依存から石油依存へと転換する方向で投入された理由のひとつにも、労働者階級による組織的闘争への恐れがあったと指摘されている。[*119]「戦後西ヨーロッパの企業化された民主主義は、このエネルギー供給の再編成のうえに築かれることとなったのだ[*120]」と、ミッチェルは書いている。

芸術にとって、石油には、石炭にはなかった測り知れなさがある。道路・自動車をめぐるイメージや語り(ナラティヴ)のことを考えれば、ガソリンが生みだすエネルギーを美化するのが容易なことはわかるが、石油そのものが相手となるとそうはいかない。[*121] その出どころは技術のヴェールに包まれておおかた眼に見えない場所に隠されているし、そこで働く人たちもほとんど目につかないようにされているため神話化するのがむずかしい。石油が採取されている現場の光景についても、たとえばセバスチャン・サルガドが撮った炭鉱の写真のような、視覚にうったえかけてくるむき出しの迫力といったものがまるでない。[*122] 石油精製工場にいたっては、ほとんど要塞化されていると言ってもいいような状態が通常で、噴き上げる火柱の下にタンクやパイプ、やぐらなどのメタリックな建造物があるのを、せいぜい遠目にながめるのが関の山だ。

＊118 「石炭の輸送経路は、一本の基幹ルートから枝が四方に伸びる樹木状のネットワークとなりがちであるため、いくつかの結節点で流れがせき止められる潜在的リスクをはらんでいる。対して石油の方は、送電網のようなグリッド型のネットワークを流れる仕組みとなっていて、複数の可能な経路が確保されているために、スイッチの切り替えで経路遮断を回避したり機能停止を克服したりすることができる」(Ibid., p.38)。

＊119 Ibid., pp.29-31.

＊120 Ibid., p.30.

＊121 ステファニー・ルメナジャーの的確な表現によれば、「石油とは糞とセックス、つまりエンターテイメントの本質であった」(Stephanie LeMenager, *Living Oil*, p.92)。

＊122 とはいえ、多くの例外もある。この点については、ルメナジャー前掲書中の一章「石油の美学」にくわしい。

要塞化された石油工場は、わたしのデビュー作『理性の円環』（*The Circle of Reason*［1986］、未邦訳）にも登場する。アル＝ガジラという名の想像上の首長国で油田が発見された、というエピソードにかかわる箇所だ――「砂の中から突如として、オイルタウンをとりかこむ有刺鉄線のフェンスがあらわれた。フェンスの向こう側から黙って外を見つめる顔の群れ――フィリピン人の顔、インド人の顔、エジプト人の顔、パキスタン人の顔、なかにはガジラ人の顔すら。あまりにたくさんの顔、顔、顔」。

フェンス越しに見える顔の群れとそびえ立つ油井やぐらの背後には、この惑星に暮らすあらゆる人間の生活に影響をおよぼしてきた歴史がひかえている。このことは、アラビア半島の歴史に、とくによくあてはまる。アラビア半島に石油が発見されたことが西洋との出会いをもたらし、その出会いの結果はわたしたち人間の存在を規定するあらゆる側面――安全保障の問題から、毎日呼吸する空気の質に至るまで――に触れるものとなった。この歴史的な出会いというものが、日々の生活でわたしたちがその激震の余波を感じずにはおれないにもかかわらず、美術、音楽、舞踊、文学といった想像力のいとなみのうちにほとんどその場所を見いだすことがない、という奇妙な現実があるのだ。

『理性の円環』を出版してからずいぶんと時間がたったのち、わたしは、この不可思議な不在の説明を試みるために、一編のエッセイを書いた。「〈石油が生んだ出会い〉の主要な登場人物たち――つまり、実質的には、一方にアメリカ合衆国とアメリカ人、もう一方にアラビア半島とペルシャ湾岸に住む諸民族、ということになるが――にとって、石油の歴史は恥と困惑の歴史であって、いわく言いがたいもの、ポルノじみたものになっているのだ。ことによると、これは、文化にかかわる諸問題のなかで唯一、両サイドが完全に一致できる点なのかもしれない。（中略）北米の大作家が〈石油が生んだ出会い〉というテーマに取りくむ姿を想像してみよう。これは、文字通り想像不可能な思いつきではないだろうか[*123]」。

これを書いたのは、〈石油が生んだ出会い〉を正面からあつかう数少ない文学作品のひとつで、ヨルダン生まれ〔サウジアラビア国籍〕のアブドル・ラフマーン・ムニーフが発表した五部構成の小説の書評においてだった。書評のタイトルは「石油小説（Petrofiction）」で、当時英訳が出ていた最初の二部（『塩の町』および『掘割』）だけをあつかったものだった[†5]。

その書評に、わたしはこんなことを書き記した――「じつのところ、われわれは、〈石油が生んだ出会い〉に文学的表現をあたえることができる形式を、いまだ手にしてはいないのである。これひとつをとってみても、『塩の町』がたいへん重要な作品であるとみなされるべき理由は十分にある。

＊123　一九九二年初出の本エッセイ〔"Petrofiction: The Oil Encounter and the Novel"〕は、その後、*The Imam and the Indian* (New Delhi: Penguin India, 2002) および *Incendiary Circumstances* (Boston: Houghton Mifflin, 2004) というエッセイ集に再録された。

†5　『塩の町』冒頭部分は、奴田原睦明編『対訳　現代アラブ文学選』（大学書林、一九九五）で読むことができる。

しかも、それがたまたま、第一部だけでもすでに多くの点ですばらしい小説であってみれば、たとえ全体像が見えていないにしてもこれは偉大な作品と呼びうるだろう」。

これを書いたのは一九九二年だった。その時点でわたしは、『塩の町』がその四年前にすでに書評されており、しかもその書評者がアメリカ文壇の重鎮で多大な影響力を誇っていたジョン・アプダイクだったということを知らなかった。あとになってその書評を読んだとき、わたしは、それに強い印象をうけた。ムニーフの作品を書評する中で、アプダイクは、じつにエレガントで権威のある口調でもって、現代小説の大多数を議論の余地なく正確に要約するような小説の概念をも明確に打ち出していたのだ。だが、そこで示された小説の概念は、わたしにはとうてい受け入れがたいものだった。

アプダイクとわたしの考え方の違いは、本書でこれまで取り組んできた人新世をめぐる問題のある側面に重要なかかわりをもつので、まずは『塩の町』にかんするアプダイクの言い分を、かれ自身のことばで聞いておくのが得策だろう。

> 題材の叙事詩的なポテンシャルにもかかわらず、われわれが小説と呼ぶものと似たような感覚をあたえる語り（ナラティヴ）を生みだすには、ムニーフ氏が十分西洋化されていないらしいことがなんとも残念だ。かれの声はキャンプファイヤーの前で語る男の声であり、登場人物たちが顔や素振りや練りあげられた動機によってわれわれの心に残るということはほとんどないし、われわれの共感を

誘うほどの現実味を帯びる中心人物も見あたらない。これは三部作の最初の三分の一にあたるのことだが、それとわかる葛藤や可能性の類ものんきにほったらかされたままである。個人の精神を陶治する冒険の感覚は、ほとんどない。それは、個人が、境遇の支配する世界を相手にほぼ互角の闘いをさまざまにくりひろげながら成長していく冒険のことで、それこそ『ドン・キホーテ』や『ロビンソン・クルーソー』以来、小説を寓話や編年記から截然と分かってきたものなのだ。その代わり、『塩の町』は、群衆としての人間にのみかかずらっている。[†6]

この一節は、まずもって注目にあたいするものだ。なぜなら、ここで明示されている小説の概念は、世界中の多くの場所で、ことに人新世において、圧倒的な影響力を行使するようになった小説の捉え方であるにもかかわらず、めったに文章化されないものだからだ。では、わたしの異議がどこにあるのかというと、それはひとえに、アプダイクが小説を寓話や編年記と区別する際に用いた「個人の精神を陶治する冒険（individual moral adventure）」[†7]という表現にかかわっている。そもそもなんで、小説を定義づける冒険が「精神を陶治する（モラル）」と形容されなければならないのだ

†6　ゴーシュはアプダイク書評の出典に言及し損ねているが、これは『ニューヨーカー』誌（一九八八年一〇月一七日）に載ったもので、"Satan's Work and Silted Cisterns" という表題がつけられている。なお、引用文に続くのは「その焦点については、社会学的とでも呼びうるのかもしれないが……」という裁断である。

ろう。それこそ、「知性的」とか「政治的」とか「霊性的（スピリチュアル）」とかでは、なぜいけないのか。いったいいかなる意味で、『戦争と平和』が「個人の精神を陶冶する冒険」についての物語だなどと言えるのだろう。たしかに、語り（ナラティヴ）のなかにはそういった形容がふさわしい種類もあるが、それは全体のほんの一部にすぎない。トルストイ自身が自作の企図にかんして抱いていたヴィジョンについて強調していたのは、『戦争と平和』が「長篇小説ではない、まして叙事詩ではない、ましてや歴史的な編年記ではない」[*124]という点だった。トルストイの意図は、既存の諸形式を取り入れつつ乗り越えることにあったのだ。[*125]同様の野心は、メルヴィルの『白鯨』にも認められる。こういった作品を「個人の精神を陶冶する冒険」の枠組みにはめることが、作者の意図の矮小化につながることはまちがいない。

問題はあきらかに、〈モラル〉という語にひそんでいる。それが正確に意味するところはなんなのか。ことによると、それは、「政治的」「霊性的」「哲学的」といった意味をもふくむものとして使われているのか。だとするならば、ひとつの単語にあまりに重い荷物を背負わせていることになりはしないだろうか。

べつにわたしは、些細な意味論的差異についてとやかく言いたいわけではない。むしろ、アプダイクは現代文化のある重要な側面を現に言い当てたのだと、わたしは信じている。この点についてはまたのちほど立ち返りたいと思うのだが、とりあえずいまのところは、小説の領分にかんするアプダイクの見取り図、すなわち、そこからなにが排除されているのかという問いに向かいたい。

アプダイクによる境界の線引きは、じつに明快だ。『塩の町』が「あまり小説らしくない」と感じられる理由は、それが個人の精神を陶冶する冒険の感覚ではなく、むしろ「群衆としての人間(men in the aggregate)」にかかわることにある。つまり、小説の領分から追い出されるべきは、まさに〈集団的なるもの（コレクティヴ）〉なのである。

しかし、小説家たちが集団としての人間——アプダイクの言う「人間」は男たちしか意味しないのかもしれないが、もちろん女たちもふくめて——を避けてきたというのは、実際そうなのだろうか。そうだとしたところで、それは作家の意図によるものなのか、それとも語り（ナラティヴ）の便宜上なのか。シャーロット・ブロンテ〔英国の小説家（一八一六—一八五五）で、『ジェーン・エア』の作者〕が批評家にあてた手紙の一節は、この点で注目にあたいする——「個々人の実際の経験は、とても限られた

---

†7 "moral"について、ここでは、善悪の判断基準をつよく含意する「道徳的」という通常の訳語をあえて避け、より一般的に人間精神〔の人格的成長〕にかかわるという意味で「精神を陶冶する」というやや冗長な翻訳を試みた。以降は煩瑣をさけるために〈モラル〉とだけ記すが、そのつど上記のような含意をくみ取っていただければ幸いである。なお、この〈モラル〉という語の近代文学ならびに現代政治における含意については、本書第三部でさらに敷衍されている。

*124 トルストイ『戦争と平和』という本について数言」、『戦争と平和 六』（藤沼貴訳、岩波文庫、二〇〇六）、四六一頁。

*125 Donna Tussing Orwin, "Introduction," in *Tolstoy on War: Narrative Art and Historical Truth in "War and Peace,"* ed. Rick McPeak and Donna Tussing Orwin (Ithaca, NY: Cornell UP, 2012), p.3.

ものではないでしょうか。もし作家が自分の経験のみに、あるいはおもにそれだけに頼って語るとするならば、独りよがりになってしまうおそれはありませんか」[*126]。

アプダイクの書評にかんするすぐれた議論を展開したロブ・ニクソンが指摘するように、ムニーフは「たくさんの登場人物をキャンバスにおしこんで集団的変容というテーマと向きあったという点で、けっして孤独ではなかった」――というのも、エミール・ゾラやアプトン・シンクレアやその他大勢の小説家たちが、「個々の登場人物を、集団が変容していく過程に副次的なものとしてあつかう」ことをしてきたのだから[*127]。

実際のところ、小説の伝統のなかに〈集団的なるもの〉の痕跡は無数にあるので、それを探し出そうとしたならば、あまりの膨大さにすぐまいってしまうだろう。そうであるならば、アプダイクの見解などはまるごと捨て去ってしまえばいいのだろうか。わたしは、そうは思わない。なぜなら、ある特定の意味において、やはりアプダイクは正しいからだ。事実として、現代小説はますます徹底的に個人の心理(サイキ)に的を絞ってきている一方で、小説のみならず文化全般にわたる想像力の次元で〈集団的なるもの〉――「群衆としての人間」――が後退局面にあることは認めざるを得ない。ただ、わたしがアプダイクとことなるのは、現代小説におけるこの転回を、小説という形式に内在的なものだとはまったく考えていないということだ。トルストイやディケンズからスタインベック、チヌア・アチェベにいたるまで、歴史的に数多くの小説家たちがたいへん効果的に「群衆としての人間」を描き出してきたのは周知の事実であるし、いま現在においても世界中のあちらこちらで同様の営為は続けられているのだ。
そうなると、アプダイクが正しく捉えていた小説の特徴とは、なんだったのか。それは、小説という形式に本質的な要素ということではまったくなく、むしろ、二〇世紀後半に「大加速」[*128]の道をひた走る諸国において小説がある特定の時期にとった転回によくあてはまるものなのだ。支配的な経済システムが孤立に基礎をおくのみならず「孤立を生産するように設計されている」[*129]とギー・ドゥボールが分析した地域が、これらの諸国とぴったり重なっていることは、けっして偶然ではないだろう。

＊126 *Eight Letters from Charlotte Brontë to George Henry Lewes*, November 1847-October 1850.〔現物が大英図書館のウェブサイトに公開されている。〕

＊127 Rob Nixon, *Slow Violence and the Environmentalism of the Poor* (Cambridge, MA: Harvard UP, 2011), pp.87-88.

＊128 Will Steffen, Jacques Grinevald, et al., "The Anthropocene: Conceptual and Historical Perspectives," *Philosophical Transactions of the Royal Society* 369 (2011): pp.842-67.〔「大加速（The Great Acceleration）」とは、人類が地球環境にあたえる各種の圧力が急激に増大した一九五〇年代以降の状況をさす用語で、これをもって〈人新世〉のはじまりとする論者もいる。レスター・ブラウンの『大転換』（枝廣淳子訳、岩波書店、二〇一五）や本書のタイトル（*The Great Derangement*）は、この「大加速」をもじったものと言える。〕

＊129 ギー・ドゥボール『スペクタクルの社会』（木下誠訳、ちくま学芸文庫、二〇〇三）、二七頁（命題二八）。〔ゴーシュの引用はやや正確さを欠くので、該当部分をここに引用しておく――「孤立に基礎を置く経済システムは、孤立を循環的に生産する」。〕

ここで「けっして偶然ではない」と言う理由は、ふたつある。ひとつ目の理由は、二酸化炭素排出の加速化と〈集団的なるもの〉の忌避とは、ある意味で、時間を「不可逆な矢、投資、進歩」[*130]と見なすような近代のある側面がもたらした結果のふたつのあらわれである、ということにある。すでに述べたように、前衛に率いられた連続的かつ不可逆的な前進運動という考え方は、二〇世紀初頭以来、文学・芸術の想像力を活気づける原動力となってきた。この手の前進運動は不可避的に勝者と敗者を生むことになるが、二〇世紀の小説について言えば、敗者の側に立たされたもののひとつが、まさに〈集団的なるもの〉に強力な存在感をあたえた作品群だった。この手の小説はたいがいリアリズムの系譜に属するわけだが、「後進性」の暗闇に追い落とされ影をひそめるようになったのだ。

だが、地球温暖化の時代に入り、〈人間ならざるもの(ノン・ヒューマン)〉の新たな批判的な声がわたしたちの耳に届くようになると、古いリアリズム作家たちはほんとうに「使い尽くされ」[*131]てしまったのかどうかの問い直しがせまられることとなった。ジョン・スタインベックについて考えてみよう。スタインベックはけっして前衛のお気に入りになることはなく、有名なところではライオネル・トリリングによって「小説家としてではなく、社会的機能のように」[†8]思考する作家としてばっさり斬り捨てられたものだ。だが、地球の将来にかんして今日知られていることにたいする十全な意識をもってふりかえってみるならば、スタインベックの作品がとうに乗り越えられた過去の遺物だとは、とうてい思うことができない。いや、むしろ真逆なのだ。そこにあるのは、〈人間ならざるもの〉のうちに人間を位置づける先見的なヴィジョンである。あるひとつの形式(フォーム)、すなわち、気候変動の実体を〔文学的想像力によって〕つかみとるための、いまだ名指されていないひとつの手引きを、わたしたち

＊130　ブルーノ・ラトゥール『虚構の「近代」　科学人類学は警告する』（川村久美子訳、新評論、二〇〇八）、一二二頁。

＊131　ジョン・バースが「尽きの文学」〔一九六七〕で用いた表現。『金曜日の本』（志村正雄訳、筑摩書房、一九八九）所収。

†8　ここで引用の出典は示されておらず、著者に問い合わせた際にも「自分の記憶からの引用で、出典は思い出せない」とのことであったが、これはライオネル・トリリングが『ケニヨン・レヴュー』一九四二年秋号に発表した「芸術家と『社会的機能』」と題された書評からの引用であると思われる。（ただし、原文では"societal function"とあり、"social function"は著者の記憶違い。）同書評は、同年上梓されたマックスウェル・ガイスマー『危機の作家たち』〔石一郎ほかによる抄訳（南雲堂、一九七五）あり〕を全面的に批判するもので、（多分に社会主義的な）「民主的」批評を標榜するガイスマーが一九三〇年代の「危機の作家たち」を評価する際にもちだす「自身の社会的機能に対する分別（それはホイットマンに言われるまでもなく、民主主義においては肝心要なものである）」（邦訳、五頁）という基準に異議を唱えるものである。ただし、これを「政治的」批評にたいして「文学的」な難癖をつけたもの、と図式的に理解するのは拙速である。（当時のトリリングが、［非スターリン主義的］マルクス主義を標榜する『パーティザン・レヴュー』を牽引していたことは、よく知られているとおり。）トリリングのガイスマー批判のポイントは、むしろ文学に〔「救世主のような」〕過度の社会的責任を負わせることにあり、ガイスマーの短絡的な「社会」理解を批判しつつトリリングは、社会学・経済学・心理学・教育学などの知見もふまえて「文化」全般の言説的布置から文学作品を評価する必要を説いている。『怒りのぶどう』についても、その（社会主義的）リアリズムの退行的側面を前衛芸術的基準から批判するのではなく、むしろそれがリベラルな中産階級の自己正当化の欲望を満足するにすぎないと指摘している。

ちはスタインベックの作品に見いだすのだ。[*132]

世界を見わたせば、〈人間ならざるもの〉や群衆が不在化されることなく共存する作品を書いている作家——みながみな、リアリズム小説家というわけではない——は数多く存在する。インドからわずかばかりの例を紹介すると、ベンガル語で書くアドゥウェイト・マッラバルマンやマハシュウェタ・デビ、カンナダ語のシヴァラム・カランス、オリヤ語のゴピナート・モハンティ、マラーティ語のヴィスワス・パティルなどがいる。これらの作家についても、アプダイクならきっと、「われわれが小説と呼ぶものと、あまり似ていない」と言ってはばかることはなかったのではなかろうか。

だが、ここでもまた、最後に笑うのはあのずる賢い批評家〈人新世〉なのだ——人新世の仕業によって、わたしたちが「先進的」という語で理解している意味は泥にまみれて不明瞭になり、ことによると逆転さえしてしまったのだから。ここでためしに、矢のような時間という近代人的な見地を採用してみて、ムニーフやカランスといった作家について、かれらは実際に他地域で活動する同時代作家たちの「先を行っていた」と言ってみてもいいかもしれない。

二〇世紀後半に二酸化炭素排出量が増加するのと歩調を合わせるかのように小説が上記のような転回をみせたことの背景に、たんなる偶然以上のなにかが働いているように思われる、もうひとつの理由がここにある。現代小説もふくめこの時期にみられたさまざまな転回は、あとからふりかえれば、この間ずっと地球温暖化が人類をもてあそんでいたのではないか、という不気味な印象をあたえるのだ――たとえば、二酸化炭素排出量が急増した戦後三〇年ほどのあいだに、じつは地球の温度にむしろ安定化がみられていた、といったような。[*133] 似たようなことは、ほかにもある。地球温暖化はあらゆる意味で人類が集団として向き合わなければならない難局であるということがはっきりしてきたまさにそのときになってから、政治・経済・文学を問わず〈集団的なるもの〉の理念を追放の憂き目に遭わせてきた支配的文化に、わたしたち自身がすっかり隷属していることに気づかされる、という始末なのだ。

現代小説がこの隷属状態にとどまっているかぎり、地球温暖化は小説という形式に力強く抵抗し続けることだろう。これはあたかも、水上バイクに乗り慣れていた世代がガス欠に見舞われたため、帆やオールを再発明しなければならない事態に追い込まれているかのようなのだ。

＊132 水を専門とする科学者のピーター・グリックは、カリフォルニアの干ばつをめぐって、ブログにこう書き留めている――「わたしが恐れていることは、ジョン・スタインベックの『エデンの東』の一節がもっともよく言い当てています。「日照りの年に人びとは、きまって豊年のことをけろりと忘れ、雨がちの年には、また必ず日照りの年の思い出をきれいさっぱりと忘れている。いつもそんな風だった」〔野崎孝訳〕」(Peter Gleick, "Learning from Drought: Five Priorities for California," February 10, 2014)。

＊133 John L. Brooke, *Climate Change and the Course of Global History*, p.551.

一八

ミャウウーは西ビルマ〔ミャンマー〕の古都で、数多くの仏塔や寺院が広大な敷地に立ち並び、訪れるものをとりこにする。かつてアラカン（ラカイン）王国の都として、一四世紀から一七世紀のあいだに栄華を誇った。当時はインド洋全域におよぶ交易路の重要な結節点であった。中国の陶磁器やインドの織物が大量に行き交い、グジャラート、ベンガル、アフリカ東岸地域、イエメン、ポルトガル、中国といった世界各地から商人や旅人が訪れる都市だったのだ。交易がもたらす莫大な富をもとに、王国の代々の支配者たちは、かれらの宗教である仏教を讃えるために大規模な建築プロジェクトに乗り出した。バガンやアンコールワットほどの規模ではないが、それらの巨大遺跡にけっして引けをとらない独自の感興をそそるものがある。

ミャウウーに到達するのは容易ではない。もっとも近い、それなりに大きな町はシットウェ（かつてのアキャブ）だが、そこからでさえ道路の状況に応じて、丸一日かそれ以上の時間がかかる。やっとのことミャウウーに近づくと、まるいドームのようなかたちをした背の低い丘のつらなりが目に入ってくる。すると、ときどき、その稜線から仏塔の先端部分がにょきにょきと生えてくるようにも見えるものだ。この土地に入る経験は、まるで、〈人間的なもの〉と〈人間ならざるもの〉とが不気味に共鳴し合っている区域(ゾーン)に足を踏み入れるような心理的効果をもたらす。人工の建造物と自然の風景との関係は、視覚的なものとはまたことなる次元に属するように感じられる——それは、音楽における共鳴のようなものなのだ。反響は、遺跡の内部にまで入りこんでいる。光と影がまだらをなす広間や通路をぬけるあいだ絶え間なくくりかえす偶像（イメージ）の群れに囲まれてみると、それらの遺跡は、まるで、石の森になろうとしているかのように思われる。

人類学者のエドゥアルド・コーンがその著書『森は考える』において打ちだした考え方によれば、〔人間か否かにかかわらず〕わたしたちをとりまく諸存在は、「形式（フォーム）」[†9]——コーンはこの概念に、モノのかたちや視覚的比喩よりもずっと広い意味を担わせている——によって、わたしたちを通過して〈考える〉ことができるという。

でもどうやって、言語不在のなかで思考にかんする問いがそもそも生じうるのか、と聞いてみたくなるところだ。コーンの答えは、そういった可能性を想像するためには言語を超え出ていかなければならない、というものだ。[*134] だが、なにに向かって——と問うてみるとすぐに気づくのは、わた

＊134　「〔ヴィヴェイロス・デ・カストロの言葉では、〕「思考を脱植民地化する」ことが、私たちに伴うのが求められる。考えることは必ずしも、言語や象徴的なるもの、人間的なるものによって囲まれていないことを理解するためにも、そうしなければならない」（エドゥアルド・コーン『森は考える』、七六頁）。また、〔アメリカのアナキストで原始主義的エコロジストとして知られる〕ジョン・ザーザンの見解も参照のこと——「言語はしばしば、われわれが経験にたいして開かれるのを助けるのではなく、かえって経験を閉ざしてしまうようだ」(John Zerzan, *Running on Emptiness: The Pathology of Civilization* (Los Angeles: Feral House, 2002), p.11)。

したちは年がら年中、さまざまな方法で非言語的な型のコミュニケーションに従事しているということだ。犬の吠え声のニュアンスを理解しようとしてみたり、鳥の鳴き声のパターンを聴きとろうとしてみたり、木間を吹きぬける風音の急変になにかの予兆を探り当てようとしてみたり。これらはラジオでニュースを聴くよりお手軽だなどということはないし、それより情報量が少ないということもない。こういったことは日常茶飯事で、やめようと思ってやめられるものでもないのだが、わたしたちはそれをコミュニケーション行為だとは考えない。でもなぜ、そう考えられないのか。言語の影がわりこんできて、じゃまをするからだろうか。

こうやってじゃまをされるのは、なにも耳にかぎったことではなく、目についてもおなじことが言える。というのも、わたしたちは（解釈を要求する）ジェスチャーを用いて動物とコミュニケーションをとることも多いのだから——たとえば、カラスを追い払おうとして手をふるといったように。さらに解釈には聴覚や視覚を必要としないものもある。うちの庭にはたいへん元気なブドウの木があるのだが、これがしょっちゅう数メートルはなれた木にくっつこうとして、つるの「手を差し伸べ」る。それがやみくもではないことは、つるの狙いがいつも正確で、実際に橋渡しの起点になる見込みがおおいにある場所にきっちりと顔を出すのでよくわかる。もしも人間だったなら、「この娘はベストを尽くしているね」とでも言いたくなるところだ。そこでわたしは考えるのだが、このブドウの木は、ある意味で、通り過ぎる影や周辺の空気の流れといった、まわりからやってくる刺激を「解釈」しているのではなかろうか。刺激がどんなものであろうとも、ブドウによるその「読み」

はあきらかに正確なもので、おかげで自分が「手を差し伸べ」ている相手の「イメージ」を抱くことができるのだ。兵器やロボットで使用される「熱線暗視（ヒート・イメージ）」技術と、そう大差はないだろう。

---

†9　エドゥアルド・コーン独自の「形式」概念（の拡張）を説明するには、C・S・パースの記号論やヴィヴェイロス・デ・カストロの「パースペクティヴィズム」から語り起こさなければならないところだが、ここでそこまで踏みこむ余裕はないので、関心の向きにはぜひ『森は考える』を熟読していただきたい。ただ、ゴーシュの議論を理解するために若干の注釈を試みると、ここでは「人間的なるものは、形式のひとつの源泉でしかない」（『森は考える』、二七六頁）というコーンの考え方が重要であろう。すなわち、通常人間固有のものとされる言語的＝象徴的（シンボル）使用域（レジスター）に「形式」を限定するのではなく、「さまざまな〈人間ならざるもの〉が生きる世界に出現し環流する〔イコン・インデクスからなる〕記号過程によって形成される、より広範な表象の領域」（同上、ただし文脈に応じて翻訳を若干修正）にまで「形式」概念を拡張するのだ。（たとえば、第五章「形式の労なき効力」では、アマゾニアの森に到来したゴム・ブームをめぐって、ゴム経済に携わった商人や現地住民のみならず、ゴムの木や周辺河川の分布、そこに棲息するさまざまな生物が織りなす生態系といったいくつもの「形式」が創発し、互いに関係するさまが描かれている。）こうして拡張された「形式」の論理にしたがえば、〈人間ならざるもの（ノン・ヒューマン）〉もまた世界を表象する――あるいは、同書のタイトルにあるように「森は考える」のである。なお、〈人間ならざるもの〉の「思考」について、ゴーシュの本文で“think through us”と表現されているのを「わたしたちを通じて」ではなく「わたしたちを通過して」とややぎこちなく翻訳した理由は、前者では〈人間的なるもの〉＝象徴的（シンボル）思考が必須の媒介であるかのような印象をあたえるきらいがあると訳者が考えたことにある。むしろコーンが示すのは、「わたしたち」が「わたしたち」を通過した先にある、「思考が人間的なるものを超えて（beyond the human）広がる」（同書、四三頁）と表現される、“beyond”の境地である。

森のように考えるとは、コーンの言うように、イメージで考えるということなのだ。ミャウーにおける息をのむようなイメージの氾濫——そのほとんどが、右手を垂らして指先で大地に触れる触地印（そくちいん）を結ぶブッダの偶像（イメージ）なのだが——そのイメージの氾濫はまさに、見る者の意識を言語から離れさせ、言葉では「考える」ことができないものの方へと導くという目的にかなったものなのだ。

こういった可能性は、もちろん、さまざまな時代のさまざまな文化によって探究されてきたものだ——実際、おそらく、〔西洋的〕近代学問の世界以外のあらゆるところで、と言ってもいいだろう。では、いまになって、こういった可能性をかたくなに拒んできた近代学問の領域においてもまた境界壁に穴が穿たれはじめているという事実から、なにが導き出せるだろうか。コーンの議論を拡張させて、〔イメージ的思考の隆盛と気候変動との〕この同時性が確証するのは、人新世がわたしたちの対話者となったこと、まさに人新世がわたしたちを「通過」して思考していることなのである、と言っても良いだろうか。だとすれば、森にかんするコーンの示唆になぞらえて言えば、人新世について考えるとはイメージで考えることであり、わたしたちが慣れ親しんだ言語中心主義（ロゴセントリズム）からの離脱を要請する、ということになるだろう。文芸小説よりも、テレビや映画、その他さまざまな視覚芸術の方が気候変動の問題にぐっととりくみやすい位置にいるのは、それがためなのだろうか。*[135] もしそうなのだとしたら、このことは小説の未来にとって、どのような意味をもつのだろう。

もちろん、過去数世紀のあいだに深まってきた言語中心主義については、さまざまにことなる系譜を描くことが可能である。とはいえ、あらゆる系譜が交わる一点があるとすれば、それは印刷技術の発明であろう。その発明は、アブラハムの宗教〔ユダヤ・キリスト・イスラームの三種の啓示宗教〕全般の、とくにプロテスタント宗教改革の言語中心主義を、新たな次元へと押し上げたのだ。そして、その勢いがとどまらないままに、一九六四年には「人文主義的な知識人というものは、その本質からして、書かれた文字の専門家なのだ」[*136]という宣言が、アーネスト・ゲルナーの口から発せられることになる。

印刷された書籍の進化の歴史をたどってみるだけでも、かつてはテクストのなかに埋め込まれていたさまざまな絵画的要素（装飾的な縁取り、肖像画、色つけ、線描画など）がゆっくりと、しかし容赦なく削られていくことがよくわかる。小説のたどった歴史は、その縮図とも言えよう。一八～一九世紀の小説の多くには、とびらの口絵やページ大の挿絵といったものが入っていたものだ。しかし、こういった要素は一九世紀から二〇世紀初頭にかけて徐々に姿を消してゆき、ついには〈イラストレーション〉という単語自体が、小説のみならずあらゆる芸術分野において、軽蔑の意味をもつようになってしまった。それはあたかも、言語の牢獄から逃げ出すための門や窓がすべて乱暴に閉じられ、どんどんと狭められていく世界において人間は、自前の抽象概念のほかなにも頼るものがなくなるように仕向けられているかのようだ。これはまさに、〔（リアリズム）小説の歴史における〕

＊135　気候変動の問題に取り組む視覚芸術家についてセルジオ・ファヴァが論じている。Sergio Fava, *Environmental Apocalypse in Science and Art: Designing Nightmares* (London: Routledge, 2013).

＊136　Arran E. Gare, *Postmodernism and the Environmental Crisis* (London: Routledge, 1995), p.21 に引用。

あらゆる進歩が「世界をより住みがたくする」[*137]という犠牲のうえに勝ちとられる世界の地平なのだ。だが、潮目は変わった。インターネットの登場によって、装飾写本のようにたやすくテクストとイメージを重ね合わせることができる時代に、わたしたちは突如として戻ったのだ。小説のテクスト世界に図像(イメージ)がじわじわと戻りはじめたのも、もとより偶然ではないだろう。そこにグラフィックノベルが登場し、ほどなくそれも真剣(シリアス)にうけとられるようになってきた。

さて、そういうわけで、人新世が文芸小説に抵抗する最後の、そしておそらくもっとも頑強な方法は、究極的には言語そのものへの抵抗というかたちをとるのだとするならば、そのうちに異種混淆的(ハイブリッド)な新たな形式が出現することになるような気がする。そうすれば、〈読む〉という行為自体がいまいちど変容することになるだろう——かつて幾度となくそうしてきたように。

＊137　モレッティ『ブルジョワ』、九七頁。〔ここでの引用は若干不正確なので、前後の文もふくめてモレッティから引用する——「完璧になるほどに人間から脱する。この考え方を追究することには禁欲的な英雄性がある——分析的なキュビズム、セリー音楽、バウハウスが二〇世紀前半に行なったように。しかしエリート臭のある前衛の実験室で脱人間化された非個人性を追究することには、自分たちだけのファウスト的報酬があり、それと、ここで扱う文学が行なっているように一般的な社会の運命としてそれを提示することとは別のことだ。後者では「思い込みが打ち消される」という現実原則が苦痛に満ちた喪失を喚起する傾向があり、そこでは埋め合わせとなるものは見えていない。これがブルジョワの「リアリズム」の逆説である。その美学の達成がより徹底し明晰になるほど、それが描き出す世界は住みがたくなるのだ。これが本当に幅広い社会への覇権の基礎になりうるのだろうか」。〕

第二部　歴史

一

資本主義が、じつに多くの場合、人新世や今日の気候危機をめぐる語り（ナラティヴ）をまわしていくうえでの回転軸の役割をはたしている。このことに異論はない。わたしの見るところ、ナオミ・クラインやその他の論者たちが、気候変動をもたらすおもな動因のひとつとして資本主義を名指していることは正当である。しかし、この語り（ナラティヴ）はしばしば、おなじく重要な人新世のある側面――帝国と帝国主義――を往々にして見落としがちであるように思う。資本主義と帝国、これらがひとつの現実をなすふたつの側面であることはあきらかだが、それらの関係は単純なものではないし、いまだかつて単純であったためしがない。地球温暖化にかんして、資本と帝国がそれぞれ押しつけようとする規範はしばしばことなる方角をさしており、ときには直観と反する結果を生みだしてきたということを、事実としてはっきりと示すことができるとわたしは考えている。

帝国のプリズムを通して気候危機を見るということは、第一に、地球温暖化のあらゆる側面――その原因や、思想的かつ歴史的な影響、そしてこれへのグローバルな応答の可能性といった――にとって、アジアという大陸を概念として取り入れることが決定的（クリティカル）に重要であると認識することである。これは、ほんのすこし考えてみればあきらかなことだ。だが奇妙なことに、こうした影響はほとんど考慮されることはない。人新世や気候問題一般をめぐる言説が概して西洋中心的なままであることが、その原因であるのかもしれない。そういうわけで、わかりきったことを縷説することになってしまうかもしれないが、アジアが気候危機の中心にあるという事実をやや詳しく述べるのは、やはり必要なことなのである。

二

第一に、アジアが地球温暖化の中心を占めているという事実は、数にもとづいている。そのことの意味がはっきりとあらわれてくるのは、おそらく未来との関係においてだろう。この惑星全域で現在進行中の変化によって、もっとも大きな脅威にさらされている人びとが暮らしている場所を思いやってみれば気づくはずだ――潜在的な犠牲者の大多数がアジアにいるということに。

アジア大陸に暮らす人口の膨大さは、地球温暖化が人類にもたらす衝撃を大幅に増大するだけの影響力をもっている。たとえば、ベンガル・デルタ（バングラデシュの大部分とインド西ベンガル州のほとんどの地域からなる地帯）を考えてみてほしい。世界でもっとも広大な川のうちのふたつ、ガンジス川とブラマプトラ川の合流点で形成されたこのデルタは、ナイジェリアの四分の一ほどの広さに二億五〇〇〇万人が住む、世界でもっとも人口密度の高い地域のひとつとなっている。

ベンガルにある氾濫原の数々は、たとえばツバルという太平洋諸島の国がそうであるように、ただちに水中にすっかり沈んでしまうようには思えない。しかし、ツバルの人口が一万人より少ないのにたいして、バングラデシュのたったひとつの島――ボーラ島――で起きた局所的な浸水は五〇万人以上の人びとの立ち退きを余儀なくさせた。[*1]

人口密度が高いために、世界でもっとも悲惨な被害をもたらした災害のいくつかがベンガル・デルタで起きてきた。一九七一年にボーラ島を襲ったサイクロンは三〇万人の死者を出したと考えられている。つい最近の一九九一年にバングラデシュを襲ったサイクロンの犠牲者は一三万八〇〇〇人にのぼったが、そのうちの九〇パーセントが女性だった。[*2] 海面上昇や暴風雨の威力が増すことによって、あらゆる海岸線において大規模な洪水が起きる可能性が高まるだろう。[*3]

さらに、たとえばイラワジ川〔エーヤワディー川の旧称〕、インダス川やメコン川などアジアにある他のデルタと同様にベンガルでは、また別の要因によって海面上昇がおよぼす影響が拡大してきた。それは、アジア中の（そして世界のどこかの）デルタ地帯は、海面が上昇するよりもずっと速いスピードで沈んでいるということだ。[*4] これは部分的には地質学的な作用によるものであり、部分的にはダム建設や地下水や石油の採取といった人間の活動によるものだ。[*5] チャオプラヤー川のデルタや、クリシュナ川とゴーダヴァリー川のデルタ、ガンジス川とブラマプトラ川のデルタ、そしてとくに危険にさらされているインダス川のデルタがあるアジア南部が、またしても、とりわけ脆弱であるということになる。[*6] パキスタンがおおいに恩恵をうけているインダス川は、もはや海に達することができなくなるまで利用された結果、塩水が内陸四〇マイル地点まで流れこみ、一〇〇万エーカー以上の農地を呑みこんでしまった。[*7]

インドでは、海面が著しく上昇すれば、国内のもっとも肥沃な土地をふくむ六〇〇〇平方キロメートルもの土地が失われる可能性がある。ラクシャドウィープ諸島のような、亜大陸の低地にあ

＊1　"7 Places Forever Changed by Eco-Disasters." ジョージ・モンビオ『地球を冷ませ！　私たちの世界が燃えつきる前に』（柴田譲治訳、日本教文社、二〇〇七）、六二－六三頁も参照。

＊2　Varsha Joshi, "Climate Change in South Asia: Gender and Health Concerns," in *Climate Change: An Asian Perspective*, ed. Surjit Singh et al. (Jaipur: Rawat Publications, 2012), pp.209-26, p.213.

＊3　Anwar Ali, "Impacts of Climate Change on Tropical Cyclones and Storm Surges in Bangladesh," in *Proceedings of SAARC Seminar on Climate Variability in the South Asian Region and Its Impacts* (Dhaka: SAARC Meteorological Research Centre, 2003), pp.130-36, p.133. また、M. J. B. Alam and F. Ahmed, "Modeling Climate Change: Perspective and Applications in the Context of Bangladesh," in *Indian Ocean Tropical Cyclones and Climate Change, ed. Yassine Charabi* (London: Springer, 2010), pp.15-23 も参照。

＊4　参考として、"World's River Deltas Sinking Due to Human Activity, Says New Study," *Science Daily*, 21 Sep. 2009 や、Higgins, Stephanie, et al. "Land Subsidence at Aquaculture Facilities in the Yellow River Delta, China." *Geophysical Research Letters*, vol. 40, no. 15, 2013, pp. 3898-3902 など。インドの一部では、陸地が三一〇フィート以上も海に沈んだ。これについては、Karen Piper, *The Price of Thirst*, loc. 581 を参照。

＊5　"Retreating Coastlines."

＊6　参考として、"South Asia's Sinking Deltas," *Earth Changes and the Pole Shift*, 7, May 2014. また、Higgins, Stephanie A., et al. "InSAR Measurements of Compaction and Subsidence in the Ganges-Brahmaputra Delta, Bangladesh." *Journal of Geophysical Research*. Earth Surface, vol. 119, no. 8, 2014, pp. 1768-1781 や、"The Quiet Sinking of the World's Deltas," *Futurearth*, 4 Apr. 2014 も参照。

＊7　Andrew T. Guzman, *Overheated: The Human Cost of Climate Change* (Oxford: Oxford UP, 2013), p.156.

るたくさんの島々は消滅してしまうかもしれない。[*8] ある研究は、海面上昇によってインドで五〇〇〇万人、バングラデシュで七五〇〇万人もの人びとが移住することになりうると指摘している。[*9] ベトナムは、バングラデシュと並んで、海面上昇によって危険にさらされる国々の上位に位置づけられている。海面が一メートル上昇した場合、ベトナムの人口の一〇分の一が立ち退きを余儀なくされるだろう。[*10]

進行中の気候変動は、内陸部にたいしてもおそろしい脅威となる。そこでは、何百万もの人びとの命や暮らしが、旱魃や定期的な洪水、極端な天候事象などによってすでに危機に瀕している。インドの耕作地のじつに二四パーセントがゆっくりと砂漠にかわっており、[*11] 地球の平均気温が二度上がれば国の食料供給量の四分の一が減少するだろう。[*12] パキスタンでは、毎年一〇万エーカーの土地が塩害によって放棄されている。その土地のうち「五分の一は水浸しの状態で、四分の一は満足な作物がつくれない」。[*13] 世界人口の二〇パーセントの人びとの食料を、世界の耕作地の七パーセントの土地でまかなう中国では、砂漠化はすでに年間六五〇億ドルの直接損害を生んでいる。[*14]

こうしたリスクはたしかにおそろしいが、それもアジアで加速する水不足の脅威とくらべればちっぽけなものだ。中国や南アジア、東南アジアを支える河川はチベットとヒマラヤ山脈に源を発する。そこで貯められる水は堆積した氷のかたちをとっていて、世界人口の四七パーセントを支えている――「人類の半数が抱く、水にまつわる夢と恐怖とがここに収斂してくるのだ」。[*15] しかし、この地帯は世界平均の二倍もの速さで温暖化しており、二〇〇八年にはヒマラヤの氷河のうち一九四〇年代中頃以降に形成された氷がすべて失われていたことがわかった。ある計算では、ヒマラヤの氷河の三分の一が二〇五〇年までに消滅するという。[*16]ヒマラヤ山脈の氷河が溶けるにつれて川の流れの変動幅は増大する。これに乗じて、乾季には予

---

*8 P. S. Roy, "Human Dimensions of Climate Change: Geospatial Perspective," in *Climate Change, Biodiversity, and Food Security in the South Asian Region*, ed. Neelima Jerath et al. (New Delhi: Macmillan, 2010), pp.18-40, p.32.

*9 Pradosh Kishan Nath, "Impact of Climate Change on Indian Economy: A Critical Review," in *Climate Change: An Asian Perspective*, ed. Surjit Singh et al., pp.78-105, p.91. 環境難民についてさらに知りたければ、フレッド・ピアス著『水の未来　世界の川が干上がるとき　あるいは人類最大の環境問題』(古草秀子訳、日経BP社、二〇〇八) パートⅣも参照。

*10 Carlyle A. Thayer, "Vietnam," in *Climate Change and National Security: A Country Level Analysis*, ed. Daniel Moran (Washington, DC: Georgetown UP, 2011), pp.29-41, p.30.

*11 レスター・R・ブラウン『地球に残された時間　八〇億人を希望に導く最終処方箋』(枝廣淳子ほか訳、ダイヤモンド社、二〇一二)、五一頁。

*12 グウィン・ダイヤー『地球温暖化戦争』(平賀秀明訳、新潮社、二〇〇九)、八一頁。

*13 フレッド・ピアス著『水の未来』、四七頁。

*14 Joanna I. Lewis, "China," in *Climate Change and National Security: A Country Level Analysis*, ed. Daniel Moran (Washington, DC: Georgetown UP, 2011), pp.9-26, pp.13-14. また、Kenneth Pomeranz, "Water, Energy, and Politics: Chinese Industrial Revolutions in Global Environmental Perspective" in *Economic Development and Environmental History in the Anthropocene: Perspectives on Asia and Africa*, ed. Gareth Austin (New York: Bloomsbury Academic, 2017), p.5も参照。

想外に水量が少なくなり、夏季には、ビハールで二〇〇八年に起きたコシ川での水害や二〇一〇年のインダス川の氾濫のように、大規模な洪水が引き起こされる。[*17] そして、もし氷河が現在のペースで縮小しつづければ、アジアのほとんどの人口稠密な地域は一〇年か二〇年以内に壊滅的な水不足に直面することになるだろう。すでに世界の河川の四分の一が海に到達する前に枯れている。そうした河川のほとんどではないにせよかなりの数が、アジアにあるのだ。[*18]

数の観点からすると、これらの被害がもたらす結果は想像を超えている。南アジアと東南アジアにいる五億の人びとの命や暮らしが危険にさらされているのである。あえてつけくわえるまでもなく、影響を直接こうむるのは概して当該地域のもっとも貧しい人びとであり、そのなかでもとくに女性がふつりあいな規模で犠牲となるであろう。[*19]

いかに被害を軽減し、それに備え、そこから回復するかという論点においてアジアが決定的な位置を占めるのは、ここでもやはり数の問題なのだ。アメリカのグレートプレーンズとおなじく、中国北部〔華北平原〕の帯水層はすっかり乾いてしまっている。しかし、アメリカ合衆国のオガララ帯水層が一七万五〇〇〇平方マイルに住む二〇〇万人に水を供給するにすぎないのにたいし、華北平原の一二万五〇〇〇平方マイルには二億一四〇〇万人が住んでいる。[*20]

どんな戦略であっても、それがアジアのなかで機能し多くのアジア人によって採用されないかぎり、グローバルな戦略にはなりえないことは厳然たる事実である。にもかかわらず、この点においても、アジア大陸特有の諸条件はしばしば議論からはずされているのである。

＊15　ケネス・ポメランツ「大ヒマラヤ分水界　中国、インド、東南アジアの水不足、巨大プロジェクト、環境政治」（杉原薫訳）『歴史のなかの熱帯生存圏　温帯パラダイムを超えて』（杉原薫ほか編、京都大学学術出版会、二〇一二）、二一五－二六六頁、二一六頁。原著がフランス語であるこの論文を短くした英語版をわたしにくれた著者に感謝したい。〔ここで引用した日本語訳は、*The Asia-Pacific Journal* に掲載された英語版を底本としている。〕

＊16　前掲書、二五六－二五七頁。

＊17　Varsha Joshi, "Climate Change in South Asia: Gender and Health Concerns," pp.209-26, p.215, and Pradosh Kishan Nath, "Impact of Climate Change on Indian Economy: A Critical Review," pp.78-105, p.88, both in *Climate Change: An Asian Perspective*, ed. Surjit Singh et al. また Dewan Abdul Quadir et al., "Climate Change and Its Impacts on Bangladesh Floods over the Past Decades," and Anwar Ali, "Climate Change Impacts and Adaptation Assessment in Bangladesh," pp.165-77, p.169, both in *Proceedings of SAARC seminar on Climate Variability in the South Asian Region and Its Impacts* (Dhaka: SAARC Meteorological Research Centre, 2003)、Wen Stephenson, *What We're Fighting for "Now" Is Each Other: Dispatches from the Front Lines of Climate Justice*, (Boston: Beacon Press, 2015) Kindle edition, loc. 391. も参照。

＊18　Johan Rockström et al., "Planetary Boundaries: Exploring the Safe Operating Space for Humanity," *Ecology and Society* 14, no.2 (2009): p.32.

＊19　Surjit Singh, "Mainstreaming Gender in Climate Change Discourse," in *Climate Change: An Asian Perspective*, ed. Surjit Singh et al., pp.180-208, p.184.

＊20　ケネス・ポメランツ「大ヒマラヤ分水界　中国、インド、東南アジアの水不足、巨大プロジェクト、環境政治」、二二二頁。

三

アジアの人びとが被害をうけやすい(ヴァルネラブル)ということは、かれらが地球温暖化で中心的な位置にあることのひとつの側面にすぎない。実際には、現在の気候変動サイクルを駆動する因果関係の連鎖を引き起こすなかで、この大陸が枢要な役割を担ってきたこともまた事実なのだ。この物語(ストーリー)においてもまた、数が重要である。なぜなら、気候危機をこれほど深刻にしたのは、アジアのもっとも人口の多い国々における一九八〇年代以降の急速かつ広範囲な工業化だからだ。

アジアとそれ以前に工業化した諸国とが地球温暖化においてことなる役割を担っていることについても、やはり数が決定的にかかわっている。二〇世紀初頭には、世界人口の三〇パーセント程度だった西洋人が、カーボン・フットプリント〔個人またはその他の事業体のすべての活動に伴う二酸化炭素排出量のこと〕を継続的に増大させていった。西洋が温室効果ガスの蓄積に寄与したのはこれがもっとも大きい。他方で、アジアが温室効果ガスの蓄積に寄与したのは二〇世紀終わり頃、西欧諸国よりもずっと多くの人びと、膨れ上がった世界人口のおそらく半分は占めるであろう人びとによって突発的に、しかし少量ずつ排出された二酸化炭素を通してであった。[*21]

たしかに、もしアジア大陸の歴史がこうした変遷をたどらなかったとしても、この惑星はおそかれはやかれ気候危機に直面していたことだろう。つまるところ、気候変動の徴候は一九三〇年代にまで遡ることができるのであって、[22]チャールズ・キーリングがハワイのマウナ・ロア天文台で測定しはじめた時には、大気中の二酸化炭素濃度はすでに三〇〇ピーピーエムを超えていたのだった。[23]これは、アジア大陸が経済成長を急激に加速させるずっと前の、一九五〇年代のことだ。当時でさえ、大気中の温室効果ガスの蓄積量が増大し続けることを十分に保証するくらいに、欧米諸国によるカーボン・フットプリントは急速に増大していた。しかし、アジア大陸が一九八〇年代末頃に持続的に経済を拡大する段階に入っていなければ、温室効果ガスの蓄積量はそこまで急速には増大しなかっただろう。[24]気候危機に適応するどころかそれとして認識するまでの猶予を劇的に短くした原因は、アジアにおける経済活動の加速にあったのだ。

しかし、アジアは、主人公と犠牲者という二重の役割だけでなく、この〈大いなる錯乱〉という

＊21　それゆえ、二〇一五年現在、メートルトン単位で計測したアメリカ合衆国とドイツの一人当たりの二酸化炭素排出量は、それぞれ一七・六と九・一だった。その一方、中国とインドはそれぞれ六・二と一・七だった。"CO2 Emissions (Metric Tons Per Capita)," *The World Bank* 参照。

＊22　スペンサー・R・ワート『温暖化の「発見」とは何か』（増田耕一ほか訳、みすず書房、二〇〇五）、七頁。

＊23　Charles D. Keeling, "Rewards and Penalties of Monitoring the Earth," *Annual Review of Energy and the Environment* 23 (1998): pp.25-82, pp.39-42.

＊24　参考として、"The History of Carbon Dioxide Emissions," *World Resources Institute*, 21 May 2014. アジア四小龍と呼ばれる新興国は韓国、台湾、香港、そしてシンガポールである。(John L. Brooke, *Climate Change and the Course of Global History*, p.536). まもなくこれらの地域を東南アジア経済が追随する。

物語の展開において、さらに別の重要な役目も担ってきた。それは、舞台中をうろうろするうちに図らずも、偶然に、この物語のプロットの鍵となる秘密を発見してしまうまぬけ者という役どころだ。なぜそうしたことになるかというと、近代化がもたらす重大な局面があらわになるのは、人口があまりに多いため文字通り惑星の動向を左右することができる唯一の大陸において、それが実地に試されるのを待たなければならないであろうからだ。事実をあきらかにする真に独創的な実験がそうであるように、そこで得られた結果は、アジア人であろうとなかろうと、実際その通りに起こってみなければとても信じられない類のものだった。なぜなら、検証の結果は直感に反しており、約一世紀にわたってわたしたちの生活や思考や行動が依拠してきたすべての信条と矛盾するものであるからだ。この実験から学んだことは、近代化が生みだした生活様式は世界人口のほんの少数の人びとにしか実践できないということだった。アジアの歴史的な経験は、すべての人間によってこうした生活様式が採用されることを、わたしたちの惑星は許さないという事実を証明しているのだ。この世界のすべての家族が車を二台所有したり、洗濯機や冷蔵庫をもったりすることはできない。それは、技術的ないし経済的な制約によるためではなく、その過程において人類が窒息してしまうだろうからだ。[*25]

そう考えると、〈大いなる錯乱〉という舞台におのれを誘い出した幻影から仮面をはぎとってみたところ、そこに自らが作ったものを見いだし、その現実を前にして恐怖のうちにあとずさりすることになったのが、アジアだということになる。その衝撃は大変なもので、自分の眼で見てしまったものを名づけることすらできない。アジアはこの舞台＝段階（ステージ）に上がりこんでしまったために、ほかのすべての人たちとおなじようにこの物語のなかに閉じ込められてしまったのだ。アジアを迎え入れようと待ちかまえている合唱隊（コロス）に向かってアジアが言えることはただひとつ――「でも、あなたがたは約束したじゃないか……わたしたちは信じていたのに！」

アジアは恐怖に襲われたまぬけ者という役割を演じるなかで、自らの沈黙を通して、グローバルな支配システムの中枢で黙殺されてきたこと――いまではかつてないほどにあきらかとなったこと――をも暴いてきたのだ。

四

もし世界経済の支配的なメカニズムをアジア大陸が採用することで気候危機が加速するのであれば、人新世の歴史にかんする重大な問いは次のようなものになる――なぜ、もっとも人口稠密なアジア諸国の工業化が二〇世紀の終わりまで遅れ、それ以前には起こらなかったのか。

奇妙なことに、この問いが地球温暖化の歴史を説明するなかで明確にもちだされることはほとん

＊25　ポール・G・ハリスは、「もしすべての人がアメリカ人のように生きていたなら、世界は現在使っているエネルギーの一〇倍を必要とするだろう」と述べている。Paul G. Harris, *What's Wrong with Climate Politics and How to Fix It* (Cambridge: Polity Press, 2013), p.109 参照。

どない。しかし、こういった〔問われずじまいの〕歴史はしばしば、なぜ非西洋世界が炭素経済に参入するのが遅かったのかという問いに暗黙の答えをあたえてくれる。理由は単純で、この経済をうみだした技術（たとえば、ジェニー紡績機や蒸気機関など）は英国で発明され、それゆえ世界のほとんどの人はこれらの技術を手にすることができなかったからだ。[*26] この観点からすれば、工業化は、技術が西洋から外に向かって伝播する過程を通して起こるということになる。

この語り(ナラティヴ)は、もちろん、西洋の炭素集約型経済が大気中に温室効果ガスを加速度的にたえず送り出してきた時期である一九世紀から二〇世紀にわたる地球温暖化の歴史と一致する。したがって、アニル・アガルワルとスニタ・ナレインが気候正義にかんする一九九一年の重要な論文において、「〔温室効果〕ガスの大気中への蓄積は、おもに先進国、とくにアメリカ合衆国による大量消費がもたらした結果である」と述べたのはまったく正しい。[*27] しかし、たしかに真実であるこうした見方に引きずられて、じつはこの〔炭素集約型〕経済構造には非常に複雑な前史があるという事実をわたしたちが見逃すようなことがあってはならない。

炭素集約型経済が到来する以前、「旧世界」の住人たちは技術力における非常に大きな格差によって分断されてはいなかった。何千年ものあいだ、思想や技術の革新が長距離を迅速に伝播するのを保証するほどに、通商関係によって「旧世界」は緊密にむすばれていた。「悠久なる時間(ディープ・タイム)」をなす長期の歴史的なプロセスでさえ、互いに遠く離れた場所でほぼ同時に展開されることがあった。[*28] 言語が土地ごとに固有に発達したことなどは、そうしたものの一例である。シェルドン・ポロックがあきらかにしたように、このプロセスはヨーロッパとインド亜大陸でほとんど同時にはじまった。[*29] どちらのケースもその誘因となった刺激はおなじだったのかもしれない――すなわち、イスラーム世界の拡大によって動きだした諸力である。[*30]

およそ一六世紀から一九世紀初頭にあたる初期近代はほとんど世界中で、とりわけユーラシア大陸のそこかしこで、急速かつパラレルな変化が生じた時期であるということをじつに多くの研究が

＊26　したがって、たとえば火山学者のビル・マグァイアは、人新世の歴史において西暦一七六九年を鍵となる時期として引き合いに出す。なぜなら、この年はリチャード・アークライトがジェニー紡績機を発明したからであり、この機械は、生産体制が炭素集約型に移行していくにあたり重要なつなぎ目の役割をはたしたからだ。マグァイアは述べる――「アークライトの遺産は、世界の工業化にほかならない」(Bill McGuire, *Waking the Giant*, Kindle edition, loc. 363)。一方で、ティモシー・モートンにとって、鍵となる日付＝契機は一七八四年の四月だった。かれは、この日付を「不気味なほど正確に特定することができる」と述べる。なぜならそれはジェームズ・ワットが「蒸気機関の特許を取得した時だからだ」。Timothy Morton, *Hyperobjects*, p.7 参照。

＊27　Anil Agarwal and Sunita Narain, *Global Warming in an Unequal World: A Case of Environmental Colonialism* (New Delhi: Centre for Science and Environment, 1991), p.1.

＊28　これらのつながりや過程は Jack Goody, *The Eurasian Miracle* (Cambridge: Polity Press, 2010) において詳細に検討されている。

＊29　Sheldon Pollock, *The Language of the Gods in the World of Men: Sanskrit, Culture, and Power in Premodern India* (Berkeley: U of California P, 2009), pp.437-52.

＊30　前掲書、四八九－九四頁。

示している。[*31]〔世界全体が〕大規模な異常気象に見舞われた時代（一七世紀）にこうした展開が引き起こされたという事実は、この惑星のことなる地域に多様な作用をおよぼした気候の変化が初期近代に起きたさまざまな変革に影響をあたえたという可能性に、わたしたちの思考を開くものである。[*32]

いずれにせよ、初期近代において技術と知識の交換がますます活発になっていたのはまちがいない。たとえば一六世紀には、新たな兵器類や築城術がヨーロッパや中東、そしてインドのあいだを敏速に伝わった。[*33] おなじことは思想（アイデア）〔の伝播〕についても言える。一七世紀の『ホルトゥス・マラバリクス』〔当時のオランダ領マラバール総督ヘンドリック・ヴァン・リーデによる、マラバール沿岸地域の植物の薬効をあつかった包括的な論説〕のような初期の植物学の仕事は、しばしばヨーロッパ人とどこかよその土地からやってきた使用人たちとが協働して生みだしたものだった。[*34] 思想がたえまなく受粉する様子は、数学においても見うけられる。いまではケーララ派の数学〔バビロニア時代から海上貿易の中心地として栄えていたインドのケーララ州において、この学派が特に中世以降の数学での中心的な役割を担った〕は「グレゴリー、ニュートン、ライプニッツらの仕事をすくなくとも二五〇年前には」予期していたと知られている。[*35] こうした〔知・思想の〕新たな展開がイエズス会によってヨーロッパに伝わったというのも、まったくありそうもないこととは言いきれない。非西洋の影響はたいていヨーロッパでは認知されないが、すくなくとも一九世紀の論理学者で数学者のジョージ・ブールの一例において、そうした影響ははっきりと認識されていた。ブールの妻メアリー・エベレスト・ブールは次のようにさえ主張した――「東洋で蓄積された知識がゆったりと運ばれて〔ヨーロッパの知的土壌を」肥沃にしていなかったなら」、一九世紀のヨーロッパにおける科学は「けっして今日ほどの水準にまで到達しえなかっただろう」と。[*36]

パラレルな発展と思想の流通という両方の事象について、哲学はとくに興味深い例をあたえてくれる。哲学者ジョナルドン・ガネリが示したように、ベンガルのナヴィヤ・ニヤーヤ学派の革新的な思想には、ヨーロッパ初期近代の思想との顕著な類似点がふくまれている。哲学における思想の流通は非常にはやく、イスラーム教徒、ジャイナ教徒、ヒンドゥー教徒の哲学者たちはデカルトの「死後一〇年以内に」その思想を熟知していた。[*37] こうした思想の流通と普及を担った主要な人物は、

＊31　John L. Brooke, *Climate Change and the Course of Global History*, p.413, p.418 参照。

＊32　Geoffrey Parker, *Global Crisis*, loc. 17565 の「（一八世紀に）再び到来した温暖化した気候は「破滅的な相乗効果」を断ち切った」という言及や、John L. Brooke, *Climate Change and the Course of Global History*, pp.413-67 参照。

＊33　Richard M. Eaton and Philip S. Wagoner, "Warfare on the Deccan Plateau, 1450-1600: A Military Revolution in Early Modern India?" *Journal of World History* 25, no. 1 (March 2014): pp.5-50.

＊34　Prasannan Parthasarathi, *Why Europe Grew Rich and Asia Did Not: Global Economic Divergence, 1600-1850* (Cambridge: Cambridge UP, 2011), p.191, and Richard Grove, "The Transfer of Botanical Knowledge between Europe and Asia, 1498-1800," *Journal of the Japan-Netherlands Institute* 3 (1991): pp.160-76 参照。

＊35　George Gheverghese Joseph, *The Crest of the Peacock: Non-European Roots of Mathematics*, 3rd ed. (Princeton, NJ: Princeton UP, 2011), p.439.

＊36　Jonardon Ganeri, *Indian Logic: A Reader* (London: Routledge, 2001), p.7.

アジアを旅行中にデカルト〔の著作〕をペルシャ語に翻訳したフランス人の旅行家フランソワ・ベルニエールだった。この時代の沸き立ちようはそうとうなもので、ガネリは次のように述べている――「一七世紀インドの知的営為は（中略）過熱気味だった。イスラーム教徒、ジャイナ教徒、ヒンドゥー教徒の知識人たちは途方もない精力を注いだ仕事を生みだした。そして思想はインド中で広まり、ペルシャ語文化圏やアラビア語文化圏を経由してヨーロッパへと伝播しては、また戻ってきた」。[*38]

要するに、歴史家のサンジャイ・スブラフマニヤムがひさしく議論してきたように、近代性（モダニティ）とは西洋から世界の他地域にひろまった「ウイルス」ではない。[*39] それはむしろ、世界のことなる地域でほとんど同時に生じ、さまざまな反復をともなった、「グローバルに連動した現象」だったのだ。そのような可能性がありうるという事実は、西洋近代の際立った特徴のひとつ――西洋はまったく独自（ユニーク）な存在であるという主張――によって、ながらく見えにくくされてきた。[*40] しかしこの主張でさえ、たいていはある事例との関係において宙づりにされてきた。それは、変わり種の近代を独自に実現したことがひろく認められている日本の事例だ。日本の事例が説得力をもつのは、まちがいなく（スブラフマニヤムが指摘するように）日本の銀行がもつ預金残高が多いことによる。それは、〔西欧型とはことなる〕独特な近代性の型が存在するという主張を正当化するのに十分なものであった。しかし、いまやインドや中国やほかの多くの国々の預金残高がふくれあがっていくのをうけて、初期近代が育んだのはひとつやふたつの近代ではなく「多種多様な近代（マルティプル・モダニティーズ）」であったということがますますあきらかになっている。

この多種多様性は、化石燃料の使用にもあてはまるものだ。それは非西洋世界においてながい歴史をもっており、いまではほとんど忘れられてしまったものの、その歴史は産業革命に至るまでの期間とその直後に勃興した〔複数の〕近代についていくつかの新たな洞察をあたえてくれる。

五

約千年前、中国は「中世経済革命」〔宋代（一〇～一三世紀）における生産力の大幅な増大と商品経済および全国的な市場の確立をさす〕を経験した。[*41] この革命があまりに多くの森林伐採につながったため、

＊37 Jonardon Ganeri, "Philosophical Modernities: Polycentricity and Early Modernity in India," Royal Institute of Philosophy Supplement 74 (2014): pp. 75-94, p.87.

＊38 前掲書、八六頁。

＊39 Sanjay Subrahmanyam, "Hearing Voices: Vignettes of Early Modernity in South Asia, 1400-1750," *Daedalus* 127, no.3 (1998): pp. 75-104.

＊40 これにかんするさらなる情報は、Jack Goody, *The Theft of History* (Cambridge: Cambridge UP, 2006) を参照されたい。

＊41 この出来事はそれ自体、気候変動と複雑な関係性をもつかもしれない。これについては、Mark Elvin, *The Retreat of the Elephants: An Environmental History of China* (New Haven, CT: Yale UP, 2004), p.6, p.56 参照。

伐り拓かれた土地から生じた雨水の流出は実際に海岸線を変え、珠江や黄河、揚子江などのデルタを形成したり拡大したりした。[42] 一一世紀までには、江蘇省北部の人びとが自らの土地で石炭が採れると知って歓喜するほど、木材の不足は深刻になっていた。これに刺激をうけて、一〇八七年に詩人の蘇東坡はつぎのような詩を詠んでいる。

> 磊落（らいらく）として䃜（い）の如きの石炭が萬車（はんしゃ）に積むほどありと、其の石炭は膏（あぶら）を流し液を迸らすも今日まで何人も知るものがない、其の氣の爲（た）めに陣陣の腥風（せいふう）は自から吹き散じ去る、而かも其の根苗が一たび發するや無際限に多くある、萬人鼓舞（まんにんこぶ）して千人は喜び看る[43]

要するに、石炭は中国でながきにわたって使用され重宝されていたのだ。ではなぜ、中国は英国よりも前に大規模な炭素経済へと移行しなかったのだろうか。歴史学者ケネス・ポメランツの仕事は、純粋に偶発的な要因のうちにその答えがあるという可能性を示している。たんに英国とちがって中国の石炭は、簡単に入手できる場所になかっただけなのかもしれない、というのだ。[44]

しかし中国人たちは、他の化石燃料を使用することにおいても先駆的であった。次の引用文は、一八世紀末の小冊子『蜀水经』に記された、その地域での石油と天然ガスの使用法や抽出法についての所見である。

（天然ガス）は海水を沸騰させたり、米を炊いたり、石灰を作るために石灰岩を煅焼したり、あるいは木材を密閉状態で焼いて木炭にしたりする際の燃料として使うことができる。竹筒の穴からガスが出るようにして薪や蝋燭の代わりに使うときには、開口部に泥が塗られる。そうすれば天然ガスが吸い口で熱く燃えていても竹に火がつくことはない。またある時は、天然ガスは豚の膀胱に入れられ、開いている部分は閉じられる。そして、家にもち帰ることができるように箱か袋のなかに入れる。日が暮れて、針で穴をあけて家庭内にある普通の炎をあてると、膀胱から火が出て部屋を明るくしてくれるのだ。

また、油受け（オイル・ウェル）というのもある。石油は濁った色をしているが良く燃えて、どこにでも火をもち運ぶことができる。風や雨、あるいは水のなかに突っこんだりしても、炎が弱まったり消えたりすることはない。夜間に旅をする場合は、竹筒に石油を溜めていれば竹筒ひとつで一キロから二キロは行くことができる。（中略）そうした油受け（オイル・ウェル）はありふれたもので、驚くべきものではない。[*45]

＊42　前掲書、二三頁。

＊43　前掲書（二〇－二一頁）に引用。〔これは蘇東坡による詩「石炭」からの抜粋である。邦訳は、『蘇東坡詩集　第三巻』〔国民文庫刊行会、一九三〇〕、九八－一〇〇頁。〕

＊44　ケネス・ポメランツ『大分岐　中国、ヨーロッパ、そして近代世界経済の形成』（川北稔監訳、名古屋大学出版会、二〇一五）、六一頁。

マーク・エルヴィン（以上の抜粋はかれの著書『象の退却』から引用したものだ）はさらにこう言っている――「前近代末中国のこの地域においては方々で、工業化の過程で天然ガスが使用されていただけでなく、家庭用のガス調理器やガス照明、そして瓶詰めされた石油を用いた携帯型照明の原始的な形態のものも使われていた。すべてが竹筒でできたものだ。ここでもやはり、こういった技術をめぐる活気と熟練ぶりには、近代経済が勃興する気配のようなものを感じとることができる」[*46]。

六

わたしの小説『ガラスの宮殿』には、何百年もまえから石油が地表にふつふつと湧き、それが流れ出していくつもの小さな流れをなしているビルマのある土地にふれる場面がある。そこはイエナンジャウンと呼ばれているが、その名前は滲み出た油が放つ悪臭に由来している。

さまざまな横顔を持つ川がそのもっとも奇妙な姿を見せるのは、ポパ火山の巨大な山腹のやや南側の地点だった。ここでイラワジ川はその幅をぐっと広げ、大きく弧を描いていた。川の東岸には臭気を放つ小さな丘がいくつも連なっていた。丘を覆うどろどろとした滲出物は、ときに太陽の熱によって自然発火し、その炎が川にまで流れこんだ。夜になると、揺らめく小さな炎が丘全体に広がっているのが遠くに見えた。

この滲出物は「大地の油」として地元の人びとに知られていた。アオバエの羽と同じ、光沢のある暗い緑色をしていた。まるで汗のように岩から滲み出し、きらきら輝く緑色の膜に覆われた溜りを作った。この溜りがくっつきあって小さな流れとなり、油のデルタ地帯が岸沿いに広がっているところもあった。この油の臭いは強烈で、イラワジ川の対岸にまで漂ってきた。「臭いクリークのある場所」と呼ばれていたこのイエナンジャウンの小丘を通過するときには、船乗りたちは舵を大きく回して船を遠ざけるのだった。

ここは石油が地表に自然に湧き出している、世界でも数少ない場所のひとつだった。内燃機関が発見されるずっと以前から、この油には恰好の市場があった。(中略)油を手に入れようと、商人たちがはるばる中国からもイエナンジャウンにやって来た。油を集めるのは、この燃える丘に定着した住人たちの仕事だった。かれらは浮浪者や逃亡者や外国人からなる集団で、トウィンザーの名で知られ、結束が固くて謎めいたところが多かった。

トウィンザーの家族には、何世代にもわたって縄張りとしてきた泉や油溜りがそれぞれあって、バケツや桶で油を集めては近くの町へと運んでいた。イエナンジャウンの油溜りの多くは、長年

＊45 Mark Elvin, *The Retreat of the Elephants*, pp.68-69 における引用から。〔原著は一七九四年に李元によって書かれた『蜀水经』(一九八五、巴蜀经社［成都］より復刻再販)で、エルヴィンによる英訳タイトルをそのまま日本語にすると「四川省の水路にかんする古典的文書」というような意味になる。〕

＊46 前掲書、六九頁。

使われて油面が地表よりも低くなっており、持ち主たちは掘り下げることを余儀なくされた。かくして、油溜りのなかには徐々に井戸と化していくものも現われた。油にまみれたこれらの大きな穴は、深さが百フィートかそれ以上にも達し、掘り返された砂や土がまわりを取り囲んでいた。採掘が著しく進み、まるで小さな火山のように円錐形の急な斜面をなしているところもあった。この深さになると、重石をつけたバケツを浸けるだけでは油を集めることはできず、真珠採りのように息を止めたトウィンザーがロープで下ろされることになった。

(中略) 滑車に通したロープは、〔下ろされたトウィンザーの〕妻、家族、家畜にしっかり繋がれていた。男を下ろすときには井戸の斜面を登り、ロープが引っ張られる合図を感じると、斜面を下って男を引き上げるのだった。井戸の縁はこぼれた油で滑りやすくなっており、作業員や幼い子どもがうっかりなかに落ちてしまうことも珍しくはなかった。落ちても誰も気がつかないことはよくあった。撥ねる音もしなければ、波もほとんど立たなかった。静穏さがこの井戸の特徴で、その表面に何らかの痕跡を残すのは簡単なことではなかった。[*47]

この場面には一九世紀後半のイエナンジャウンの様子が描かれているのだが、ビルマの石油産業の歴史はさらに古く、おそらく一〇〇〇年かそれ以上も前にまで遡ることができる。[*48]古代以来、湧泉やくぼみ、手掘りの穴などから採れた石油は、いうまでもなく世界の多くの場所で使われてきたが、そのなかでも「ビルマの初期の石油産業」が「世界最大の規模」だったということは十分考えられる。[*49]

はやくも一八世紀半ばには、イエナンジャウンの油井は英国人旅行家たちの注目を集めていた。東インド会社からアヴァ王朝へ赴いた使節マイケル・シムズ少佐が一七九五年に公表した記録には、以下のような描写がみられる。

> 幾多の砂地や村を抜けて、午後二時ごろわたしたちはイエナンジャウンという「大地の油(アースオイル)」(石油)の小川(クリーク)にたどり着いた。(中略)わたしたちは、(アヴァの)帝国やインドの多くの地域に実用的な石油を供給することで名高い油井がここから五マイル東にあることを知らされた。(中略)この河口は石油の到着を待つ大きな船でいっぱいになっていた。また、村のなかやそのまわりには、弾丸や砲丸が武器庫に積み上げられるのとおなじ方法で土製の壺が巨大なピラミッド状に積みあげられ配置されていた。(中略)海岸沿いには石油の入った壺が何千と積みあがっているのが見えた。[*50]

＊47 アミタヴ・ゴーシュ『ガラスの宮殿』(小沢自然・小野正嗣訳、新潮社、二〇〇七)、一四四－五頁。

＊48 Marilyn V. Longmuir, *Oil in Burma: The Extraction of "Earth-Oil" to 1914* (Banglamung, Thailand: White Lotus Press, 2001). わたしにこのロングミュアの著作を教えてくれたルパート・アロースミス博士に感謝したい。また、Khin Maung Gyi, *Memoirs of the Oil Industry in Burma*, 905 A.D.-1980 A.D. (1989) も参照。

＊49 Marilyn V. Longmuir, *Oil in Burma*, p.8.

イエナンジャウンの大地の油（アースオイル）にはさまざまな用途があった。たとえば、それはある種の症状にたいする治療薬として肌に塗られていた。あるいは殺虫剤として、車輪の潤滑油として、造船の際のコーキング剤として、さらには貝葉の防腐剤としてさえ使われていた。しかし、おもな使い道は灯りの燃料としてであり、一八二六年にある英国の役人がうけた報告によるとイエナンジャウンの石油の三分の二がそのために使われていた。ビルマの人びとに重んじられていた夜の「プウェ」という祭りを支えたのが、この種の照明だったのだ。[*51]

コンバウン王朝にとって、一八世紀においてでさえ石油産業は主要な収入源であった。そしてそのことが、英国の使節がこの地の石油に特別な興味を抱いた理由のひとつだった。しかし石油は、一八五二年から一八五三年、英国人が王国の大部分を併合し当時のミンドン王から南部の財源を奪った第二次英緬戦争のあとからとくに重要になった。このことが国王の石油依存に拍車をかけ、一八五四年には近代の石油国家の多くが後の世紀に採ることになる方針がうちだされることとなった。国王はイエナンジャウンの油田を直接管理すると主張し、油産業を事実上国営化したのだ。これ以降、生産者は石油を国家にしか売ることができず、国王は価格を独断で決めることができるようになった。同時にミンドン王はパラフィン蝋〔石油から作った蝋燭〕を製造するイングランドの会社と契約することで世界市場とのつながりをつくる手段も講じた。それからまもなくして、プライシズ・パテント・キャンドル有限会社がビルマの石油を毎月約二〇〇〇バーレル分輸入するようになる。これはイエナンジャウンの油田の年間産油量、つまり約四万六〇〇〇バーレルの半分以上の量だった。[*52]

国王は、指折りの油田所有者の娘と結婚し、それによって一二〇以上の油田の管理権を獲得することで、さらに石油産業との関係性を強化した。[*53] ミンドン王は石油を保管・精製していたマンダレーに製油所を作ったともいわれている。こうしたとりくみやその他の介入によって、一八六二年から一八七六年にかけてビルマの石油生産量は約二倍に増えた。

この観点からすると、近代石油産業の創立へと向かう第一歩は、じつはビルマからはじまったといえるかもしれない。しかし、このようにして踏みだされた一歩がその後いかなる展開を示しえたのかについては、いまとなっては知る由もない。なぜなら、ビルマが石油を管理する企図は、一八八五年に英国人が侵略し、王朝最後の王ティーボーを退位させ、コンバウン王国の残りの領土を併呑したときに突如おわりを告げたからだ。これ以降イエナンジャウンの油田は英国の管轄下におかれ、やがて、一九六〇年代までバーマ・シェルとして知られた巨大企業の中核となった。しかし、一九世紀と二〇世紀を通じてイエナンジャウンのトゥインザーたちはこの地域の油田開発に中心的

＊50　前掲書（九－一〇頁）に引用。
＊51　前掲書、二四頁。
＊52　前掲書、四六頁。
＊53　Thant Myint-U, *The Making of Modern Burma* (Cambridge: Cambridge UP, 2001), p.181.

な役割を担いつづけたし、その状況は今日でもかわらない。

一九世紀の英国筋の報告をみると、不運なコンバウン朝の人びとは怠惰で堕落していて後進的だとしばしば表現されている。しかし歴史学者のタン・ミン・ウーが示したように、コンバウン朝後期の人びとは、没落の王ティーボーでさえ、技術にかんして遅れをとらないよう、かれらなりの方法で懸命に努力していた。かれらは電信機を導入し、蒸気船を輸入し、さまざまな行政改革を行い、製造業を発展させ、線路を敷こうとし、フランスやイングランドで学生を教育するための奨学金を作った。[*54] かれらはまた、仏教の教えに沿って動物の幸福度を高めるよう尽力した。ミンドン王の命令で、一八五〇年代からかなりの数の野生生物の保護区域も設けられた。[*55]

たとえ自由に新興の石油経済に乗りだすことができたとしても、ビルマはそれを舵取りするだけの能力を欠いていたなどと決めてかかる理由はどこにもない。あきらかに一九世紀中葉の世界においては石油生産の知識経験がビルマを上まわるような地域はどこにもなかったのだから。

このことからあきらかになるのは、「近代」というラベルがついている他の多くの事象と同様に、ビルマの石油産業の発展は地元の支配者や官僚、商人、そしていうまでもなく何世紀も前からの技術を巻きこんだかなりハイブリッドな過程をたどっていたということだ。しかし、歴史学者のマリリン・ロングミュアが示すように、「石油について研究するほとんどの歴史家は、エドウィン・L・ドレイク「大佐」が、ペンシルヴェニアのタイタスヴィル近郊オイル・クリークにある油井の掘削にはじめて成功した一八五九年八月二八日を、近代石油産業創始の日としている[*56]」。

またしても、西洋近代のまことに特徴的な性質のひとつとしてわたしが前述したことの具体例が見てとれる。つまりこれは、西洋近代の特異性という想像の産物をやっきになって売りこもうとするなみなみならぬ知的営為を具現しているのである。

七

インドで最初に操縦された蒸気船はフーグリー川の底網漁船だった。漁船のエンジンは一八一七年か一八一八年にバーミンガムからカルカッタ〔現コルカタ〕へ送られたといわれており、それはロバート・フルトンが一八〇七年にハドソン川で最初の商業用蒸気船を進水させた歴史的な出来事から一〇年ほど後のことだった。[*57]

インドで最初の商業便に搭載された船舶用蒸気エンジンは、一八二三年にカルカッタの商人の団

＊54　前掲書、一一二–五頁。

＊55　前掲書、一四九頁。

＊56　Marilyn V. Longmuir, Oil in Burma, p.7.

＊57　Blair B. Kling, *Partner in Empire: Dwarkanath Tagore and the Age of Enterprise in Eastern India* (Berkeley: U of California P, 1977), p.65. クリングによれば、インドに到達した最初の蒸気エンジンは、一八一七年か一八一八年に英国植民地政府によってバーミンガムからカルカッタに送り出されたものだった。

体が広州の英国人貿易商から購入したものだった。ふたつのエンジンは地元で造られフーグリー川に進水した「ダイアナ」という名前の船に搭載された。ダイアナ号は大きな注目を集めたものの、その冒険的な試みは商業的には失敗だった。とはいえ蒸気エンジンの輸入は一定のペースでつづけられた。英国における蒸気エンジンのもっとも重要な製造業者のひとつに残る記録によると、その会社にとってインドはオランダについで二番目に大きな市場であった。[*58]

この頃、いくつかの蒸気エンジンはカルカッタでも造られていた。こうした機械を造る技術やメンテナンスの技術は、カルカッタ市内やその周囲で十分入手することができた。インドの蒸気船を研究する歴史学者は、「ガンジス渓谷の村々は、蒸気船団を正常に動かすのに必要な技術にほぼ見合うような技能を伝統的な技術訓練のうちに身につけている熟練工であふれていた」と述べている。[*59]この事実は、蒸気機関時代のある重要な、しかしほとんど注目されることのない側面の前史をなしている――世界の蒸気式商業船のボイラー室に必要な労働力の大半を供給していたのは、インドだったのだ。

一八二〇年代初頭にはすでに外国人であれ地元の者であれインドの商人は、イングランドとインドのあいだを運航する定期蒸気船の実現可能性に強い関心を寄せるようになっていた。まだどの石炭船もそのような旅は達成していなかったので、裕福な人びとの集団――アワド太守をふくむグループ――は、七〇日以内にイングランドとインドのあいだの航海を達成した最初の蒸気船に一万スターリング・ポンドの賞金を出すと発表した。イングランドにいる投資家のグループがこの挑戦に応じ、四万三〇〇〇スターリング・ポンドを投じて「エンタープライズ」と呼ばれる外輪船（これは黎明期の蒸気船によくつけられていた名前である）がデトフォードで造られた。[*60]

エンタープライズ号は一八二五年八月一六日にファルマスを出港し、一一四日の航海を経て一二月七日にカルカッタに到着した。蒸気船は指定された期間内に到着することができなかったものの、委員会はその旅がもつ歴史的意義を認め、蒸気船の所有者にかなりの額の賞金をあたえることを決定した。[*61]

エンタープライズ号の到着はカルカッタで大変な騒ぎとなった。わたしの小説『火の洪水』〔*Flood of Fire* — 二〇一五年に発表された大河小説で、「アイビス号三部作」の完結編〕では、ある登場人物が何年も後に広州にあって、このときのことを回想している。

わたしは、一四年前に「エンタープライズ」という名の蒸気船がカルカッタまでエンジンを

＊58　Prasannan Parthasarathi, *Why Europe Grew Rich and Asia Did Not*, p.229.

＊59　Henry T. Bernstein, *Steamboats on the Ganges* (Calcutta: Orient Longmans, 1960), quoted in Saroj Ghose, "Technology: What Is It?," in *Science, Technology, Imperialism, and War, ed. Jyoti Bhusan Das Gupta* (New Delhi: Pearson, 2007), pp.197-260, p.233.

＊60　Arnold van Beverhoudt, *These Are the Voyages: A History of Ships, Aircraft, and Spacecraft Named Enterprise* (self-published, 1990), p.52.

＊61　前掲書、五二頁。

蒸かしてやってきた日のことをよく覚えている。（中略）それはインド洋にはじめてあらわれた蒸気船で、その〔英印間の遠洋航海という歴史上初の〕偉業にたいして賞金があたえられた。当時若かったわたしは、エンタープライズ号はきっと巨大でとても背の高い船なのだろうと期待していたのだが、実際にあらわれたのは小さくて不格好な船だったので驚いたものだ。しかし、エンタープライズ号が動きはじめた時、わたしの失望は驚嘆に転じた。それは、ほんのひと吹きのそよ風もなしに、群がる大小の船のあいだを器用に操舵しながら、カルカッタの波止場を行ったり来たりしていたのだ。

（中略）エンタープライズ号の到着は、カルカッタの船主たちのあいだで激しい競争を誘発した。数年以内にニュー・ハウラー造船所で、六〇馬力のエンジンがふたつ取りつけられたチーク材の外輪船「フォーブス」が造られた。この船に刺激をうけて、わたしの父も造船競争に参加した。かれはカルカッタでもっとも卓越したベンガル人の起業家ドゥワルカナート・タゴールが興した会社に五〇〇〇ルピー投資した。その会社の名はカルカッタ蒸気式曳舟協会（スチーム・タグ・アソシエーション）といって、まもなく二艘の蒸気船を所有することとなる。（中略）いまでは蒸気式の曳舟はフーグリー川でおなじみの光景となっている。煙やすすや燃え殻を吐き出しつつ、目的地に向かって川面をかきまわしながら進む蒸気船の姿に、土地の人びとはすっかり慣れ親しんでいる。[*62]

一九一三年にノーベル文学賞を受賞することになる詩人ラビンドラナート・タゴールを孫にもつ

ドゥワルカナート・タゴール〔カルカッタの起業家で最初期のインド近代企業経営者（一七九四―一八四六）〕は、インドにおける炭素経済の歴史上重要な人物である。一八世紀末〔～一九世紀初頭〕、「英国からベンガルへの投資など、微々たるものだった」ころ、かれは商業の基盤施設を設立することを先導した数多の地元商人のひとりだった。[*63] かれはまた炭素経済にかんして先見の明があり、カルカッタ蒸気式曳舟協会（スチーム・タグ・アソシエーション）を立ち上げただけでなく、インドにおける鉄道敷設事業の最初期の推進者のひとりでもあった。一八三六年には、ビハールにあるラーニガンジ炭田を購入したことによって、ベンガルにおける主要な石炭提供元として名のりをあげることとなった。[*64] しかしこの投機的な事業は、計画にもともと不備があったというよりはむしろ、統治権をもつ東インド会社からなんらの支援もうけることができなかったため失敗に終わった。

インド亜大陸の反対側に位置するボンベイ〔現ムンバイ〕でも、土着の商人たちが新技術に熱をあげていた。ボンベイ固有の造船業の成立は一八世紀半ばにまで遡るため、ある意味ではかれらは新技術に対応するのに有利な立場にもあった。ワディアー家とかれらがもつボンベイ造船所はその産業を牽引しており、かれらは事実上ヨーロッパやアメリカ合衆国の有名なほとんどの造船所と張

＊62　Amitav Ghosh, *Flood of Fire* (New York: Farrar, Straus and Giroux).
＊63　Blair B. Kling, *Partner in Empire*, p.61.
＊64　Prasannan Parthasarathi, *Why Europe Grew Rich and Asia Did Not*, p.231.
＊65　前掲書、二三三頁。

り合うことができた。[*65] ワディアー家の人びとの信用は絶大だったので、かれらは英国海軍との契約も多く取ることができた（一八四二年に南京条約が締結されたコーンウォリス号は、かれらの造船所で造られたものだ）。

しかし、ボンベイの造船所の成功こそが、かれらを破滅へと導いた。英国の船舶製造業の従事者たちは、インドで造られる船が英国の港に近づくことを禁止しない限り、「英国の造船工の家族はみな、まちがいなく餓死に追いこまれる」と訴えた。[*66] 一八一五年、英国議会はインドの船舶と船員（「インド人水夫（ラスカー）」）に厳しい制限をくわえる法律、船籍登録法を可決した。[*67] この法律は、「それまでの三〇〇年間の競合関係のなかで発展した技術革新のすべてを合わせた以上の威力でもって、インド造船業に経済的な破滅をもたらした」と言われてきた。[*68]

造船業は一八世紀と一九世紀の産業革新の最先端であり、造船業者たちは商業的かつ軍事的な理由からあらゆる技術の進歩にすばやく対応する必要があったことを、ここで思い起こしてみる価値はあるだろう。そんななかボンベイの造船業者たちは、蒸気機関という新技術の挑戦に即座に立ち向かったのだ。一八三〇年には、インド造船業界の大物ナオロージー・ジャムセートジー・ワーディアーが、イングランドから輸送されたエンジンふたつを搭載したヒュー・リンゼイ号という名の蒸気船を進水した。しかしかれは、一八二二年に一四歳でボンベイの造船所に見習いに入りやがて英国王立学会の特別会員にまで選ばれることとなる親戚のエンジニア、アルデシール・クルセートジー・ワーディアーに大敗を喫した。アルデシールは回想録にこう記している――「科学にたいする熱狂的な愛情から、いまやわたしは、だれからの助けもなしに一馬力ほどの小さな蒸気エンジンを造ることとなった。さらに同様の理由から、同郷人にたいして蒸気機関の性質や特性の説明に努めたものだ。そのためにわたしは、イングランドで莫大な費用を投じて造らせた船舶用蒸気エンジンをボンベイに送り、そこで地元の鍛冶工の力を借りながら自分で造った船にそのエンジンを取り付けることに成功したのだ[*69]」。

進取の気性あふれるインドの起業家たちが英米で開発された蒸気機関の新技術がもつ可能性をとらえるのに機敏であったことは、この話からもあきらかだろう。もしかれらのおかれていた〔被植民地人という〕状況が違っていたならば、たとえばドイツやロシアのおなじ立場の人たちとすくなくとも同程度には、そうした技術をまねることができただろうことを疑う理由はどこにもない。当時インドを統治する権力〔英国〕が炭素経済のグローバルな先駆者でもあったというまさにその事実によって、そうした技術がその時点でインドに定着することが阻まれたのだった。英国経済の食

＊66 R. A. Wadia, *The Bombay Dockyard and the Wadia Master Builders* (Bombay, 1955), pp.126-27, quoted in Saroj Ghose, "Technology: What Is It?" p.255.
＊67 Prasannan Parthasarathi, *Why Europe Grew Rich and Asia Did Not*, p.211 参照。
＊68 Satpal Sangwan, "The Sinking Ships: Colonial Policy and the Decline of Indian Shipping, 1735-1835," in *Technology and the Raj: Western Technology and Technical Transfers to India, 1700-1947*, ed. Rory MacLeod and Deepak Kumar (New Delhi, 1995), pp.137-52, quoted by Saroj Ghose, "Technology: What Is It?" p.225.
＊69 Anne Bulley, *The Bombay Country Ships, 1790-1833* (Richmond: Curzon Press, 2000), p.246 から引用。

欲は、〔炭素燃料ではなく〕日光をベースとする農業によって大量に生産される原料で満たされる必要があった。インドやその他の地域で炭素経済が同時に発展していたなら、これらの原料は輸出されずに地元で使われていたことだろう。

別の言い方をすれば、西洋で勃興した化石燃料経済が要求したのは、西洋以外の場所の人びとが自前に炭素燃料をベースとするエネルギー体制を発達させないように必要であれば強制的に妨害することだったのだ。ティモシー・ミッチェルが述べたように、炭素経済〔の存続〕は、その本性からして、「まねされないことにかかっていた」。[*70] 帝国支配は、この「まねされないこと」を保証したのだ。

炭素経済のこの化身がインドで衰退したのは、かれらに勤勉さや巧妙さ、ないしは進取の気性あふれる関心が欠如していたからではなかった。もし地元の製造業者たちがよその土地の競争相手がごく普通に享受していたような国家による支援をうけさえしていたならば、事態はまったくことなった展開を見せていたのかもしれない。[*71]

八

人類にかかわることでほぼつねにあてはまる真実として、ひとが純粋さを求めるのに必死になればなるほど、かえってまぜものや雑種に出くわしてしまうということがある。これは人種について言えるのとおなじく、炭素経済の系譜にもよくあてはまると思う。どちらもさまざまな血統が混ざりに混ざって現在の形態となっているのだ。

炭素経済に決定的なかたちをあたえた要因は、産業革命を先導した機械に由来するものではなかった。これらの機械はヨーロッパ大陸での場合とおなじくらい、世界のほかの地域でも簡単に使用され、まねされることができたはずだ。グローバルな炭素経済のかたちを決定したのは、主要なヨーロッパ列強が蒸気機関の技術を必要とするようになった時代、つまり一八世紀終わりから一九世紀初頭にかけてアジア・アフリカのほぼ全域にわたってすでに強力な〔だが、〔まだ〕まったく覇権的ではない〕軍事的・政治的影響力を確立していたということにある。そして、それ以降は炭素集約型の諸技術が西洋の権力をたえず強化する効果をもたらすことになるのだが、その結果として、さまざまなかたちでありえた近代性は、いまや単一の支配的なモデルとなっている〔西洋〕近代によって押しつぶされ、取りこまれ、あるいは横領されたのだ。

化石燃料が西洋の権力の増大をもたらしたという事実が第一次アヘン戦争以上に明瞭に見てとれる事例はほかにない。この戦場では、まさにふさわしい名前をもつネメシス号〔ギリシア神話に出て

＊70 Timothy Mitchell, *Carbon Democracy*, p.17.

＊71 Prasannan Parthasarathi, *Why Europe Grew Rich and Asia Did Not*, p.225, p.244 参照。そこでは、「インドの工業発展に国家の支援がなかったことは、一八世紀と一九世紀のヨーロッパに見られる政策とはまったく対照的だ」とある。

くる女神。度を超えた繁栄などに天罰を下したとされる〕率いる武装した蒸気船が決定的な役割を演じた。つまり二酸化炭素の排出は、かなり初期からあらゆる側面において権力〔軍事力〕と緊密に結びついていたのだ。このことはただしく認識されているとは言いがたいが、現代の地球温暖化をめぐる政治にまで連綿とつづく主要な問題である。

一八三九年から四二年にかけてのアヘン戦争は、自由貿易と自由市場の名のもとで戦われた最初の重要な紛争だった。しかし皮肉なことに、この時期のもっとも明快な教訓は、資本主義にもとづく貿易と産業は軍事力と政治権力を利用しないことには成功しえないということだ。国家の介入は、貿易と産業の振興にとってつねに不可欠だったのだ。[*72] アジアにおいて西洋の資本が土着の商業を打ち負かすことができる条件を整えたのは軍事的支配だった。当時の大英帝国の官吏たちはここにふくまれた教訓をちゃんと理解していた。その教訓とはすなわち、軍事的支配を維持することが帝国第一の義務でなければならないということだった。

アジア大陸では、第二次世界大戦後に脱植民地化と旧宗主国の〔一時的な〕撤退という対をなすふたつの変化が生じるまで、経済と政治的主権、そして軍事力とをつなぐ決定的な結合状態は元に戻らなかった。それからほんの数十年以内にアジア大陸諸国の経済成長がみるみる加速したのはけっして偶然ではない。ディペシュ・チャクラバルティが指摘するように、この〈大加速〉の時代はまさに「ヨーロッパの帝国権力によって支配されてきた国々における大いなる脱植民地化の時代」なのである。[*73]

そういうわけで、地球温暖化の年代記についてはまた別の本質的な問いが生じる。すなわち、もし脱植民地化と〔日本をふくむ〕帝国の解体がより早く、たとえば第一次世界大戦後に生じていたなら、なにが起きていたのだろうか。アジア大陸諸国の経済成長はもっと早い段階で加速していたのだろうか。

もしも答えがイエスならば、おなじように肝要なまた別の問いが生じるだろう。帝国主義はアジア・アフリカの経済的拡大を遅らせることによって、気候危機の開始時期を実際に先送りしたのだろうか。もし二〇世紀の主要な帝国がもっと早く解体していたならば、〔地球上で現在の生命環境を維持できる最大許容量とされる〕大気中の二酸化炭素濃度三五〇ピーピーエムという目標値は、実際よりもずっと前に突破されていたのだろうか。

その答えはほぼまちがいなくイエスだ、とわたしは思う。実際このことは、グローバルな気候交渉に際してインドや中国、その他の国がとってきた立場のなかに暗黙のうちにほのめかされている。ひとりあたりの二酸化炭素排出量にかんする公平性についての議論は、ある意味で、失われた時間についての議論なのだ。

そこで、こうした立場によって暗示される逆説的な可能性は次のようなものだ——炭素経済にか

＊72　参考として、前掲書、二五八－六三頁。
＊73　Dipesh Chakrabarty, "Climate and Capital: On Conjoined Histories," *Critical Inquiry* 41 (Autumn 2014): p.15.

かわるいくつかの主要な技術が〔当時〕世界の指導的な植民地権力であったイングランドで最初に取り入れられたという事実は、気候危機のはじまりを現実に遅らせることになっていたのかもしれないのだ。

炭素経済の錯綜した歴史を認めることは、けっして温室効果ガスの排出にかんするグローバル・ジャスティスの説得力を損なわせることにはならない。反対に、これはそうした議論を英国やアメリカ合衆国のような国の内部での不平等や貧困、そして社会的正義にかんする議論とおなじ文脈のうちに位置づけることになる。つまりこれは、以下のような主張につながるのだ——世界の貧しい国々は怠惰だったから、あるいは自発性がなかったから貧しいのではないということ、かれらの貧困はそれ自体、炭素経済によって生みだされた不平等の結果であるということ、そしてそれは、貧困国を富と権力のどちらにおいてもつねに確実に不利な状況に留めおくために無慈悲な権力が設けた制度によってもたらされた結果であるということ。

炭素経済の所産が富を生みだすがために、そして歴史的にグローバル・サウスの貧しい人びとはこの富を奪い取られてきたがために、分配的正義にかんするあらゆる有効な一般原則の観点から、かれらにはより多くその経済の報酬をうけとる権利があることは疑いようがない。しかしそうした議論にくわわることは、まさにわたしたちがどれだけ深くこの〈大いなる錯乱〉にはまりこんでいるかを認識することでもあるのだ。わたしたちの生活や選択は、引き返すあてもないままわたしたちを自己破滅へ向かわせるようにみえる歴史の型（パターン）にはめこまれているのだ。

「資金は短期的な利益に向かって流れる」と地質学者のデヴィッド・アーチャーは書いている。「そして、統制されていない共有資源を過剰に搾取する方向へと流れていく。こうした傾向は、さながらギリシア悲劇の英雄を避けがたい破滅へと導く、運命の見えざる手のようだ[*74]」。なるほどこれが、人類が現在陥っている〈錯乱〉の本質なのだ。

九

とはいえ、帝国主義がアジアの工業化への道のりを阻む唯一の障害ではなかった。この経済モデルはまた、多様で強力な土着の抵抗にも遭遇していた。すべての大陸、とりわけヨーロッパにおいて産業資本主義が抵抗に遭っていたことは事実であるが、アジアの事例の特色は、そうした抵抗がしばしばマハトマ・ガーンディーのような並はずれた道徳的かつ政治的権威のある人物によって明確に表現され擁護されていたということだ。ガーンディーが産業資本主義について表明した意見でもっともよく知られたもののなかに、一九二八年のこんな有名なくだりがある――「神は、インドが西洋のやりかたをまねて工業至上主義に頼ることを禁じた。もし三億人（ママ）の国民すべてが似たよう

*74 David Archer, *The Long Thaw: How Humans Are Changing the Next 100,000 Years of Earth's Climate* (Princeton, NJ: Princeton UP, 2009), p.172.

な経済的搾取の方法を採れば、バッタの大群が農地を更地にするように世界は丸裸にされてしまうだろう」[*75]。

この引用は、直截に問題の核心、つまり数の問題に迫っているために印象的だ。このことは、ガーンディーがほかの人びとと同様に、アジアの歴史がやがて立証することを直感的に理解していたことの証左である。すなわち、普遍主義を掲げる工業文明の諸前提はでっちあげであるということ。そして、消費主義的な生活様式はある程度以上の人数によって採用されるならばまたたくまに持続不可能となり、この惑星を(文字通り)貪り食う状態へと帰着するだろうということだ。

もちろん、このような洞察力を授かっていたのはガーンディーだけではなかった。しばしばまったく別の経路をたどって同様の結論に到達しようとしていた人びとは世界中に多く存在した。しかし、ガーンディーは社会的にも政治的にも独特な重要性のある地位を占めていた。さらにいえばかれは、工業文明によって授けられた権力や富の類をインド国家に代わって自発的に放棄することによって、そのヴィジョンを論理的な帰結に向かわせることをいとわなかったのだ。

このことは、ガーンディーの政敵であるヒンドゥー右派によって非常によく理解されていた――かれらは執拗に、インドの弱体化を望む人物としてガーンディーの特徴を描き出そうとした。実際のところ、現在インドを支配している政治構造の中核をのちに担うことになる組織にかつて所属していたメンバーの手によってガーンディーが暗殺された理由はここにある〔ガーンディー暗殺の実行犯ナートゥーラーム・ゴードセーが属していたヒンドゥー至上主義団体の系譜に、二〇一四年にインド首相に就任したナレンドラ・モディの出身母体であるインド人民党（BJP）を位置づけることができる」。この連立政権〔インド人民党を中核とするモディ連立政権〕はまさにガーンディーが放棄したこと——すなわち、終わりなき産業成長——を約束することによって政権を獲得したのだった。

同様に中国では、プラセンジット・ドゥアラが示してきたように、工業主義と消費主義は道教、儒教そして仏教の伝統の内部から力強い抵抗に遭った。大規模な近代化が〔中国社会にとって〕なにを意味するかということを理解している影響力のある思想家があまりに多くいたのだ。そのような思想家のひとりである章士釗（一八八一―一九七三）は、段祺瑞政府の教育総長だった。かれはこう綴っている——「有限性が天下万物を特徴づけるのにたいして、ただ欲求だけが限界を知らない。もともと有限であるところの供給量が際限のない欲求によって測られるとき、前者がまたたくまに枯渇することは容易に予想されうる。逆の言い方をするなら、飽くことを知らない欲望を満たすために有限である資源が使われるとき、その枯渇はじきに訪れるだろうということだ[*76]」。

ドゥアラは、アジアでも人口のもっとも多いこれらふたつの国において、いかにして資本主義的な近代への抵抗が緩慢に乗り越えられたかについて、「諸宗教のプロテスタント化、世俗化、（中

＊75　*Young India*, December 20, 1928, p.422.

＊76　この参照箇所は Liang Yongjia, Prasenjit Duara, Tansen Sen のおかげで見つけることができた。かれらに謝意を表したい。

略〉そして国民形成」を徐々に導いたさまざまな政治運動や文化運動を通してきわめて詳細に描き出した。[*77]

しかし実際には、最初に工業化したアジアの国々は西洋のモデルに従ったわけではなかった。杉原薫らが示したように、〔天然資源の乏しい〕日本や韓国がたどった道のりでは必然的に資源の無駄使いがはるかに少なかった。[*78] 日本は別の点でも西洋とはことなっていた。つまり、自然からの制約を自覚することが公的なイデオロギーの一部となり、「自然こそが、日本人にとっての自覚である」と主張されたのだった。[*79]

また、西洋においては環境保護運動がおおかた反体制的文化（カウンター・カルチャー）の問題と見なされていた時代にさえ、アジアの多くの指導的な人物が〔環境問題について〕懸念を表明していたということも驚くべき事実である。そのうちのひとりは、一九六二年から一九七一年まで国際連合の事務総長を務め、国連環境計画の設立に助力したビルマ人の政治家ウ・タントだった。かれが一九七一年に発した警告は、奇妙にも今日の状況を予知するように思える――「わたしたちの故郷である地球の毒された海を漂うスモッグのなかを太陽が夜ごとに沈むのを眺めながら、自分自身に真剣に問うてみなければならない。いつの日かよその惑星の宇宙史家がわたしたちについて、「非凡な才能と技術をもっていながら、かれらは将来への配慮と空気と食料と水と知識を使いはたしてしまった」、あるいは、「かれらがいつまでも政争に明け暮れているうちに、いつのまにか周囲の世界が崩壊してしまった」などと述べることを、わたしたちはほんとうに願っているのかどうかを」。[*80]

中国において、数が重要であるという認識はやがて、最近になって終了した「ひとりっ子政策」につながった。それは大きな苦しみを国民に負わせることと引き換えに、実施しなかった場合よりもはるかに低い水準に国の人口を安定化させる効果をもった施策であった。この政策がきわめて厳しく抑圧的だったことは疑いようがないが、人新世という逆の観点から眺めてみれば非常に重大な意義をもつ緩和策だったと評価される日がいつかやって来るかもしれない。なぜなら、気候危機の到来がアジア大陸の工業化によって早まったのだとして、大気中の二酸化炭素濃度三五〇ピーピーエムという目標値を算出するための方程式にさらに数億人規模の消費者が〔中国が「ひとりっ子政策」を実施しなかったために〕加算されるならば、その値が実際よりもはるかに早く突破されてしまっていたことはまちがいないのだから。

気候正義をめぐるあらゆる評価＝報い（レコニング）において、この歴史もまた考慮に入れられる必要がある。

＊77 Prasenjit Duara, *The Crisis of Global Modernity: Asian Traditions and a Sustainable Future* (Cambridge: Cambridge UP, 2015), p.236.

＊78 Kaoru Sugihara, "East Asian Path," *Economic and Political Weekly* 39, no. 34 (2004): pp.3855-58.

＊79 Julia Adeney Thomas, "The Japanese Critique of History's Suppression of Nature," *Historical Consciousness, Historiography and Modern Japanese Values*, International Symposium in North America, International Research Center for Japanese Studies, Kyoto, Japan, 2002, p.234. 強調は筆者による。

＊80 A. Walter Dorn, "U Thant: Buddhism in Action," in *The UN Secretary-General and Moral Authority: Ethics and Religion in International Leadership*, ed. Kent J. Kille (Washington, DC: Georgetown UP, 2007), pp.143-86.

インドと中国という現在気候危機を悪化させているとしばしば非難されているふたつの国には、産業文明は規模の限界に向き合わざるをえず、それを地球上の大多数の人びとが採用すればこの文明は崩壊することになるだろうということを気候科学者がデータを提示してくるずっと以前からわかっていた人がかなりの数いたのだ。かれらは結局のところ同胞たちを別の方向へ導くことには失敗したかもしれないが、消費主義的で産業中心の経済モデルがかれらの国でいっせいに採用されるのを遅らせることには成功したのである。こういった施策は、炭素集約型経済によって得られる利益が富とみなされる世界において、じつに重大な物理的犠牲をはらったものとして評価されなければならず、かれらがそうした犠牲を強いられたのを認めるよう求めることはまったく正当な権利なのだ。

「気候補償（クライメート・レパレーションズ）」〔主たる汚染者が過去に排出した二酸化炭素による損害を評価し、直接的な計画や政策等を通じて、気候変動にたいして脆弱な人びとの生活を改善する取り組みのこと〕の要求は、それゆえ、歴史的にも倫理的にも揺るがすことのできない地盤にもとづいている。とはいえ炭素経済の系譜の複雑さは、地球温暖化にかんして「われわれ」と「かれら」のあいだに太くはっきりとした線を引こうとするグローバル・サウスの人びとにも教訓をあたえている。気候危機は西洋型の炭素経済の発展によって引き起こされたことは疑いえないが、その一方で、この問題がさまざまにことなる展開をみせていたかもしれないということもまた事実である。したがって、気候危機はまったくもって遠い存在である〈他者〉によって生みだされた問題だとばかりは言っていられないのである。

その点で、二〇一五年にパリで開かれた気候変動交渉〔第二一回気候変動枠組条約締約国会議〕においてたびたび耳にした「共通だが差異化されるべき責任」という文言は、官僚組織から出てくるにしてはじつにめずらしく適切で正確なものであった。チャクラバルティらが指摘してきたように、人間が引き起こした気候変動は、まさに種として人類が存在することの意図せざる帰結なのである。[*81] 地球温暖化は、ことなる集団の人びとがそれぞれかなりことなったやり方で助長してきたものではあるが、究極的には人類がながい時間をかけて行ってきた活動総体の産物である。これまで生きてきたすべての人間はわたしたちをこの惑星を支配する種にすることに一役買っており、その意味ですべての人間は、過去においても現在においても、目下の気候変動のサイクルに寄与してきたのだ。

今日の変動する気候にまつわる諸事象は、人類がながい時間をかけて行ってきた活動の総体を表象しているという点で、歴史の終着点の表象ともなっている。なぜならもしわたしたちの過去の全部が現在のうちにふくまれるとすれば、時間性それ自体の重要性は奪い去られてしまうからだ。あるいは、日本の哲学者和辻哲郎の言葉を借りれば、「人は歴史的発展をたどる代わりにただ現在の姿の種々相をたどればよい」ということになる。[*82]

つまりこの時代の気候変動にともなう諸事象は、人類の歴史全体の抽出物なのだ。それらの事象

---

*81 Dipesh Chakrabarty, "The Human Condition in the Anthropocene," *The Tanner Lectures on Human Values*, Yale University, 2015.

は、わたしたち人類がながい時間をかけて行ってきたことのすべてを物語っているのである。

＊82　和辻哲郎『風土　人間学的考察』（岩波文庫、一九七九）、五〇頁。この著作の存在に気づかせてくれたジョルジョ・アガンベンに感謝している。〔ここでゴーシュが引用した部分についてすこし詳しく説明しておいたほうが良いだろう。同書において和辻は、人間が人間自身を、そして社会共同体としてのわたしたち自身を見いだす仕方として、土地の気候、気象、地質、地味、地形、景観などの総称であるところの「風土」を据える。ここでの風土は、たとえば「空気が「爽やかさ」の有り方を持つことは取りも直さず我々自身が爽やかであることなのである」（三〇頁）と述べられるように、単なる自然環境のように人間の外部に客体として存在するのではなく、それを通してわたしたち自身の「外に出ている」（ex-sistere）有り方を了解するものだ。本文の引用部は、和辻が風土の特殊構造を三つの類型、モンスーン、砂漠、牧場に分類し、モンスーン地帯の風土を論じるにあたって、インド人がもつ本生譚（ジャータカ）的な想像力に言及する際のものである。本生譚（ジャータカ）では人間をふくめたあらゆる生物がその共通の生において描かれ、これら衆生のものたちは過去の生によって、種の違いも超えて現在の姿を決定されている。したがって、そこではさまざまな衆生の現在の姿が過去の生をもれなくふくみこんでいるという意味で、人間に限定した歴史的発展をたどることは意味をなさないのである。〕

第三部　政治

一

近代という時代を考えるうえでおそらくなによりも重要な政治的発想であり、今日の政治のみならず人文学や芸術、文学にとっても中核をなす〈自由〉の観念にたいして、気候変動は力強い問題提起(チャレンジ)を行っている。

ディペシュ・チャクラバルティが指摘したように、啓蒙主義の勃興以来、自由を論じる哲学者たちは「たいてい、無理もないことだが、ほかの人間や人工のシステムがおしつけてくる不正、圧制、不平等、あるいは画一化などを、いかに人間が免れうるかに関心があった」。[*1] この自由についての凝り固まった思考法(カルキュラス)において、人間ならざる(ノン・ヒューマン)諸力やシステムの出番はなかった。実際、〈自然〉から独立しているということがまさに自由を定義する特徴のひとつとみなされており、環境という足かせをうち捨てた諸民族のみに、歴史的な行為主体性(エージェンシー)がそなわっていると考えられていた。そして、かれらのみが歴史家の注目に値すると信じられていた――それ以外の諸民族にも過去はあったかもしれないが、人間の行為主体性(エージェンシー)を通じて実現される〈歴史〉というものはそこに欠落していると思われていたのだ。[*2]

わたしたちは人間ならざるもの(ノン・ヒューマン)による制限から自由であったことなど一度もない、と地球の活動によって否応なしに自覚させられた今日、歴史や行為主体性(エージェンシー)といった概念をどのように考えるべきなのだろうか。この問いは、とりわけ二〇世紀という、人間ならざるもの（ノン・ヒューマン）から人間〔中心主義〕へ、具象的（フィギュラティヴ）表現から抽象的表現へと向かうラディカルな転回（ターン）が生じた時代における芸術や文学とのかかわりにおいても、おなじくらいの説得力をもって提起されうるだろう。

こうした展開は、もちろん、純粋に美学的な考察から生じたわけではなかった。それらは政治、とりわけ冷戦期の政治からも影響をうけていた——たとえば、アメリカ合衆国の情報機関が、ソヴィエト連邦が支持していた社会主義リアリズムに対抗して抽象的表現主義を奨励するよう介入したときのように。[*3]

しかし、芸術がたどる軌道は、冷戦よりもずっと以前にすでに定められていた。二〇世紀を通じて、芸術はどんどん自己言及的になるような道すじを歩んでいたのだ。「二〇世紀芸術は」——ロジャー・シャタックは一九六八年に書いている——「意味や真理が有する美を外界の現実に求めるのではなく、自己自身を探索する傾向が強く、その結果として作品、世界、鑑賞者、作者の関係も

＊1　Dipesh Chakrabarty, "The Climate of History: Four Theses," *Critical Inquiry* 35 (Winter 2009): p.208.

＊2　参考として、Julia Adeney Thomas, "The Present Climate of Economics and History," in *Economic Development and Environmental History in the Anthropocene: Perspectives on Asia and Africa*, ed. Gareth Austin (London: Bloomsbury Academic, 2017), p.4.

＊3　Frances Stonor Saunders, "Modern Art Was CIA 'Weapon,'" *The Independent*, October 21, 1995. また、Joel Whitney, *FINKS: How the CIA Tricked the World's Best Writers*, (London: OR Books, 2006), chap. 2. も参照のこと。

これまでとは違ったものになった」[*4]。こうして、あらゆる種類の芸術的企図の中心に人間の意識や行為主体性（エージェンシー）、そしてアイデンティティが位置付けられるようになったのだ。

この領域においても、アジアは特別な役割を演じていた。二〇世紀アジアの思想家や作家を駆り立て、かれらに絶えずつきまとった問いの数々は、まさに「近代なるもの」[*5]に関連していた。ジャワハルラール・ネルーがダムや工場を建設することに燃やした情熱や、毛沢東の「自然に対する戦争」[*6]に対応する動きは、文学や芸術のなかにもあった。

〔西洋的〕近代性を受容するなかで、アジアの作家や芸術家たちはその地域の文学や芸術、建築などの構造を根本的に変えてしまうような断絶を生みだした。このことは、他の地域と同様にアジアにおいても、抽象的なものや形式的なものが、具象的なものや図像的（イコン）なものにたいして優勢となることを意味していた。これはまた、数多くの伝統――そこには、人間ならざるもの（ノン・ヒューマン）に特別な重要性をあたえる伝統もふくまれる――が放棄されることも意味していた。ここでは他所と同様に、自由が、物質的な生という窮屈なものを「超越する」方法、すなわち人間の心（マインド）、精神（スピリット）、感情、意識、内面性という新たな領域を探求する方法とみなされるようになった。これにより自由は、人間が心や身体や欲望のうちにまるごと所有するもの、計量可能なものとなったのだ。もちろん、モレッティが言及するように、そうした見方のうちにはある種の「禁欲的な英雄性」もあったのだが、「その美学の達成がより徹底し明晰になるほど、それが描き出す世界は住みがたくなる」[*7]ということも、いまとなってはあきらかだ。

そして今日、わたしたちが否応なく他なる眼による監視・審判にさらされているという事実に目覚め、視点をひっくりかえしてその時代をふりかえるならば、なにが見えてくるだろうか。この時代の芸術や文学が、その大胆な前衛性によってでもなく、自由を守りぬいたためでもなく、むしろ

＊4　ロジャー・シャタック『祝宴の時代　ベル・エポックと「アヴァンギャルド」の誕生』〔木下哲夫訳、白水社、二〇一五〕、四四四頁〔本文の文脈に応じて一部訳文を変更〕。

＊5　Kenneth Pomeranz, "The Great Himalayan Watershed: Water Shortages, Mega-Projects, and Environmental Politics in China, India, and Southeast Asia," p.19 (published in French as "Les eaux de l'Himalaya: Barrages géants et risques environnementaux en Asia contemporaine," in *Revue d'histoire modern et contemporaine* 62, no. 1 [January-March 2015]: pp.6-47) 参照。

＊6　毛沢東の「対自然戦争」についてはJudith Shapiro, *Mao's War against Nature: Politics and the Environment in Revolutionary China* (Cambridge: Cambridge UP, 2001) 参照。

＊7　フランコ・モレッティ『ブルジョワ　歴史と文学のあいだ』〔田中裕介訳、みすず書房、二〇一八〕、九七頁。〔この引用部の文脈について一応補足しておきたい。モレッティは、一八世紀と一九世紀のヨーロッパの文学的散文を用いてブルジョワという概念の歴史記述を行うこの著書の第二章において、ブルジョワが西欧一帯に増殖し、その影響を多方向におよぼしていた局面において、一九世紀にブルジョワの文学として発明された文体を問題化する。その文体は「真剣」さ、すなわち喜劇と悲劇の中間におかれ、曖昧さや不正確さを排し、秩序だったリアリズムとして提示されている。このように、客観的な完璧さが文学を通して、つまり一般的な社会の運命として提示されることで、人びとは思い込みが打ち消されることはあってもそれを埋め合わせるものを見いだすことはできない。つまり、「その美学の達成がより徹底し明晰になるほど、それが描き出す世界は住みがたくなる」のだ。〕

〈大いなる錯乱〉の共犯者として思い起こされる日がいつかやってくる、ということはありうるだろうか。この時代の芸術家や作家が選んだ「公的秩序に対して一貫して憤怒する姿勢」[*8]も、人新世の観点からすれば実際には一種の共謀だった、と言いうるのだろうか。ギー・ドゥボールがずいぶん前に気づいていた事実は、まちがいなくここ数年で顕著となった[*9]——反体制の華々しい諸形態(スペクタクル)は、けっして「不満自体がひとつの商品となったという単純な事実のために(中略)存在するものを満足しきった顔で受け入れる」[*10]こととと矛盾しないのだ。

このような裁断が——あるいはその可能性でさえ——ショッキングに思えるなら、それはわたしたちが以下のような先入観を受け入れるようになっているためだ。すなわち、一流の芸術はなんらかのかたちでメインストリームの文化に先んじているということ、つまり、芸術家や作家は、美学的な問題だけでなく、公的な問題についても先を見越すことができるということを。作家や芸術家たちは、二〇世紀を通じてますます熱心にこの役割を喜んで担ってきた。そしてそうした熱情は、二酸化炭素の排出が加速した時代以上に高まりをみせたことはなかった。

このことの証明として、ほんのすこし想像してみよう。ちょうど思考実験をするように、二〇世紀から二一世紀を通して作家と芸術家が政治へ関与した度合いをグラフで描くことができる、と。そうしたグラフは、同時代の温室効果ガス排出量のチャートにきわめて似かよっているだろうと考えることは十分可能だと思う。つまり、その何十年にわたって、予想外で劇的な増加を何度かともないながら、そのグラフの線が安定的に急上昇しているであろうということだ。第一次世界大戦はそうした上昇のひとつを代表すると言えるだろう——そこでは、工業活動と軍事活動の高まりが、露骨に政治的なものが大半を占める文学の大氾濫という事態に反映されている。

戦間期の数年間もあいかわらず、グラフはおおよそパラレルな軌道をたどるだろう。つまり、工業活動が世界規模で勃興するのに合わせるかたちで、作家たちの政治運動へのかかわりがいよいよ目立つようになる。その政治運動とは、社会主義、共産主義、反ファシズム、ナショナリズム、反帝国主義的なものであり、そうした作家たちの好例がロルカ、ブレヒト、オーウェル、魯迅、そしてタゴールであった。

第二次世界大戦後の最初の数十年においてだけ、ふたつのグラフのあいだに目立った相違が見られることだろう。作家の政治参加が〔二酸化炭素〕排出量上昇のペースを上回っているのだ。その

＊8 Arran E. Gare, *Postmodernism and the Environmental Crisis* (London: Routledge, 1995), p.16.

＊9 ステファニー・ルメナジャーが指摘するように、社会主義に傾倒し「もっともイデオロギーにとりつかれたアメリカ人小説家のひとり」であるアプトン・シンクレアでさえ、自動車というガソリン式の文化をロマン化することに行きついた。Stephanie LeMenager, *Living Oil*, p.69 参照。

＊10 ギー・ドゥボール『スペクタクルの社会』（木下誠訳、筑摩書房、二〇一〇）、四九頁（命題五九）。〔邦訳はこの部分を「存在するものを満足しきった顔で受け入れることに、純粋にスペクタクル的な反抗が、それと一体のものとして付け加わることもある。そこに表わされているものは、経済的豊かさが生産物を拡大し、その生産物を一種の原料として取り扱うことが可能になるやいなや、不満自体がひとつの商品となったという単純な事実にすぎないのだ」としているが、ゴーシュが中略を施して引用した原文に合わせて邦訳を調整した。〕

ころ、アジアの大規模な工業化は結局まだ開始していなかったが、世界中の作家たちはあらゆる分野へ政治参加の射程を広げていった。この点については、インドとパキスタンにおける進歩的作家運動（Progressive Writers Movement）、脱植民地化とサルトル、ジェイムズ・ボールドウィンと市民権運動、一九六〇年代のビート・ジェネレーションと学生運動、インドネシアのプラムディヤ・アナンタ・トゥールとソヴィエト連邦のソルジェニーツィンの迫害——こういったことを思い出すだけで十分だろう。作家たちが世界中のあらゆる政治運動の先頭に立っていたのは、この時代においてだった。

ふたつのグラフがふたたび交わるには、一九八〇年代まで待たなければならないだろう。「ふたつのグラフが再接近する」その原因は、作家や芸術家の政治的エネルギーが弱まってきたことにあるのではなく、ただたんに、アジアの〔二酸化炭素〕排出量のペースが着実に上昇をみせはじめたことによる。この時期においても、作家は多くの運動の先頭に立っていた。フェミニズムや同性愛者権利獲得運動（ゲイ・ライツ）などは、その代表例だ。これはまた、一方で脱植民地化の過程、他方で英語支配の進展という逆説的な結合が、先行する二世紀ではありえなかった仕方で、わたしのような作家がグローバルな主流文学に参入することを可能にした時代でもあった。同時に、コミュニケーション技術の変化と翻訳ネットワークの急速な成長が、政治と文学両方を、ゲーテによる「世界文学（ヴェルト・リテラトゥーア）」というヴィジョン[†1]が実現間近となったといいうるところまで国際化することに奉仕した。

わたしは自分の経験から、この期間——二酸化炭素排出量のペースが爆発的に増加したことがこの惑星の運命を書き換えた期間——は、作家としてのキャリアをはじめるに際して息をのむほど刺激的な時代だったと証言できる。すでに述べたように、そのような感覚のすくなからぬ部分を占めているのが「先を行っている」（「アン・アヴァン」、つまり実質的にアヴァンギャルドの一員であること）という約束であり、こういった捉え方は二〇世紀の初頭以来、文学や芸術の想像力を活気づける力のひとつであった。「モダニズムはその経典に見逃せない一節を記した」——ロジャー・シャタックは皮肉たっぷりにこう述べる——「アヴァンギャルドはつねにわたしたちとともにある」と。[*11]

先を行くことを欲し、そういった試みを褒めたたえ神秘化することは、じつのところ、近代それ自体に内在するもっとも強い衝動のひとつである。ブリュノ・ラトゥールが正しいならば、近代人であることとは時間を不可逆なものだと思うことであり、近代を革命的争いによってたえまなく前進していく進歩とみなすことである。これらはまた、科学革新とのアナロジーにおいて考えられ、そうした革新はそれまでの技術を陳腐なものに変えてしまうと思われている。[*12]

---

†1　世界市場が勃興する時代、ゲーテは一八二七年に弟子のエッカーマンとの対話のなかで、優れた文学作品は、作家が埋め込まれた時代や民族性を反映するような国民文学としてだけでなく、普遍的な人間性を示す世界文学として語られうると主張した（エッカーマン著『ゲーテとの対話』参照）。

＊11　ロジャー・シャタック『祝宴の時代　ベル・エポックと「アヴァンギャルド」の誕生』（木下哲夫訳、白水社、二〇一五）、四六頁。

そして陳腐化が、まさに近代の地獄や業火に相当する。ヘーゲル・マルクスからオバマ大統領まで途切れることのないリレーにおいて伝えられたこの時代のもっとも強力な呪いのことばは、「歴史のまちがった側」にいるという呪詛なのである。

かつて王や僧侶やシャーマンが使った呪詛や、災厄をもたらす祈祷とほぼおなじやり口で、世界でもっとも影響力のある指導者〔アメリカ合衆国大統領〕がこうした言葉を敵に浴びせるということは、もちろん〔皮肉にも〕、まさにその呪文(マントラ)が呼び覚ます時間の不可逆性〔歴史のたえまない進歩への信仰〕の否認につながる――というのも、それは、呪詛や災厄の祈祷によって恐怖のヴィジョンを呼び起こすことで敵のこころをふるえあがらせる、時代を超えることばの力を認めていることにはなりはしないか。そして近代人にとっての恐怖とは、まさに、置き去りにされること、つまり「後を行く」ことへの怖れによって喚起されるものなのだ。

近代化が地上のすみずみまで普及していく道のりをたどるには、もしかすると、この怖れが広範囲を支配していく様をあとづけていくのが最良の方法かもしれない。その怖れとは、「後進性」のスティグマによって、それとわかるかたちで印づけられた場所において一番強く作用したのだった。それはアジアやアフリカ、アラブ世界の芸術家や作家たちに、芸術において、それぞれが〔西洋的〕近代の反復に「ついていく」ためならどんなことでもするよう駆り立てるものだった。具体的にはシュールレアリスムや実存主義などといった試みだ。そしてそうした衝動は徐々に減退するどころか、二〇世紀を通じて勢いを増した。そのためわたしたちの世代の作家たちは、どちらかといえば、先行する世代よりもそうした力への抵抗をさらに弱めてしまった。わたしたちは、どんどんスピードを上げながら目の前を通り過ぎていくたくさんの「主義（イズム）」——構造主義、ポストモダニズム、ポストコロニアリズム——を意識せざるをえなかったわけだ。

それだけに、二酸化炭素排出量が急増した時期をふりかえってみて、このはげしく政治参加（アンガージュ）的だった時代の文学者のうち、かつては人類にも親しまれていながら今日ではその耳に届かなくなってしまった太古の声——大地と大気の声——に気づいていた者は（わたしもふくめて）ほとんどいなかったという事実に気づかされると、それは驚くべき——いや、じつにショックな——ことだと感じられる。

わたしは、当時の文学が一般的な意味での不安や予言を表明していなかったと暗に言うつもりはないし、人類が黙示録（アポカリプス）的な直感に取り憑かれなくなったと言いたいのでもない。こうした直感は、物語がはじめてつむがれて以来連綿とつづいてきた状況と変わることなく、この数十年のあいだもまちがいなく豊富に語られてきた。わたしが途方に暮れてしまうのは、わたしたちの環境が加速度的に変化していることをより具体的な感覚で読者に伝えるような、想像力に富む作品を書いた作家たちについて考えようとするときなのだ。文芸小説を英語で書く作家のうちから、ほんの一握りを

＊12　ブルーノ・ラトゥール『虚構の近代　科学人類学は警告する』（川村久美子訳、新評論、二〇一三）(Bruno Latour, *We Have Never Been Modern*, loc. 1412)。

挙げてみよう——J・G・バラード、マーガレット・アトウッド、カート・ヴォネガット・ジュニア、バーバラ・キングソルヴァー、ドリス・レッシング、コーマック・マッカーシー、イアン・マキューアン、そしてT・コラゲッサン・ボイル。もちろん、ほかにも多くの名前をこのリストにくわえることができるだろう。しかし、たとえリストが百倍かそれ以上に増やされたとしても、わたしはこう思うのだ——文学の主流は、多くの分野でより政治参加的な試みが見られるようになっていたにもかかわらず、〔気候変動という〕玄関口まで迫っている危機については、世間一般とまったくおなじように無自覚のままだったのだ、と。

この意味で、前衛文学（アヴァンギャルド）はすこしも「先を行って」などおらず、あきらかに遅れていたのだ。そうすると、こんな風にも言えてしまうだろうか——二酸化炭素排出の破滅的な悪循環を始動させたそのおなじプロセスが、〈不気味〉なほどに巧妙な自己防衛の身ぶりによって保証したのは、当時の芸術家や作家、詩人がまさに自分たちにこそ見えていると思いこんでいるもの——「前方に（アン・アヴァン）」ある、来たるべきもの——にたいして実際には盲目となるような方向へと、われ先に駆け出すような状況だったのだ、と。だとするならば、不可逆的な時間の相において、革新や想像力の自由な追求によって諸芸術は永久に前進し続けるというヴィジョン自体が、のっぴきならない断罪をうけることになりはしないだろうか。

二

もちろん、この数十年のあいだに政治的社会的な関与を強めたりその範囲を広げたりしたのは作家たちだけではなかった。それは、かつて「知識階級（インテリゲンツィア）」と呼ばれた人びと全般に起きていたことだ。これはすくなからずコミュニケーション技術の変化によってもたらされたものだった。インターネットとデジタル・メディアはかつてないほど政治の範囲を広げ、これを入り組んだものにしてきた。今日では、パソコンをもっていてウェブにアクセスできる人はすべてが活動家だ。しかし、わたしが文学界について先に述べたことは知識階級（インテリゲンツィア）にもあてはまることであるし、それどころかさらに広範囲の諸集団（サークル）についても言えることだ。一般的に言って、政治意識を高めることが、気候変動がもたらす危機へのより広い関与に翻訳〔転換〕されてはこなかったのが実情なのだ。

一方に政治的動員、他方に地球温暖化があり、両者が影響しあうような連関が欠如しているような状況が南アジア諸国——どれも気候変動の影響を並はずれてうけやすい国々だ——以上にあからさまになっている場所はない。[*13] ここ数十年、インドはきわめて高度に政治化してきた。大勢の人び

＊13　気候変動に関する政府間パネルによる第五次評価報告書 "The IPCC's Fifth Assessment Report: What's in It for South Asia?" (2014) 参照。

とが街頭デモにくり出し、幅広い問題について憤りや怒りをあらわにしている。かれらはテレビやソーシャル・メディアでこれまで以上に露骨に本音を話している。しかしこの国では、人びとが気候変動について怒りをぶちまけるには至らなかった。インドには数えきれないほどの環境団体や草の根の運動があるにもかかわらずである。この国の多くのすぐれた気候学者や環境活動家、レポーターたちもあまり目立たなかったようにみえる。

インドにあてはまることはパキスタンやバングラデシュ、スリランカ、ネパールにもあてはまる。インド亜大陸のあちこちで、すでに大規模災害の発生件数が増えているのみならず、大惨事の緩慢な進行——静かに、だが容赦なく人びとの暮らしを破壊し、社会的政治的な対立をあおる——というかたちで、気候変動の衝撃はすでに日々感じとられているはずであるにもかかわらず、どの国においても気候変動は重要な政治問題にはなってこなかった。代わりに、政治的エネルギーがますます集中的に投入されていったのは、宗教、カースト、民族性（エスニシティ）、言語、ジェンダー平等（ジェンダー・ライツ）にまつわる権利といった、なんらかの仕方でアイデンティティにかかわるような諸問題だったのだ。

〔気候変動がもたらす危機的状況の回避といった〕万民に共通する利害と〔アイデンティティ・ポリティクスのような〕公共圏における個別的関心事とが乖離していく先には、政治それ自体の性質の変化がある。政治的なるものは、もはや公共の福祉、すなわち「国民政治（ボディ・ポリティック）」や集団的意志決定にかかわるものではなくなっている。それはなにか別のものにかかわるのだ。

では、その「なにか別のもの」とはなんなのか。

同様の問いは文学的想像力の領域との関係でも提起しうる。なぜその領域は、政治的なるものの種々の捉え方にますます開かれてきているにもかかわらず、わたしたちの集団的生存にかかわる問題にたいしては閉ざされたままなのか。

またしても、より広い文化現象のある特別な問題を近代小説の軌跡が代表しているように思われる。この現象についても、ジョン・アプダイクが近代小説を特徴づけるために使った「個人の精神を陶冶する冒険（individual moral adventure）」という表現がやはりよくその本質を捉えている。わたしはすでに、このような小説の捉え方がはらむ問題のひとつに注意をむけておいた〔第一部、一三〇‐一三三頁参照〕。それは、すなわち、そういった捉え方が小説的想像力の領域から〈集団的なるもの（コレクティヴ）〉をいかにして追い払うのかという問題であった。ここではまた別の側面、〈モラル〉という語の含意に注目してみたい。

わたしたちは今日、政治だけでなくフィクションと結びつくかたちでこの語を頻繁に目にしている。わたしの考えでは、政治的想像力と文学的想像力という二領域の連結を可能にする蝶番の役割をはたしてきたのが、この〈モラル〉――精神を陶冶する＝道徳的なるもの――の概念なのである。〈モラル〉という語は、ラテン語の「モーレース」すなわち〔ある集団において社会的に容認される〕「習慣」を意味する語根から派生している。そこにおそらく貴族的な用法が含意されていただろうことは、ニーチェの議論によってよく知られている。[*14] この語は英語という言語のなかでながいあいだ使われてきた。かつては教会――とくにプロテスタント系の諸教会――の内部で使われていたものだが、いまではおもに〈政治的なるもの〉の領域からその力を引き出すようになってきている。しかしこれは、公共的なことがらに秩序をあたえることをもっぱらとするような政治ではない。むしろ、良心に導かれる内面の旅という意味での「個人の〈モラル〉をめぐる冒険（individual moral adventure）」として次第に理解されるようになった政治のことなのだ。ちょうど小説がアイデンティティをめぐる語り（ナラティヴ）と理解されるようになったのとおなじように、多くの人にとっては政治も、人格的な真正性の追求、すなわち自己発見の旅となったのだ。[*15]

〈モラル〉という語は、その進化の過程でたしかに世俗的な領野にもちこまれたのだが、いまでもキリスト教、とりわけプロテスタント的な起源の刻印をつよく残している。そのように理解される〈モラル＝政治的なるもの〉は、その本質において、神なきプロテスタンティズムなのである。それは信奉者に、完全なものになれること、個人の救済、そして丘の上の輝ける街――この場合は神によってではなく民主主義によって築かれた街――へのはてなき旅を信じるよう義務づける。これは、世界を世俗的な教会とみなすヴィジョンであり、そこで会衆はみな自己発見の旅について証し立てるのだ。

このように世界をイメージすることは、国民政治（ボディ・ポリティック）とおなじくフィクションの世界にも甚大な影響をあたえた。ひとつには、フィクションが信仰の証を立て、それを人前で告白し、良心がたどった巡礼の道のりを跡づける表現形式として想像しなおされたということが挙げられる。こうして文学の場合とおなじく政治においても、誠実さと真正さは道徳的美点のなかでもっとも重要なものとなる。そう考えると、わたしたちの時代の文壇で崇拝の的となっている作家のひとり、カール・オーヴェ・クナウスゴール〔ノルウェー生まれの小説家（一九六八―）。一九九八年のデビュー以来数々の文学賞を受賞。とくに自伝的小説『わが闘争　父の死』（二〇〇九―二〇一四）は、自身の半生にかかわった人びとの個人的な出来事を実名で書いており、世界中で話題となった〕が「フィクションにうんざりしている」と公然と認めているのはなんら不思議なことではない。フィクションの「欺瞞性」とは対照的に、クナウスゴールは「もっぱらかれ自身の人生からのみ書きはじめ」ていった。[16] しかしこれは新たなプロジェクトではない。まさに「日記を書くこととスピリチャルな魂の探求は、（中略）ピューリタン的敬虔さの主要な特徴である」[17]という伝統にまともに属している。この世俗的な告白＝胸中をうちあけることはまさに〈教会‐としての‐世界〉が要求するものなのだ。

もし文学が真正な経験を表現するものだと理解されるなら、フィクションは必然的に「虚偽」と

＊14　フリードリヒ・ニーチェ『道徳の系譜学』（中山元訳、光文社、二〇〇九）。

＊15　「ほかのすべての議論を「やっつける」ために個人の良心やその可能性を強調することは、実際には、一九六〇年代以来のアメリカ合衆国におけるラディカルな（言い換えれば革命的な）政治に手渡されたもののほとんどを説明する特徴のようにみえる。（中略）正当性や行動の究極的な基準や集団の目標の定義をあたえるものとして、それぞれの個人が感じたり経験したりすることにたいして広く行き渡った圧力がある」（Adam B. Seligman, Robert P. Weller, Michael J. Puett, and Bennett Simon, *Ritual and Its Consequences: An Essay on the Limits of Sincerity* (New York: Oxford UP, 2008), Kindle edition, loc. 1946）参照。

みなされるようになるだろう。しかし世界をあるがままに再現することがフィクションのプロジェクトだとする必要はない。フィクションが――この言葉によってわたしは小説だけでなく叙事詩や神話も指している――可能にすることは、世界が現状とは別様である〈かのように〉想像するために、仮定法のかたちで世界に接近することである。要するに、フィクションがもつ重要で替えの利かない潜在的な力は、さまざまな可能性を想像することを可能にすることにあるのだ。[*18] そして、人類の生存にかんして別のかたちがありうることを想像するのが、まさに気候変動によってつきつけられた難題(チャレンジ)なのだ。なぜなら、地球温暖化がみごとにあきらかにしたことがひとつあるとするならば、それは、世界をただ現状のあるがままに考えることは集団的自殺の方程式をなぞることにつながる、ということだからだ。わたしたちは、むしろ世界がそうありうるかもしれない状態を想像すべきなのだ。しかし、人新世をめぐる他の多くの〈不気味〉なことがらとおなじように、この難題(チャレンジ)がわたしたちの目前にあらわれたのは人新世に応答するのにもっとも適した想像の形式――フィクション――が根本的にことなる方向へと舵を切ったまさにその時であったのだ。

つまり、ここには「個人の〈モラル〉をめぐる冒険」という観点からフィクションや政治を理解することの逆説とその代償がある――それは、可能性そのものを否定するのだ。人間ならざるもの(ノン・ヒューマン)についていえば、ほぼその定義からして、主体性を神聖視して政治的な主張が一人称でなされる政治からは締め出されている。たとえば、「ベルリンの壁が崩壊したとき、どこにいたか」とか「九・一一の日、どこにいたか」といった問いのまわりには、いくつもの物語(ストーリーズ)が寄り集まってくることを考えてほしい。ではおなじ調子で、「〔二酸化炭素濃度が〕四〇〇ピーピーエムになったとき、どこにいたか」とか「ラーセンB棚氷が崩壊したとき、どこにいたか」といった問いが発せられることがありうるだろうか。[*19]

〈モラル〉をめぐる旅として政治を見ることは、国民政治(ボディ・ポリティクス)にとって、政治的パフォーマンスが織りなす公共圏と実際に統治が作動する領域とのあいだにますます広がる乖離を生みだす結果をもたらしてきた。後者の領域はいまでは自身の要請に従いつつ概して目に見えない存在となっている

＊16 "Knausgaard and the Meaning of Fiction," *Electric Lit*, 10 Jun. 2015.〔ここで著者は「フィクション」という語を一般的な意味での虚構性、つまり実際にはない出来事にもとづいたものとして理解している。しかし、引用元の記事によれば、クナウスゴールにとっての「フィクション」はそう単純ではない。なぜならかれは、「フィクション」のなかに実際に起きた出来事を語るテレビニュースや新聞報道をふくめ、一方でラース・フォン・トリガー監督の『イディオッツ』（一九九八）――人工的なセットや小道具を使わず、ドキュメンタリー調で撮られた作品――に現実(リアル)を見いだし、自身の作品をよりそうした現実(リアル)に近づけようとしたからだ。クナウスゴールにとって「フィクション」とは、そこで語られる出来事自体の虚構性が問題になるのではなく、受け手が現実(リアル)を見いだしえないかたちで表現されたものすべてがふくまれると言える。〕

＊17 Adam B. Seligman et al., *Ritual and Its Consequences*, loc. 1526.

＊18 ここでの議論は、前掲書でセリグマンらが用いている仮定法なるものの考えにならっている。

＊19 「四〇〇ピーピーエムになったときどこにいたか」という質問は、ジョシュア・P・ハウが以下で提起したものである。"This Is Nature; This is Un-Nature: Reading the Keeling Curve," *Environmental History* 20, no. 2 (2015): pp.286-93, p.290.

体制側の権力組織によって統制されている。公共圏が大統領選挙からネット署名に至るまであらゆる次元でこれまで以上にパフォーマンス旺盛になる一方で、その公共圏が実際の権力行使に影響をおよぼす能力はますます弱められていったのだ。

このことは、〔アメリカ合衆国が〕イラクとの戦争にむけてひた走っていた二〇〇三年に俄然あきらかとなった。その年の二月一五日、わたしはニューヨークにいて、マンハッタン中心街をうねるように進む大規模な反戦デモに参加した。似たようなデモはほかの六〇〇の街、世界六〇か国においても展開された。何千万という人びとが参加し、公共的な異議申し立てが一丸となって表明されたものとしては、おそらく歴史上もっとも大きなものとなった。しかしその時でさえ、デモに参加した人びとのあいだには絶望感があった。デモが政策の変更をもたらすと信じていた人はほとんどいなかったのではないかと思う——実際、政策が変更されることはなかった〔約一か月後の三月二〇日に米国を中心とする連合軍によるイラク侵攻が開始された〕。この時、安全保障や国家政策を司る権力機構にたいして〔人びとの政治参加によって成り立つ〕公共圏が影響をあたえうる能力は抜本的に損なわれてしまったということが、かつてないほど明白になったのだった。

それ以来、緊縮財政や監視社会、ドローンを使った戦闘などその他もろもろのことがらにおいても、その〔公共圏が体制側による政策決定から締め出される〕プロセスは加速するばかりだ。いまや西洋において、政治的プロセスが国政の領域において非常に限られた影響しかおよぼさないことはわかりきっている。あまりの状況に「市民は、政治家がほんとうにかれらの利害を代表して要求を満たしてくれるだろうなどとは、（中略）もはや本気で期待していない」[*20]とさえ言われる始末だ。

かように変貌した政治的現実は、おそらく部分的には、世界経済において石油が支配的な地位にあることによってもたらされた結果であろう。ティモシー・ミッチェルが示したように、石油の流れ方は石炭の動き方とは根本的にことなる。原料としての石炭は、その性質上人力による運搬が必要となるため、運搬の行程にかかわる労働者が組織化して企業や国家に圧力をかけることによって流れを止める可能性を多くはらんでいる。このことは、労働力の集中を迂回することができる配管を通って流れる石油にはあてはまらない。これこそまさに、第一次世界大戦以降英米の政治的エリートが石炭よりも石油を使用するよう奨励しはじめた理由なのだ。[*21]

もしかしたらこうした活動は、かれらが抱いたもっとも無謀な夢以上の成功をみせたのかもしれない。なぜなら労働者の力を弱める石油という道具は、人民の手の届く範囲から権力を行使するための手段を取り除くことにたいして劇的な効力を発揮してきたからだ。「どれだけ多くの人びとが大規模なデモに集まろうと」――ロイ・スクラントンは書いている――「かれらは権力のリアルな流れを捕まえることはできない。なぜならかれらはその生産に力を貸すことはなく、ただ消費する

＊20 Ingolfur Blühdorn, "Sustaining the Unsustainable: Symbolic Politics and the Politics of Simulation," *Environmental Politics*, vol. 16, no. 2 (2007): pp. 251-75, pp. 264-65.

＊21 Timothy Mitchell, *Carbon Democracy*, loc.2998.

だけだからだ」[22]。

こうした状況下で、大衆感情を表明するデモ行進の類は、「せいぜい民主主義的感情を発露するお祭り騒ぎや社会運動をテーマにしたストリート・フェア、ツイッターのハッシュタグ・キャンペーンに現実世界で対応する類似品といったものにすぎない」ということになる。つまりそれらは、「あなたがたを良い気分にさせ、ある特定の集団に所属しているとのお墨つきをあたえつつ、現実の立法や行政の過程からは完全に切り離された」ものなのだ[23]。

つまり、政治が実演(パフォーム)される公共圏は、概して権力の行使という意味での内実を欠いてきたのだ。こうして公共圏は、フィクションと同様に、世俗的な証し立ての場、すなわち〈教会-としての-世界〉において告白する=胸中をうちあける場となった。そのように実践される政治はまずもって自分を表現することの練習(エクササイズ)=修行である。現代の文化には、そのあらゆる側面において——そこにはほぼすべての種類の宗教的原理主義もふくまれる——この自己表現中心的な発想が浸透しており、それ自体「かなりの程度、近代世界をかたちづくるうえでプロテスタント的キリスト教が担った強力な役割の結果として生じた」[24]ものなのである。こういった自己表現中心主義の媒体として、ソーシャル・メディアを通じてさまざまな自己表現の手段が瞬時に手に入るインターネット以上にふさわしいものはないだろう。そして、ツイートや書きこみや投稿動画が地球上をかけめぐると、それらの投稿はカウンターというかたちでその鏡像となる表現を生みだし、即座に〔相互〕否定の二重らせんを形成するような力学が作動することとなる。

一九六〇年代にはすでに、ギー・ドゥボールの独創的な書物『スペクタクルの社会』が以下のような議論を展開していた——「近代的生産条件が支配的な社会では、生の全体がスペクタクルの膨大な集積としてあらわれる。かつて直接に生きられていたものはすべて、表象のうちに遠ざかってしまった」[*25]。インターネットがわたしたちの生活の大部分を占めるようになるよりもずっと前に提示されたこの理論は、ソーシャル・メディア上で展開される種々の政治参加の方法によって裏づけられている。ドゥボールは述べる——「スペクタクルはその定義上、人間の活動からも、人間の所業を再検討したり、正したりすることからも逃れ去るものである。それは対話とは正反対のものである。独立した表象のあるところならどこにでも、スペクタクルは自己を再構成するのである[*26]」。

最終的な帰結は、公共圏の行き詰まりである。そこでの実質的な権力行使は、「ディープ・ステイト」として知られるようになった大企業と統治機構が連動する複合体に移譲されたかたちとなっている。大企業やその他の体制側(エスタブリッシュメント)に属する諸団体の観点からすれば、公共性の行き詰まりは、もち

＊22 Roy Scranton, *Learning to Die in the Anthropocene: Reflections on the End of a Civilization*, (San Francisco: City Lights Publishers, 2015), p.60.

＊23 Ibid., p.62.

＊24 Adam B. Seligman et al., *Ritual and Its Consequences*, loc. 171.

＊25 ギー・ドゥボール『スペクタクルの社会』(木下誠訳、筑摩書房、二〇一〇)、一四頁(命題一)。

＊26 前掲書、二二頁(命題一八)〔強調は著者による。また、著者が引用している英訳版に合わせて翻訳を微調整した〕。

ろん、ありうる結果のなかで最良のものである。そういった諸団体が、公共的な政治が行き詰まるような状況を頻繁に生みだそうとやっきになる理由がここにあることは疑いようもない。アメリカ合衆国やその他の地域で、エクソン・モービルのような大企業——かれらは二酸化炭素の排出が〔地球環境に〕もたらす重大な影響についてずっと以前から知悉していた——が気候変動を「否定」するために資金を提供するのは、このことの典型である。

その結果、いまや西洋諸国は多くの意味で、多種多様な組織によって管理される「ポスト政治空間」となっている。これは、純粋な意味での参加型政治を取りもどそうとこれまで以上に切望するなかでおのずと生じる喪失感となって多くの人に取り憑いている。こういった喪失感のまん延が、一方でジェレミー・コービンやバーニー・サンダース、他方でドナルド・トランプといった共通点のない人物たちを政治の表舞台に押しだすことにすくなからず作用する力学となっている。だが、政治的オルタナティヴの瓦解とそれにともなう人民の弱体化、さらにますます増大する〔生活全般への〕市場の浸食といった事態は、また違った種類の反応をも引きだすこととなった——すなわち、暴力を見世物(スペクタクル)とする方法を採用した急進主義というさまざまな形態のニヒリズムである。これもまた、それ自身の独立した生を引きうけているのである。

三

気候変動をめぐる公共的な政治は、それ自体が、〈モラル＝政治的なるもの〉がいかにして〔活動の〕無力化へとつながるのかを説明する一例となっている。

近年、多くの活動家や気候変動に関心をもつ人びとはこれを「モラルの問題」という枠組みにあてはめはじめている。[*27] これは、ほかの多くの呼びかけが気候変動にたいする協同の行動を起こすことに失敗してきたなかで、こうした取り組みへの参加を訴えるほとんど最後の手段なのだ。そして、ここには皮肉なねじれがある――種々の利害が衝突する場面での選択があきらかに世界中の人びとの集団的行動を要する地球規模の共有地(グローバル・コモンズ)の問題として問われているにもかかわらず、個人の良心がますますその主戦場となってきているのだから。それはあたかも民主的統治のあらゆる資源が、この〈モラル〉という残余物だけを残して使いはたされてしまったかのようである。

気候変動の問題をこうした枠組みで思考することは、それが経済主義的なもの、つまり気候変動

＊27　ナオミ・クラインは、重要な著書『これがすべてを変える　資本主義 vs. 気候変動』（幾島幸子・荒井雅子訳、岩波書店、二〇一七）のなかで、気候変動をモラルの問題として枠づけることを力強く主張している。また、〔気候学者〕マイケル・マンのインタヴュー（"Michael Mann on Climate Change," *Harris Online*, 27 Jul. 2015）も参照されたい。

をめぐる国際的官僚政治が押しつけてきた費用対効果の言語と決定的にたもとを分かつという点において、おおいに価値のあることである。しかし同時にこのアプローチは、究極的には正反対の側を利するよう働くかもしれない「誠実さの政治」をも呼び覚ます。[*28] というのも、もし気候変動の危機が、それが個人の良心にたいして提起する問題の観点からもっぱら見られるならば、誠実さや一貫性は不可避的に政治的立場を判断するための試金石となるだろうからだ。そうすると、気候変動問題にたずさわる活動家個々人の生活様式の選択をあげつらい、かれらの人格的な偽善を責めるための口実が「否定派」の連中にあたえられることになってしまう。問題がこのような枠にはめられると、信ぴょう性や犠牲的行為が焦点となり、アル・ゴアの自宅にいくつ白熱電球が使われているかとか、デモ参加者がどういった交通手段を用いて会場にやってきたかといったことがらにばかり注意がむけられることになるだろう。

わたしはこの最たる例を、二〇一四年九月に行われたニューヨークでの気候変動デモのあと、ある著名な活動家が答えたテレビでのインタヴューに見いだした。インタヴュアーの態度はまるで正道から外れた教区民を尋問する聖職者のようで、その質問は「気候変動のためにあなたはなにをあきらめましたか？　あなたのはらった犠牲はなんですか？」といった内容に沿うものだった。当の活動家はただちに腹を立てて支離滅裂な言葉を発するほかなかった。政治とモラルの融合（フュージョン）がもたらす無力化の効果は絶大で、かれは明白なことがら――気候変動の規模を考えれば、ある種の集団的な意思決定がなされ実行されないかぎり、個々人の選択などほぼなんの意味ももたないという明白な事実――を述べることすらできなかったのだ。[*29] 誠実さは、今日のカリフォルニアでなされているように、干ばつの期間に給水制限をすることとは無関係である。こういった政策は個人の良心に委ねられることではない。そうした〔個人の人格をめぐる〕用語で〔集団的行動を要する問題について〕考えることは、新自由主義的な前提を受け入れることなのだ。

第二に、〈モラル〉を測るものさしはどこでも同等ということはない。世界の多くの地域、とりわけ英語圏の国々においては、いまだに多くの問題にたいする判断の基準が、スコットランド啓蒙[†2]によってもたらされた経済・宗教・哲学をめぐる諸概念の独特な融合に依存している。この一連の思考において中心となる信条は、ジョン・メイナード・ケインズがかつて述べたように、「自然法則の働きによって、自由な条件下では、啓蒙された個々人は、自身の利益を追求すると同時に

＊28　ここでの「誠実さ」という語の使用は、Adam B. Seligman et al., *Ritual and Its Consequences* での使用法に従っている。

＊29　グウィン・ダイヤーは次のように述べている――「電球を省エネ・タイプに交換するとか、自動車の利用を極力控えるとか、そうした一連の弥縫策（びほうさく）は、環境意識を高め、運命のいくばくかを自分たちで支配しているような感覚を味わわせてくれるけれど、危機の行く末には、実質的になんの関係もない」（『地球温暖化戦争』一三頁）。

†2　一八世紀後半頃、スコットランドで起こった思想運動。デヴィッド・ヒュームの『人間本性論』やアダム・スミスの『道徳感情論』をはじめ、この運動の中核を担った哲学はデカルト的な合理性や単一の方法論を懐疑し、経験的な方法を通して、人間本性や感情、感覚といった問題をあつかった。

つねに一般の利益を促進する傾向にある」[*30]。

「一九世紀の日常の政治哲学」[†3]は、〔ケインズが説明したように〕アメリカ合衆国や他の地域においていまだに強い影響力を保持している。政治的スペクトルの右側にいる人びとにとって、この一連の思考法は、個人主義・自由貿易・神がその全体的構図の〔主要な〕部分をなすかたちで、なにかしら千年王国的な特徴をたもっている。[*31]しかし、それはこの思想によって思考形成した宗教心のある人びとにのみあてはまるわけではけっしてない。アメリカ合衆国において支配的な地位を占める倫理の世俗的パラダイム——たとえば、ジョン・ロールズの正義論に見られるような——もまた、新古典派経済学から借用した個人合理性[†4]にかんする仮説にもとづいているということは特筆に値する。

この点については、気候変動に素早く反応してきた人文学の一分野——気候倫理学者によって代表される哲学の下位分野——を見ればよくわかる。この学問分野における主要なアプローチは、またしても自由に自己の利益を追求する合理的な行為者という仮定のうえに成り立っているのだ。この伝統に属する哲学者ならば、気候変動が要請するモラルの根拠はアジアやアフリカ、その他の地域の何百万もの人命を助ける必要性にあるとする議論に応えるかたちで、おそらくデヴィッド・ヒュームの次の言葉を引用することだろう——「自分の指にひっかき傷を作るくらいなら、全世界が破壊されるほうを選んだとしても、理性に反するというわけではない」[*32]。気候活動家たちがモラルに訴えたとしても、こうした思想をもつ者たちのあいだでは、かならずしも多くの支持を得ることはないだろう。

最後に、マハトマ・ガーンディーの例からわたしたちがすでにわかっているのは、工業中心の炭素集約型経済を相手に、誠実さの政治で対抗することはできないということだ。ガーンディーは、インドが西洋の工業的な経済モデルを採用することを防ごうと全身全霊を捧げた人物である。かれは多様な伝統を利用しながら、我欲を放棄する政治という強力なヴィジョンに表現をあたえ、それを自ら体現した。ガーンディーを相手に、いったいあなたはなにを犠牲にしたのですか、などとあ

＊30 ジョン・メイナード・ケインズ『自由放任の終焉』（山田文雄訳、社会思想研究会出版部、一九五三）、一七頁〔原文に合わせて一部訳文を変更〕。

†3 ケインズによれば、ロックやヒュームなどの保守的個人主義と、社会主義およびルソーやベンサムらの民主的平等主義は、いずれも個人主義と自由放任を説いていたために一九世紀前半に不思議な統一を遂げたとされている（前掲書、二〇－二一頁）。

＊31 ナオミ・オレスケスとエリック・コンウェイの言葉を借りれば、これは次のようになる――「当時でもそれが似非宗教的な信念であることをわかっていた人がいた。彼らはそれを「市場原理主義」と呼んだ」（ナオミ・オレスケス、エリック・M・コンウェイ『こうして、世界は終わる　すべてわかっているのに止められないこれだけの理由』渡会圭子訳、ダイヤモンド社、二〇一五年、八五頁。）

†4 「新古典派経済学」とは、市場経済の機能や成果にたいする一定の評価と信頼を基礎として、経済主体の最適化行動や市場の均衡状態を分析する支配的な経済理論の総称で、今日のミクロ経済学に至る流れを指すものであるが、その基盤には「個人合理性」、すなわち、社会を構成する個人を経済主体とし各個人は経済人（ホモ・エコノミクス）として合理的な経済行動をするという考え方がある。

＊32 デイヴィッド・ヒューム『人間本性論　第二巻　情念について』（石川徹ほか訳、法政大学出版局、二〇一一）、一六四頁。

つかましく尋ねるような記者はいなかったことだろう——その政治的なキャリアのすべてが犠牲という考えにもとづいていたのだから。ガーンディーは、モラルの誠実さにもとづく政治のまさにお手本だったのだ。

しかし、ガーンディーはインドから英国を追い出すことには成功したかもしれないが、もうひとつの試み、すなわちインドの経済が西洋とはことなる道のりをたどるよう舵を切ることには失敗した。かれはせいぜい、すべてを食い尽す炭素集約型経済の方へがむしゃらに突進することをほんのすこし遅らせることができたにすぎない。この種の政治が今日の地球温暖化との関係において成功をおさめると信じる根拠は、ほぼ皆無である。

気候変動はしばしば「よこしまな問題」だと評される。[*33] そのよこしまな側面の最たるもののひとつは、それが、わたしたちが政治的美徳についてとても大切にしているような考え方——たとえば、「あなたが見たいと思う変化に〔あなた自身が〕なりなさい」といった——を捨てるように要求するかもしれない、ということだ。代わりにしなければならないのは、想像力の範囲を個人の問題へと落としこんでしまうような、わたしたちが陥っている罠から抜けだす道を見いだすことなのだ。

のちの世代が〈大いなる錯乱〉をふりかえるとき、かれらはまちがいなく、この時代の指導者や政治家たちが気候危機に取り組むのに失敗したと責めることだろう。だが、かれらはまた、芸術家や作家たちのことも同様に咎めるのではないだろうか——さまざまな可能性を想像することは、つまるところ、政治家や官僚たちの仕事ではないのだから。

四

気候変動にかんするグローバル政治においてもっとも重要な要素のひとつは、今日の世界で英語文化圏が担う役割である。これは多くの理由から言えることだが、とりわけ重要なことは英語文化圏がもはや観念上の存在ではないということだ。いまではアメリカ合衆国と英国、オーストラリア、カナダ、ニュージーランドの諜報活動と監視組織を結びつけるファイブ・アイズ同盟によって、そこに正式な表現があたえられるにいたった。そこでの合意を公認したウクサ安全保障協定は、暗にこの同盟が現在の世界的な安全保障の構造を支えていると認めているのだ。

したがって、自由放任主義の考え方が英語文化圏においていまなお支配的であるという事実こそが気候危機の中核なのだ。個人の利益を自由に追求することはつねに世のためになるという考えにたいして、地球温暖化が大きな挑戦をつきつけている。さらに地球温暖化は、深く根差した文化的アイデンティティの根底にある一連の信仰——それらは過去二世紀にわたって無比の成功をほしい

＊33　ある定義では、「よこしまな諸問題は本質的に独特で、明確な定式化をもたず、これまでの他の諸問題の徴候とみなされうるものである」とされている。(Mike Hulme, *Why We Disagree about Climate Change: Understanding Controversy, Inaction and Opportunity* [Cambridge: Cambridge UP, 2009], p.334.)

ままにしている——にたいする挑戦ともなっている。[*34] 気候科学への抵抗の多くはまさにここに由来するのであり、おそらくそれが気候変動否定論者の割合が英語文化圏全体において並はずれて高いことの理由であろう。[*35]

しかし、英語文化圏、とりわけアメリカ合衆国が、地球温暖化について発せられた最初期の警告はもちろん、気候科学における成果の圧倒的大部分を生みだしてきたこともまた事実である。なんと言っても、思想家であれ理論家であれ活動家であれ、この問題を政治的に先導する（ほとんどとまでは言わずとも）多くの人物がこれら五つの国の出身であり、また世界でもっとも活発な環境運動のいくつかは、この地域の人びとが連動して展開するものなのだ。ビル・マッキベンの350.org〔スリーフィフティードットオルグ〕[†5]は、グローバルな運動の最前線に立ってきた団体の一例にすぎない。

こうした二極のあいだの緊張関係——一方に広く行き渡った気候変動否定論、他方に精力的な活動家の運動——は、目下、英語文化圏全体、とりわけアメリカ合衆国における気候変動についての公共政治を規定している。[*36] アイデンティティと行為遂行性（パフォーマティヴィティ）が今日では公共的な言説の中心となっているために、気候変動もまた自己定義の政治に巻きこまれるという様相を呈してきた。[*37] アメリカ人あるいはオーストラリア人の政治家たちが「わたしたちの生活様式」への脅威として気候変動交渉について演説するとき、かれらは、〔かつて〕ロナルド・レーガンが石油の使用を減らすことはアメリカ人であることの意味への攻撃であると演説したのと、おなじ台本に従っているのだ。[*38]

まったくことなる次元の問題に地球温暖化が巻きこまれることは、英語文化圏における気候変動

＊34　ティム・フラネリーがこれについて次のように言っている――「アメリカとオーストラリアは辺境に創られ、両国家の市民は終わりなき成長と発展によって得られる利益を深く信奉している」(*The Weather Makers: How Man Is Changing the Climate and What It Means for Life on Earth* (New York: Atlantic Monthly Press, 2006), p.237)。

＊35　英語文化圏のなかで気候変動否認論が特別な地位を占めていることは多くの人びとによって認識されている。たとえば、ジョージ・モンビオとジョージ・マーシャルの対話を見てほしい（"Climate Change with George Monbiot and George Marshall," YouTube, uploaded by Guardian Live, 14 May 2015, 00:29:00)。また、次の記事も参照されたい。"The Strange Relationship between Global Warming Denial and…Speaking English," *Mother Jones*, 22 Jul. 2014. これとは対照的にほとんどの工業化したヨーロッパ諸国においては、否定論は大衆のレベルにおいても公共のレベルにおいてもほとんど見られない。エリザベス・コルバートの以下のコメントを参照――「オランダの環境大臣ピーター・ファン・ヘールは、わたしからみたヨーロッパ人の見解を次のように説明している――「わたしたちには、「さて、わたしたちは過去三〇〇年のあいだ化石燃料の使用を土台として富を手に入れて、今度はあなたたちの国が成長しているけれども、わたしたちとおなじような速さで成長することはないだろう。なぜなら、わたしたちは気候変動の問題を抱えているのだから」などと言うことはできない」」(Elizabeth Kolbert, *Field Notes from a Catastrophe: Man, Nature, and Climate Change* [New York: Bloomsbury, 2006], chap.8)

†5　環境活動家ビル・マッキベンのもとに集った学生活動家たちの運動から発展し二〇〇八年に設立された国際NGOで、化石燃料から再生可能エネルギーへの転換を目指して一般市民による国際的な運動を展開する、今日もっとも影響力のある運動体のひとつ。団体名の「350.org」は、持続可能な地球の気候環境を保つためには大気中の二酸化炭素濃度を三五〇ピーピーエムに抑える必要があるという科学的見解に由来する。

の政治に特有の転回をもたらしてきた。気候変動は、オランダやデンマーク、あるいはモルディヴやバングラデシュにおいておおかたそうであるように、実際的な応答を要する現象として、あるいは実在する危険として見られることなく、極端な政治的二極化の断層線沿いに群がる多くの問題のひとつとなってしまった。この断層線の右側にいる人びとは気候科学を、社会主義や共産主義などと関連づけながら陰謀論のレンズを通して眺める[*39]（ナオミ・オレスケスとエリック・コンウェイが述べたように、もっとも影響力のある科学的否定論者の幾人かは冷戦イデオロギーに刺激されてきた可能性がある）[*40]。こうした団体は、代わるがわる、気候科学者たちにたいする異常なほどの憎しみをかきたててきた。マイケル・E・マンのような科学者たちは、あらゆる方法の恐喝、嫌がらせ、脅迫に直面しなければならなかった。[*41] このことはまた、こうした攻撃にもかかわらずかれらが忍耐強く自らの研究を続けてきた勇気の証しでもある。

とはいえ、気候科学への抵抗は手弁当で成り立っている現象ではない。オレスケスやコンウェイ、そして他の研究者たちが示してきたように、それはある特定の法人やエネルギー長者によって可能になり、促進され、資金を供給されているのだ。[*42] これらの既得権益が、有権者のあいだで組織的に誤情報を広め混乱を作り出す諸団体を支援してきた。[*43] この状況は、一般に気候変動を重視せず、ときに気候科学者たちの報告を歪めてすらきたメディアによってさらに助長される。[*44] いまやメディアの大部分がルパート・マードックのような気候変動懐疑論者や炭素経済に既得権益をもつ企業によって支配されているという事実に、こういった偏見が多くを負っていることはまちがいない。いずれにせよ、こういったことがらがつもりにつもった結果、科学的発見を否定したりそれに異議を唱えたりすることが、英語文化圏における気候変動をめぐる政治の主要なファクターとなったとい

＊36　アンソニー・ギデンズはこう述べている――「気候変動についての意見が、アメリカ合衆国のようにこんなにも深刻に二分された国はどこにもない」(*The Politics of Climate Change*, 2nd ed. [Cambridge: Polity Press, Cambridge, 2011], p.89)。

＊37　Michael Shellenberger and Ted Nordhaus, "The Death of Environmentalism: Global Warming Politics in a Post-Environmental World" も参照されたい。ここでかれらは「環境保護論者は否が応でも文化戦争のなかにいる」(p.10) と述べている。アンドリュー・J・ホフマンも同様にこう主張する――「アメリカ合衆国（やその他の地域）における気候変動についての議論は、二酸化炭素や温室効果ガスのモデルにかんするものではない。それは、そうした科学が認められる文化的価値や世界観に抗することだ」。(*How Culture Shapes the Climate Change Debate*, [Stanford, CA: Stanford UP, 2015], Kindle edition, loc. 139)。

＊38　レイモンド・S・ブラッドレー『地球温暖化バッシング　懐疑論を焚きつける正体』（藤倉良ほか訳、化学同人、二〇一二）、一七一頁。

＊39　ジョージ・マーシャルの以下の発言を参照――「ラッシュ・リンボーいわく、気候科学は「追い払われた社会主義者や共産主義者の憩いの場となった」のだ。」(George Marshall, *Don't Even Think about It: Why Our Brains Are Wired to Ignore Climate Change* [New York, NY: Bloomsbury USA, 2014], p.38)。

＊40　ナオミ・オレスケス、エリック・M・コンウェイ『世界を騙しつづける科学者たち　上・下』（福岡洋一訳、楽工社）、下巻一五九－一六〇頁。

＊41　マイケル・E・マンは気候変動否定論者との闘いについて、かれの著書『地球温暖化論争　標的にされたホッケースティック曲線』（藤倉良ほか訳、化学同人、二〇一四）のなかで詳細に説明している。また、レイモンド・S・ブラッドレー『地球温暖化バッシング』一六七、一九四－一九八頁も参照。

うことだ。[*45]

しかし、英語文化圏における気候変動否定論がたんに資金や市場操作とだけ相関関係にある、と決めてかかるのは誤りではないだろうか。[*46] 否定論者たちの態度には、ある種の過剰さが認められるのだ。かれらの示唆するところによれば、気候危機が、意識の底にあるなにものか——それなしにはかなりの人びとが自身の歴史上の意義、もっと言えば世界におけるかれらの存在の意義を見いだせなくなるもの——に破綻をもたらす脅威となっているというのだ。

別の言い方をすれば、気候危機は、近代が世界の脱魔術化をもたらすというマックス・ヴェーバーの主張が嘘であったことを示してきたのだ。ブリュノ・ラトゥールは、このような脱魔術化は一度も起こったことはなく、それはいまでは誰の目にもあきらかであると長く主張してきた。「一九世紀の日常の政治哲学」は、ケインズが的確に理解していたように、あらゆるディテュランボスの神話[†6]とちょうどおなじくらい強力な魔術なのだ。そしてそれはもしかしたら、世界の忠実な描写——事実であり、空想でないもの——だと偽装しているために、否認することがより困難であるのかもしれない。おそらくこれが、気候科学についての正確な情報を広めるためのあらゆる努力にもかかわらず、英語文化圏の公共領域が気候変動の問題にかんして徹底的に二分されていることの理由なのである。

しかし奇妙なことに、アメリカ合衆国の政体をなす別の領域、たとえば安全保障機関に目を向かけてみると、それとはまったくことなる様相を呈する。そこには否定論や混乱の形跡がまったく見られない。反対に、国防省(ペンタゴン)はアメリカ合衆国政府のどんな部局よりも多くの資源を気候変動の研究に投じているのだ。作家で気候活動家のジョージ・マーシャルはこう述べている――「気候変動の不確定性にたいするもっとも合理的でよく考え抜かれた反応は、軍事戦略担当者のなかに見ること

＊42 オレスケス、コンウェイ『世界を騙しつづける科学者たち』参照。

＊43 エリザベス・コルバートは *Field Notes from a Catastrophe* の第八章で、「とりわけシェブロンやエクソン、フォード、ゼネラルモーターズ、モービル、シェル、そしてテキサコがスポンサーとなっている地球気候連合（グローバル・クライメート・コアリション）」をはじめいくつかのロビー団体を挙げている。また、ティム・フラネリーの *The Weather Maker*, p.239 も参照されたい。

＊44 いずれの場合も、ケルヴィン・リスターが述べるように、「ガーディアンやインディペンデントのように気候変動についてもっとも熱心な新聞でさえ、気候変動を報道するよりも多くの紙幅を高炭素な海外旅行の宣伝やF1の入り組んだ詳細の報告に割いている」（*The Vortex of Violence: And Why We Are Losing the Battle on Climate Change* [CreateSpace Independent Publishing Platform, 2014], p.21）。

＊45 「否定論」は、世界中のほとんどの地域で主要なファクターとはなっていない。アンソニー・ギデンズが *The Politics of Climate Change* で述べているように、「グローバルなレベルで行われた調査によれば、発展途上国の人びとがもっとも気候変動について心配している。九カ国の先進国と発展途上国を対象とした異文化間研究は、中国、インド、メキシコとブラジルで気候変動についてインタヴューをうけた人びとのうちの六〇パーセントが、「かなりの程度心配」していたことを示した」（p.104）。

＊46 これについては、ジョシュア・P・ハウが、"The Stories We Tell," *Historical Studies in the Natural Sciences* 42, no. 3 (June 2012): pp.244-54, esp. p.253. で書いたオレスケスとコンウェイ『世界を騙し続ける科学者たち』の書評に詳しい。

ができる。（中略）元アメリカ欧州軍副司令官チャック・ウォールドは、「そこには問題があり、軍隊が解決の一助となるだろう」と述べている」[*47]。同様に率直な意見を述べる最高位の将官はほかにもいる。二〇一三年、海軍将校のサミュエル・ロックリア三世（当時アメリカインド太平洋軍司令官）は「アメリカ合衆国にたいする太平洋領域での最大かつ長期的な安全上の脅威」について聞かれ、すぐさま気候変動を指摘し、それを「安全保障環境を機能不全にする」可能性がもっとも高い要因と認定した[*48]。

実際、アメリカ合衆国軍事機関は地球温暖化にかなりの注意をむけており、コリン・パウエル国務長官の元参謀総長ローレンス・ウィルカーソン大佐はかつて次のように結論づけたほどだ――「ワシントンで、気候変動は現実だという考えに明確かつ完全に執着している唯一の省は、国防総省である」[*49]。

このような強い関心が本気のものだということは、アメリカ合衆国の軍隊――それはまたこの国で化石燃料をもっとも多く使用する集団でもある――が数百の再生可能エネルギー・イニシアティヴを発案し、バイオ燃料やマイクログリッド、電気自動車などに大規模な投資をしているという事実からもあきらかである。二〇〇六年から二〇〇九年のあいだに、この部門への投資は二〇〇パーセント上昇して一〇億ドルを超え、二〇三〇年までに一〇〇億ドルにまで達すると予想されている。そして、これらすべてが、公共圏における論争を引き起こさないように争点を迂回するかたちでなされてきた[*50]。

実際、アメリカ合衆国の軍隊は、いくつかの例において気候変動問題にたずさわる活動家たちの言語、さらには戦法までをも横領してきたようにも見えるだろう。「気候変動の大きな物語（グランド・ナラティヴ）が緑の安全保障の支持者たちによって吸収され、歪められ、ルート変更されてきただけでなく」――サンジャイ・チャトゥルヴェディとティモシー・ドイルはこう続ける――「新しい社会運動や抵抗の形式こそが、昨今の地政学的局面に適応するように模倣され作り直されてきた。こうした多層的かつ多方向的な空間において、新自由主義経済と新たな安全保障政策は一体化している」[*51]。

---

†6　ここでディテュランボスの神話〔酒の神ディオニソスに捧げられた合唱形式の抒情詩〕を登場させる著者の意図はいまひとつ判然としないが、ケインズは『自由放任の終焉』のなかで、一九世紀のイギリス経済学における自由競争の原理がダーウィンの適者生存の学説によって普遍化されたことに言及しながら、そうした人類の前進の「偉大な過程」を、大洋の泡から生まれたとされる美と豊穣の女神アフロディーテになぞらえているため、著者はこれに言及しようとしたものと考えられる。

*47　George Marshall, *Don't Even Think about It*, pp.75-76. グウィン・ダイヤーは、『地球温暖化戦争』のなかで「アメリカ陸軍大学校は二〇〇七年三月末に会期二日間の「気候変動の国家安全保障問題における意味合い」をテーマとする検討会議を主催し」たと述べている（『地球温暖化戦争』、二五頁）。

*48　"Admiral Locklear: Climate Change the Biggest Long-Term Security Threat in the Pacific Region," *The Center for Climate & Security*, 12 Mar. 2013.

*49　"Lawrence Wilkerson: The Travails of Empire @ Lone Star College Kingwood," YouTube, uploaded by Egberto Willies, 25 Sep. 2015.

*50　Sanjay Chaturvedi and Timothy Doyle, *Climate Terror: A Critical Geopolitics of Climate Change* (Basingstoke: Palgrave Macmillan, 2015), Kindle edition, locs. 3193-215.

*51　Ibid., loc. 3256.

同様に、アメリカ合衆国の情報機関やその外郭団体は、気候変動が安全保障におよぼす影響について、もっともはやい時期にたいへん詳細な研究を行っている。[*52] 二〇一三年に、アメリカ合衆国の情報機関で最高位にあったジェームズ・クラッパーは上院公聴会においてこう証言した――「異常気象（洪水や干ばつ、酷暑など）は、ますます食料やエネルギー市場を混乱させ、国の弱点を悪化させ、人の移動を強い、暴動や市民的不服従、蛮行を引き起こすだろう」。[*53]

くわえて、アメリカ合衆国の情報局はすでに、環境保護論者や気候変動問題にたずさわる活動家たちの監視を最優先事項としている。[*54] こうしたことは、一方では九・一一以降「非常事態が永続化」するなかで治安当局にあたえられる権力が増大することによって、[*55] また他方では機密情報収集が近年ますます民営化されていることによって、かなり促進されてきた。[*56] 後者の進展は、「政府のスパイ行為と民間のスパイ行為の区別を曖昧にする」ことを通して「灰色の機密情報（グレー・インテリジェンス）」産業の出現を導き、今度はこの産業によって政府機関だけでなく企業までもが、多種多様な環境保護団体に潜入しスパイ行為を働くことが可能になったのだ。[*57]

つまり、アメリカ合衆国で気候変動問題にたずさわる活動家は、目下急成長をとげている監視―産業複合体にとって、いまや最優先の監視対象に数えられているのだ。巨大なアメリカの情報機関が気候変動の現実味を否定しているのだとするならば、こんなことはまず起こりえなかったことだろう。

英国の軍事体制についても同様だ。オーストラリアの軍事研究機関は次のようにまとめている

＊52　たとえば Kurt Campbell et al, "The Age of Consequences: The Foreign Policy and National Security Implications of Global Climate Change" (*Center for New American Security*, 2007) 参照。グウィン・ダイヤーは、『地球温暖化戦争』のなかでこの研究について次のように記している――「〔研究成果の〕執筆で中心的役割をはたしたのは、ジョン・ポデスタ（クリントン政権で大統領首席補佐官／一九九八―二〇〇一年）、レオン・フュース（ゴア副大統領の国家安全保障問題担当補佐官で、NSC〔国家安全保障会議〕の閣僚級委員会メンバー／一九九三―二〇〇〇年）、およびR・ジェームズ・ウールジー・ジュニア（CIA長官／一九九三―九五年）の三氏である」（『地球温暖化戦争』三二、三三頁）。

＊53　Roy Scranton, *Learning to Die in the Anthropocene*, p.15.

＊54　たとえばFBIは「動物愛護の過激派やエコ・テロリズム」を「国内テロの最優先事項」として名指しで非難した。（Will Potter, *Green Is the New Red : An Insiders Account of a Social Movement under Siege* [San Francisco: City Lights Books, 2011], p.25, p.44）。

＊55　ジョルジョ・アガンベン『例外状態』（上村忠男ほか訳、未來社、二〇〇七）、四八頁（Giorgio Agamben, *State of Exception*, tr. Kevin Attell [Chicago: U of Chicago P, 2005], Kindle edition, loc. 40）。

＊56　Nafeez Ahmed, "Pentagon Bracing for Public Dissent Over Climate and Energy Shock," *The Guardian*, June 14, 2013 参照。

＊57　参考として、Adam Federman, "We're Being Watched: How Corporations and Law Enforcement Are Spying on Environmentalists," *Earth Island Journal* (Summer 2013)。「灰色の機密情報」という語はオランダ人で法ビジネス研究者のボブ・フーゲンブーム教授が考案したものだ。〔フーゲンブームによれば「灰色」という言葉は、公的領域と私的領域のあいだの境界が不鮮明になった状態、また機密情報を収集、流通、分配することを非公式的に先導する民間の重要性が増している状態を指している。Bob Hoogenboom, "Grey intelligence" *Crime Law and Social Change* 45(4): pp.373-381, 2006.〕

――「気候変動を国防計画のなかに組み込むことから、気候変動問題を国防軍のなかで先導するよう上層部に指示することに至るまで、英米両政府はそれぞれの軍隊に気候変動とその影響に備えて素早く準備するよう命令してきた」[*58]。オーストラリアの国防機関もまた、気候変動にかんする安全保障上の戦略をアメリカ合衆国や英国と協力するよう熱心に取り組んでいる。ときとして当該国の政治指導者が気候変動否定論の立場をとることがあったとしても、こうした態勢は維持されてきたのだ。

五

英語文化圏では気候変動をめぐって社会が深く分断されているにもかかわらず、あきらかにこれらの国々の軍事・情報機関の内部には地球温暖化について否定論や分断はない。むしろ、そうした国々の政治的エリートや安全保障組織は暗黙裡に気候変動にたいして共通のアプローチを採用してきたことがことごとく指摘されている[*59]。

しかし、「開かれた社会」における政府の部局が、かくも重要な案件にかんして秘密裏に態勢を整えているなどということが考えられるだろうか。これはまちがいなく、自由民主主義が期待どおりには機能していないということではないのだろうか。

というより、これまで民主主義は期待どおりに機能したためしがそもそもあっただろうか。かつてサルトルが述べたように、本国の真実がもっとも可視化されたのは植民地においてであったし、[*60] 英国が植民地に施行した政策が本国でのそれとかなりことなっていたのはたしかな事実だ。[*61] この本国と植民地のあいだの溝は、遡ること一七八八年、ベンガル総督であったウォーレン・ヘースティングズが、そのインドにおける政策が英本国の政治体制にたいする侮辱にあたるものであったというまさにその理由で、エドマンド・バークから告発されたときに露わとなった。ヘースティングズの無罪[†7]にともない、この溝は英語文化圏の帝国主義的な営みの核心に埋め込まれることとなった。一九世紀と二〇世紀の大半を通して、英国政府ならびにその植民地政府が非西洋人をあつかう際に

＊58 Chris Barrie, *Will Steffen, Alix Pearce, Michael Thomas, Be Prepared: Climate Change, Security and Australia's Defence Force*, Climate Council, 2015.

＊59 ロイ・スクラントンが指摘するように、「オバマ大統領の二〇一〇年『国家安全保障戦略』や二〇一四年のアメリカ合衆国国防総省による『四年ごとの国防計画見直し』、同年のアメリカ合衆国国土安全保障省による『四年ごとの国土安全保障見直し』はすべて、気候変動を過酷かつ差し迫った脅威と定義している」(Roy Scranton, *Learning to Die in the Anthropocene*, p.15)。

＊60 ルイス・ゴードンは「真実は、植民地ではむき出しのままで、「本国」では覆われている」と述べている (Lewis R. Gorton, *What Fanon Said: A Philosophical Introduction to His Life and Thought* [New York: Fordham UP, 2015], p.133)。

＊61 前掲書及び引用を参照。

†7 ヘースティングズは、賄賂や不正、そしてこれを告発した役人を処刑した廉で一七八八年から一七九五年にかけて下院で弾劾裁判をうけたが、全面的に無罪となった。

とった政策は、国内〔のヨーロッパ系住民たちのあいだ〕で通用していたものとは、まったくことなっていた。主要都市以外の地域における権力のはたらきは、なによりもまず安全保障上の観点につねに左右されていた。支配的立場を維持することは統治において必要な他のあらゆることがらに勝り、政策が第一に向かうのはこうした目的の方であった。

このプリズムを通してみたとき、国家機関のある部門、とりわけ安全保障にかかわる機関が、国内政治の領域とはかなりことなるアプローチを採ることは、まったくありそうなことだ。やはり、地球温暖化は国内の危機であると同時にグローバルな危機でもあるという点で独特なのだ。そうした危機において、反応が二分されることは当然予想される。

現存するいかなる国家の統治機構も、地球温暖化に無関心でいられるなどとはとうてい考えることができない。というのも、ミシェル・フーコーが言うように、「生政治」[*62]が近代国家の重要な任務だということが事実ならば、気候変動はそうした国家による統治の実践にとって空前の規模の危機だからだ。この難題（チャレンジ）＝挑戦を無視すれば、近代国民国家の進化の道すじに逆行することになるだろう。

さらに言えば、気候変動には、富と同様に権力のグローバルな配分を抜本的に再配置する潜在的な可能性がある。なぜなら、炭素経済の本質には、富に劣らず権力も化石燃料の消費に多く依存しているのだから。ティモシー・ミッチェルによれば、世界のもっとも強力な国家は石油国家でもあり、「石油から得られるエネルギーなしに、それらの国の政治形態や経済生活は存在しないだろう」[*63]。また、それらの国々が現在占めている権力のグローバルな順位を維持しつづけることもないだろう。

このことは、ある国々が排出量を制限され、その一方でほかの国々が排出量を増やして良いとされた場合に現実のものとなり、それによってグローバルな権力の再分配が不可避的に導かれることになるだろう。中国やインドで化石燃料の消費量が増加したことが、すでにかれらの国際的な影響力に著しい変化をもたらしてきていることは、けっして偶然ではないのである。

こうした現実は、気候正義をめぐる疑問に独自の光をあてる。気候正義が切望されるべきだということはひろく同意されるところだ。この理想は、政治的正当性にかんする今日的なあらゆる主張の核心にあるため、同意されないことなどありえないだろう[*64]。また、こうした目的がどのように達成されるかもよく知られている。たとえば「収縮と収斂[†8]」や「一人当たりの〔二酸化炭素排出量の均

＊62　フーコーの定義では、生政治とは「人口として構成された生きる人々の総体に固有の諸現象、すなわち健康、衛生、出生率、寿命、人種といった諸現象によって統治実践に対し提起される諸問題を、十八世紀以来合理化しようと試みてきたやり方のことである」（ミシェル・フーコー著『生政治の誕生　コレージュ・ド・フランス講義一九七八―一九七九年度』〔慎改康之訳、筑摩書房、二〇〇八〕、三九一頁）。

＊63　Timothy Mitchell, *Carbon Democracy*, p.6.

＊64　しかしジョン・ロールズに倣って、正義の法則は「国内の出来事にのみ適用され、国家間ないし世界人（world's person）のあいだにまで適用されえない」と主張する人もいるかもしれない。（Steve Vanderheiden, *Atmospheric Justice: A Political Theory of Climate Change* [New York: Oxford UP, 2008], p.83.）

等な配分を根拠に締結された」気候条約」、あるいは、世界で残っている「気候予算」の公正な割り当てといった数々の戦略のいずれかを通じて、二酸化炭素排出にかんする公平な管理体制を作り出すことができるかもしれない。[*65] だが、その結果として生じる公平性は富の再分配だけでなくグローバルな権力の再調整をも導くだろう――そして、グローバルな支配の維持へと方向づけられた安全保障体制の観点からすれば、これはまさしく最大限におそれられるべきシナリオである。この見方からすると、現状維持（ステータス・クオ）こそがもっとも望ましい結果なのだ。

その意味では、気候変動はそれ自体が危険であるのではない。それはむしろ、すでにある分断を深めて一連の争いを激化させる「脅威の増殖器」と考えることができる。では、西洋の安全保障体制は、このような脅威認識にどう対応するのだろうか。ほぼまちがいなく、クリスチャン・パレンティが呼ぶところの「武装した救命ボートの政治」、すなわち、「全面的な暴動鎮圧の準備、国境線への軍の配備、そして積極的な移民の取り締まり」を組み合わせた態勢を整えるという戦略に訴えることとだろう。[*66] こうした状況下で国民国家に課される仕事は、大量の気候難民という「血のにじむ大波」を寄せつけずに自国の資源を守ることとなるだろう。つまり、「この世界観において、人類は、自分自身にたいして宣戦布告するのみならず、地球相手の決死の闘争にも巻きこまれるのだ[*67]」。

「武装した救命ボート」のシナリオのあらましは、すでにアメリカ合衆国や英国、オーストラリアによるシリアの難民危機にたいする反応のうちにみてとることができる。これらの国々は、その問題を引き起こした原因が部分的には自国にあるにもかかわらず、移民をほとんど受け入れなかったのだ。この戦略を採用することは、近代的国民国家に内在する生政治というミッションの論理的帰結を表現しているのかもしれない。なぜなら、それは他国から漏れ出てきた「剝き出しの生」[†9]という病原体の侵入という脅威にさらされていると見なされる国境線の守備を強化することにより、もっとも文字通りの意味で「国家という身体」の維持を考える戦略だからだ。

しかしやっかいなのは、この感染はすでにあらゆる場所で起きているということだ。現在進行形の気候変動や、それが諸国の内部で引き起こす騒擾は、人工的な国境線を固めたからといって遠ざけることはできないのだ。もはや、国家という身体が国境線に囲まれた地域に属する人口によって

---

†8　二酸化炭素のグローバルな排出量を、現在の持続不可能な水準から安全な水準にまで削減する（収縮）と同時に、排出量の割り当てを途上国に対しては（発展を阻まないように）増やし、豊かな国には減らす（収斂）こと。

＊65　Tom Athanasiou and Paul Baer, *Dead Heat: Global Justice and Global Warming* (New York: Seven Stories Press, 2002), pp.76-85.

＊66　Christian Parenti, *Tropic of Chaos: Climate Change and the New Geography of Violence* (New York: Nation Books, 2012), p.225.

＊67　Sanjay Chaturvedi and Timothy Doyle, *Climate Terror*, loc. 2893.

†9　イタリアの哲学者ジョルジョ・アガンベンの概念。古代ローマ人に「ホモ・サケル（聖なる人間）」と呼ばれた存在――だれもが殺人罪に問われることなく殺害することができ、なおかつ神々と同類とみなされるために犠牲として供されることもなかった人間――がおかれていたような、世俗の法秩序の外に投げ出された生のあり様を指したもの。

のみ成り立っているなどと考えることはできない時代になっている。その身体の筋肉は、国境線によって閉じ込めることのできない諸力と絡み合っていることが、いまやあきらかとなっているのだ。

六

世界のもっとも強大な諸国が、あからさまにであろうとなかろうと、「武装した救命ボートの政治」を採用するならば、アジアやアフリカ、その他の地域の何百万もの人びとが破滅の運命をたどるであろうことは言うまでもない。これは一見およそ考えられないことのように思われるかもしれないが、そうしたダーウィン主義的アプローチ[†10]は自由市場イデオロギーと矛盾しないだろう。だからこそ、それは英語文化圏の政治の世界でながらく命脈をたもっているのだ。これがこじつけだと思われないように、英米の官僚機構が予測のつかない気候変動によってもたらされた大惨事に直面しなければならなかったのは、これがはじめてではないということを思い出してみてほしい。一九世紀から二〇世紀初頭、エル・ニーニョ現象〔数年に一度、水温の低い南米のペルー、エクアドル沖に温暖水が突入し、海面水温が上昇する現象〕が〔英領〕インドと〔米領〕フィリピンにとてつもない規模の破壊をもたらした際、マイク・デイヴィスがその優れた研究『ヴィクトリア朝後期のホロコースト』で示したように、英米それぞれの植民地官僚たちは干ばつと飢饉に対処するにあたって、一貫して人間の生命よりも自由市場の神聖さのほうに数段の重きをおいた。こうした事例においては、毛沢東時代の中国やスターリン時代のソヴィエト連邦で起きた飢饉の例とおなじく、イデオロギーが生命を維持することに勝ったのだ。

マルサス主義的な考え方〔食糧危機を、社会改革によってではなく過剰人口の抑制によって乗り越えようとする考え方〕もまた、アジアやアフリカにおける飢饉や飢餓という文脈でしばしば引き合いに出された──たとえば、「飢饉があろうとなかろうと、インド人たちはウサギのように子孫をつくる」とウィンストン・チャーチルが言ったように。いまの時代にこの手の暴言を聞くことなどありえないだろうが、マルサス的「是正」〔＝人口の抑制〕だけが「わたしたちの生活様式」を継続させるための唯一の希望であると信じている人が多くいること自体は、ほとんど疑いようがない。

この観点からすれば、気候変動にたいするグローバルな怠惰は、けっして混乱や否定論ないし計画性の欠如から生じた結果ではない。反対に、現状維持（ステータス・クオ）こそが計画なのだ。気候変動はそれ自体、あらゆる種類の地理的軍事的空間にますます軍が介入するアリバイを提供することによって、この計画の実現を助長するものかもしれない。[*68] そしてこの計画が西洋諸国の多くで、広範囲だが暗黙の指示をえていることはおおいにありうる。有権者のうちかなりの数の人びとはおそらく、気候変動交渉が世界の富ならびに権力のヒエラルキーにおける自国の地位を変更する効果をもつかもしれな

---

†10　生物の進化は自然選択による適者生存の結果であるとするチャールズ・ダーウィンが提唱した生物学の理論を人間社会にまで適用し、弱肉強食を社会における普遍的な原理として主張する立場。

＊68　前掲書、loc. 2984.

いことを理解している。実際にはこのことが、気候科学一般にたいしてかれらが抵抗する根拠をかたちづくっているのかもしれない。

こういった現実を認めようとしない態度は、ときに気候変動をめぐる議論に非現実性の雰囲気をあたえることになる。たとえば、公正性の観点から人びとが本格的な〔環境影響への〕緩和措置(ミティゲーション)をより積極的に受け入れると信じている者もいる。[*69] 気候正義との関係においてこれがはらむ問題は、こうした措置は一部の人びとにたいして、ほかの人びとよりもずっと大きな影響をあたえるだろうということだ。地質学者のデヴィッド・アーチャーは、二酸化炭素排出量の問題が真に公正な解決に至るには「先進国では八〇パーセント、アメリカ合衆国やカナダ、オーストラリアでは九〇パーセント近くの削減が必要」だと算出した。[*70] とりわけ自己利益の追求が経済の原動力とみなされている国の人びとにとって、公正性という抽象的な考えは、これほどの規模の削減に着手させるに足るものだろうか。ここではひとまず、疑わしい限りだ、とだけ言っておこう。

事実として、わたしたちは帝国とそれによって生みだされた格差を土台としてできあがった世界に生きているのだ。国家間や国家内の権力格差は、おそらく、いまやかつてないほど大きくなっている。こうした権力格差は、つぎに二酸化炭素排出量と密接にかかわってくる。そのため、今日の世界における権力の配分は気候危機の核心をなすのだ。このことは実際、緩和(ミティゲーション)にむけた行動にとって最大の障害となるもののひとつであり、その点が概して認識されないままであるためにより一層そうなのだ。おそらくこの問題は、経済的不均衡や、補償やカーボン・バジェット〔気温上昇を一定のレベルに抑えようとする場合に設定される、特定の期間に排出できる温室効果ガスの上限値〕などの問題よりもさらに解決するのが難しいだろう。わたしたちは、すくなくとも経済の諸問題を語る用語はもっている。しかし、国際関係の現行システムにおいて、権力の公平な分配にかんする諸問題を公然かつ率直に議論するための言葉はもち合わせていないのだ。

気候変動の問題を展望する際に、資本主義を主たる断層線と特定する論者たちとわたしが意見を異にするのは、こうした理由からである。この展望においてわたしの目に映るのは、互いに連動しつつも同等の重要性をもち、それぞれが独自の経路をたどるような、二本の裂け目によって引き裂かれた大地である。その二本の裂け目とは資本主義と帝国のことであり、後者は、世界最強の諸国家が有する〔軍事・安全保障といった〕最重要の国家機構の側にある支配への志向と理解されうる。要するに、たとえ資本主義が明日、魔法のように一変したとしても、政治的・軍事的支配が強制する規範は、緩和（ミティゲーション）にむけた動きが進展するのを妨げる重大な障害でありつづけることだろう。

＊69 ジョージ・モンビオは次のように書いている（わたしもそれが正しければ良いと思っている）――「公正性には政治的に正当な理由がある。ほかのみんなが行動していることがわかれば、人は行動を起こそうという気になるものなのである」（『地球を冷ませ！』、九九頁）。

＊70 David Archer, *The Long Thaw*, p.163.

七

武装した救命ボートの政治が示す冷笑的な態度に、その反対の側から対抗しようとする戦略——発展途上国のうちでもインドのような大国のエリート層が採用する傾向にある戦略——に、消耗戦の政治がある。この発想の根底には、貧しい国の人びとは困窮に慣れているため、[*71]たとえ大きな犠牲をはらったとしても、裕福な国家を機能不全に陥らせるような種類のショックやストレスを吸収する能力をもっている、という想定がある。

これは思ったほど的はずれな妄言ではないかもしれない。実際のところ、極度のストレスをともなう状況に対応するに際して、異常気象に対処することにおいてまさに強みと考えられている要素——教育や富、そして高度な社会組織など——がかえって脆弱性に転じるということは、ありえないことではない。たとえば、西洋の食物生産は危険なほど資源集約型で、おおよそ「食物一キロカロリーあたり一二カロリー分の化石燃料を必要とする」というレベルにある。[*72]そして西洋の食料分配システムはあまりにも複雑なので、些細な故障がついにはシステムを破綻させるような結果を連鎖的に導きうる。たとえば停電は先進国では非常に稀なため、現実に生じるとしばしば深刻な混乱状態——犯罪率の急上昇をふくむ——を引き起こす。グローバル・サウスの多くの地域では、故障は生活の一部であり、だれもが即席でこしらえたものや回避策に慣れている。

貧しい国々では中流の生活をおくる人びとでさえ、あらゆる種類の不足や不便さに対処することに慣れている。西洋では、富や能率的なインフラに基礎づけられた習慣が、気候の影響がすぐさまシステム全体へのストレスとなりうるほどまでに、苦痛の許容範囲が狭められてしまっているのかもしれない。

困難な状態へ順応することはそれ自体、とりわけ地球温暖化のもっとも即時的な効果のひとつである酷暑にかんして、ある種の強靭さ（レジリエンス）を生みだす可能性がある。たとえば、二〇〇三年にヨーロッパを襲った熱波は四万六〇〇〇人の死者を出し、二〇一〇年ロシアでの熱波では五万六〇〇〇人の死者が出たと見積もられている。[*73] こうした数字は、南アジアとペルシャ湾沿岸地域で華氏一六三

＊71　これに似たことは、ラリー・サマーズが世界銀行総裁として、環境を汚染する工場を発展途上国に移すことを提案した際、実際に次のような表現のうちにほのめかされている――「結局のところ、第三世界に住む人びとは「われわれ」ほどの長寿を期待できないのだから、かれらの寿命をほんのすこしばかり縮めるのが、それほど悪いことなのだろうか」David Palumbo-Liu, *The Deliverance of Others: Reading Literature in a Global Age* (Durham, NC: Duke UP, 2012), vii-viii 参照。同様のロジックをもちいてきた経済学者は、ほかにもいる。ジョージ・モンビオは『地球を冷ませ！』のなかでこう指摘している――「たとえば一九九六年には、「気候変動にかんする政府間パネル」向けのある研究は、貧しい国で失われる人命は価格にして一五万ドルになると推定し、さらに豊かな国で失われる人命は一五〇万ドルと評価できるとしている」（二一〇頁）。

＊72　David Orr, *Down to the Wire*, p.33.

＊73　James Lawrence Powell, *Rough Winds: Extreme Weather and Climate Change*, Kindle Single, 2011, locs. 212-37.

度〔摂氏七二・八度〕もの熱指数を記録した二〇一五年の熱波の際に出た犠牲者の数をはるかに上まわっている。さらに、グローバル・サウスでは共同体の結びつきがいまでも強く、人びとが他人から完全に切り離されることは比較的稀だ。これも一種のセーフティ・ネットなのだ。近年の経験が示しているように、共同体のネットワークの不在は、極端な天候事象がもたらす衝撃を桁違いに増幅しうる。その証拠に、二〇〇三年ヨーロッパを熱波が襲ったあとに判明したのは、死者の多くが独居老人であったということだった。[*74]

要するに、裕福な人びとは失うものが多く、貧しいものはそうではないということだ。このことは、〔南北の〕国際的な関係にあてはまるだけではなく、発展途上国の国内構造についても言えることだ――発展途上国でも、都市部に居住する中流階級のカーボン・フットプリント〔個人またはその他の事業体のすべての活動に伴う二酸化炭素排出量のこと〕は、平均的なヨーロッパ人よりもそれほど低いわけではない。だが実際に苦難の矢面に立つのは、グローバル・サウスの中流階級や政治的エリートたちではなく、経済的に困窮していたり社会的に権利をあたえられていなかったりする人びとなのだ。このことは、相互が歩み寄るインセンティヴを減じさせるという点で、気候交渉を効果的に進展させるうえでの歯止めになっている。自分たちの生活を賭しているわけではないという確信は、まちがいなく、西洋の政治的エリートにとってと同様、発展途上国の政治的エリートにとっても重要な判断材料となっている。それゆえ、貧しい国々はどんな犠牲を払ってでも気候変動の衝撃を引きうけることでしか、裕福な国々から大きく譲歩を引きだすことはできないと考えるのは、けっして非現実的なことではないのだ。

こうした思考法は、すでに述べたように、武装した救命ボートの政治の根底にある冷笑的(シニシズム)な態度と変わるところがない。だが同時に、インドのように貧しい国々にとって、いったいどのような倫理的戦略がありうるのかを判断するのもまた困難だ。ことによると、より多くの人びとが生き残り正義を求める闘争を不確かな未来にまで継続していくためには、貧しい国の人びとは西洋式の繁栄を追求することを放棄しなければならないのだろうか。これはまた、脱植民地化に事実上ふくまれていた「近代化」のプロジェクトを放棄することをも要求するだろう。つまりそれは、植民地主義が生んだ不平等のシステムを据え置くことになるであろう。

いずれにしても、富がもたらす果実を豊かな人びとが享受しつづけるために貧しい人びとが犠牲を払うということについて、説得力のある主張を展開できる人などはたしているだろうか。そういった主張がまかり通るならば、政治的想像力の支配的な領域がその正当性の根拠としている平等・正義といった理念が、その公言するところの目的とは真逆のものを護るよう仕組まれた奇怪な虚構(フィクション)＝創作以外のなにものでもなかったと認めることになるだろう。おそらくそれが理由で、こういった主張はけっして表だってなされることはなく、貧しい国々にたいして「別の道をたどる発展」云々といった婉曲的な表現を用いた勧告をすることでほのめかされるにとどまっているのだろ

＊74　前掲書、loc. 210.

う。

石炭の利用を考えてみてほしい。西洋ではインドの石炭発電所について多くの懸念が表明されてきた。しかし、専門家は「二〇一四年、インドの平均石炭消費量はアメリカの約二〇パーセント、OECD〔経済協力開発機構〕諸国の約三四パーセントの割合だった」と算出している。[*75] ここでの論理的かつ公平な対応としては、この格差が解消されるまで、インドで新たな石炭工場が一基稼働するたびに、アメリカ合衆国あるいはOECD諸国内の石炭発電所を一基閉鎖することが考えられても良いだろう。だが、もちろん、そんな対応が取られる可能性はまずないのである。

これは、地球温暖化の土壌を形成したのが資本主義だけでなく帝国でもあることを示す、また別のことがらである。世界のほとんどの国において、工業化への衝動は脱植民地化の道すじの一部をなしており、これら脱植民地化をめぐる闘争の歴史的な遺産は、気候変動交渉の文脈にも埋め込まれているのだ。[*76] とどのつまりが、こうした交渉はいまや一か八かの賭けに似通ってきていて、そこでは全面的な破局(カタストロフィ)が、ほかのカード(トランプ)を総取りすると期待される切り札となっているのだ。

八

気候変動の年代記において、二〇一五年〔本書のもととなった講演が行われた年〕はきわめて重要な年となった。異常気象が多発したのだ——「地球温暖化の上り坂」[*77] のてっぺんに腰をおろした強力なエル・ニーニョ現象がこの惑星に大混乱をもたらし、何百万もの人びとが壊滅的な洪水と干ばつを前になすすべもなく翻弄され、気まぐれな竜巻(トルネード)やサイクロンがかつて上陸したことのない土地を荒らしまわった。異常な気温上昇が世界中で記録され、そこには真冬の北極での前代未聞の高温もふくまれていた。その年の末には、二〇一五年は観測史上もっとも暑い年だと発表された。それは、気候科学者によるぞっとするような予報が予言の指輪の役割をはたすことになった年だった。

こうした騒ぎを無視することなど、ほとんど不可能だ。既存のメディアと同様にウェブ上でも、「気候変動」という熟語がとびかっていた。狼狽せずにいられた人は実際ごくわずかであったはずだが、文芸小説や芸術の分野はそのごくわずかの部類に属していたようにみえる。文学賞候補や書評対象などに挙がってくる作品名を見るかぎり、気候変動への関心が高まっている兆しはまったくあらわれていない。

だが二〇一五年は、気候変動をめぐるとても重要な文書が二編発表された年でもある。ひとつ目の、ローマ教皇フランシスコによる回勅『ラウダート・シ』は五月に発表され、ふたつ目の、気候

＊75 Samir Saran and Vivan Sharan, "Unbundling the Coal-Climate Equation," *The Hindu*, October 7, 2015. 参照。

＊76 クライヴ・ハミルトンは、発展途上国における成長への強迫観念は、「ひょっとすると植民地主義の、最後にして最大の影響力を誇る遺産かもしれない」と述べている。(*Growth Fetish* [Crow's Nest: Allen & Unwin, 2003], Kindle edition, loc. 232)

＊77 この言い回しはマイケル・マンによるものである。Seth Borenstein, "NOAA, NASA: 2015 Was Earth's Hottest by a Wide Margin," *AP News*, 21 Jan. 2016 参照。

変動〔抑制〕にかんするパリ協定は一二月に公になった。[78]

これらふたつの文書は、ことばが現実の世界に変化をもたらしうるという、世のほとんどの文章（テクスト）にとっては望むべくもない地位を占めている。とはいえ、それらの文書とてもまた、テクストで[79]ある。つまり、それらは形式や語彙、さらには文字の体裁にいたるまで細心の注意がはらわれた、物書きの技によって生みだされたものなのだ。この二編の文書をあくまでテクストとして読むことは、多くの点で示唆に富むものとなるだろう。

おおかた予想のつくように、これらふたつの文書――片方は若いころに文学教師をしていた教皇によって執筆され、もう片方は各国が派遣した外交官や代表団が多数寄り集まって起草した――は、たとえ多くのおなじデータを用い、いくつかのおなじ問題に取り組んでいようとも、まったく似ても似つかないものとなっている。しかし、そこにはいくつか共通する点もある。このうちもっとも重要なことは、おそらく、両者とも気候科学から示された研究成果を受け入れることに基礎づけられているということだ。この意味で、これらはともに歴史的な節目をあらわしている――地球の気候は現に変動しており、人間がこの変動の大部分に責任があると世界中で一般的に認められていることが、これら文書の公刊によって示されたのだ。それゆえ、このふたつの公文書は、気候科学の正当性を立証するものとみなされてしかるべきだろう。

そうした共通性を超えてこれらの文書にははっきりとことなるところがあるのだが、それは予想されるのとは違う仕方においてなのだ。たとえば、おもに宗教的な目的をもつ文書として、教皇の回勅は暗示と装飾にみちた文体で書かれているものと思われるかもしれない。それとは対照的に、協定の方は（たとえば京都議定書がそうだったように）簡潔かつ手際の良い文体で書かれていることが、同様に期待されるところだろう。しかし実際には、その逆なのだ。回勅はその明晰な言葉遣いと構成上のわかりやすさという点ですぐれており、言い回しが高度に様式化されていて構成が複雑なのは、むしろ協定の方なのだ。

協定はふたつのパートに分けられている。最初のながいパートは「議長による提案」と題されていて、二番目——これが協定にあたるパート——は「付録」と書かれている。それぞれのパートには、条約を書く際のしきたりとして前文が付されているのだが、パリ協定の場合、前文のセクションが通例よりもはるかに長大で凝ったものとなっている。たとえば京都議定書の前文は、平叙文で

＊78　これらのテクストは、それぞれ *Encyclical Letter Laudato Si' of the Holy Father Francis on Care of Our Common Home* (2015) と、*Framework Convention on Climate Change* (2015) である。以下本文ではそれぞれ「回勅」、「協定」と表記する。〔前者のテクストは、教皇フランシスコ『回勅ラウダート・シ　ともに暮らす家を大切に』（瀬本正之・吉川まみ訳、カトリック中央協議会、二〇一六）を参照し、後者は「パリ協定（和文）」（環境省ホームページ）を参照し、それぞれ該当する頁を記す。後者にかんして、上記和文にふくまれていない部分については、著者による表記（頁／段落番号）を転載する。〕

＊79　協定は、英語で書かれたものが原文とされている。回勅の場合は、どの言語も原文といわれておらず、訳者が挙げられているわけでもない。したがって、このテクストは、すくなくとも、部分的に共同制作されたものと考えるべきだろう。

書かれた簡潔な五つの条項で構成されているが、それとは対照的にパリ協定のテクストには三一もの高らかな宣言がふくまれている。そのうちの一五の宣言は、協定の第一のパート〔議長の提案〕に先行している。以下は、そのうちの一部である。

……を設けることに関する決定第一号〔第一七回会合〕を想起し、

また第……条を想起し、

さらに……という意義ある決定を想起し、

……の適用を歓迎し、

……であること認め、

……を考慮すべきであり、

……を支持し促進することに同意し、

各行は動名詞〔正確には現在分詞〕の滝となって紙面に降りそそぎ、文として完結しないまま最後までいくと、文書はにわかにギアを切り替え、それまでの〔分詞〕節は番号のふられた条項に変わり、「……を適用することを決定する」「……を事務総長に求める」となる。

このような具合で一八頁にわたって文字がぎっしりつまった文章として、提案は続いていく。しかも、この一四〇〔一三九〕もの番号がふられた条項が六節に割りふられた大きなテクストのかたまりは、たったの二文でできあがっており、そのうちのひとつは一五頁にもおよんでいるのだ！　じつのところ、協定のこの部分は並はずれた名人芸によって書かれたしろものだ――数千にもおよぶ単語が、無数のコロン・セミコロン・コンマと、たったふたつの孤独な終止符によって区切られているのだから。

このテクストの目もくらむような名人芸は、交渉後にパリから続々と届けられた映像の文脈を提供している。そこに見られたのは、世界の指導者たちや実業界の大物たちが抱擁し合ったり、交渉にあたった人びとが涙を浮かべていたり、各国の代表が喜々として写真におさまろうとしたりする姿だった。そうした写真は、喜びとおなじくらい驚きの雰囲気もまた捉えていた。それはまるで、各国の代表たちが、これほど重大な合意にこぎつけるのに成功したとはとても信じられない、とでも言わんばかりなのだ。そうして訪れた陶酔感は、これらの写真と同様に協定のテクストのうちにもはっきりと見てとれる。作文における名人芸は、自らの誕生を祝うものなのだ。

『ラウダート・シ』には、そうした快活さがみじんもない。複雑な問いにたいして醒めた明晰さで取りくむその姿勢が、かえって特筆にあたいするほどだ。協定の前文が詩と散文のあいだの独特な領域を占めている一方で、『ラウダート・シ』が詩に訴えるのは最後の最後、結びに置かれた二編の〔韻文による〕祈りのみである。

またしてもふたつの文書のあいだに予想外の違いが見いだされる。『ラウダート・シ』はその結びにおいて祈りを捧げるものであるために、協定よりも希望的な思考や憶測があふれていることと思われるだろう。ところがこれもまた、まったくそうではないのだ。むしろ、不可能なことをくりかえし訴えているのはパリ協定のほうなのだ。たとえば、地球の平均気温の〔産業革命前からの〕上昇を一・五度に制限するという野心的な目標――それはすでに手のとどかない目標だとひろく信じられている――を掲げるといったぐあいに。[*80]

パリ協定はその目標の根拠となる前提をつまびらかにしてはいないが、考えられるのは、それが技術の進歩によって大気中の温室効果ガスを抜きとって地下深くに埋めることがじきにできるようになるという信念にもとづいた目標設定であるということだ。しかし、こうした技術はまだほんの初期段階にあり、なかでももっとも見こみがあるとされる「炭素を捕えて保存するバイオマスエネルギー」〔有機物(バイオマス)を熱・電気・液体・気体燃料などのエネルギーに変換し、このとき排出される炭素を地層や長寿命の製品に埋め込む技術〕として知られる技術も、大々的な成功をおさめるにはインドよりも大きな面積の土地にバイオエネルギー用の作物を植える必要があるだろう。[*81] いまだ現実性の乏しい可能性にすぎないものごとに多大な信用をおくのは、まるで信仰にもとづく行為も同然であり、宗教的な信心と変わるところがない。

それとは対照的に『ラウダート・シ』では、奇蹟が介入して気候変動に解決策があたえられるだろうなどとはどこにも示唆されていない。代わりにそれは、炭素経済よりはるか以前からある伝統がもつ知恵を掘り起こすことによって、人類が現在おかれている苦境を理解しようと懸命に努めている。さらに、教会が過去にとっていた立場に異議を唱えることもためらわない――たとえば、人間による自然の支配というキリスト教的な教義と、エコロジー的な意識とにうまく折り合いをつけようとしているように。また回勅は、わたしたちの時代に普及しているパラダイムを批判することにおいて、さらにためらうことを知らない――なんと言っても、「経済学者や投資家やテクノロジーの専門家を魅了する、無限の、あるいは際限なき成長という発想[*82]」を痛烈に批判しているのだ。回勅はこの問題にくりかえし立ち戻り、「科学技術的で経済的な成長の方向性や目的、意味や社会的含蓄、これらに関係した現今の不成功のもっとも深い根を、わたしたちは見損ねている[*83]」のは「技術主義(テクノクラティック)パラダイム」のせいであると喝破している。

パリ協定のテクストには、対照的なことに、わたしたちの支配的なパラダイムになんらかの非があったという認識はまったくみられない。そこには、その協定が取り組もうとしている状況を作り出した原因だとわかっている〔人類の〕営みを内在的に批判していると解釈されうるような、いか

＊80 「危険な制限」と公共政策にかんするさらに詳しい議論については、Christopher Shaw, *The Two Degree Dangerous Limit: Public Understanding and Decision Making* (London Routledge, 2015) 参照。

＊81 Kelvin Anderson, *The Hidden Agenda: How Veiled Techno-Utopias Shore Up the Paris Agreement*, Kevinanderson.info, 6 Jan. 2016 や、"COP21: Paris Deal Far Too Weak to Prevent Devastating Climate Change, Academics Warn," *The Independent*, January 8, 2016 を参照。

＊82 教皇フランシスコ『回勅ラウダート・シ』、九七頁。

＊83 前掲書、一〇〇頁。

なる節も条項もふくまれていない。永続的な成長という現行のパラダイムは、このテクストの中心部に神聖なものとして安置されているのである。

だが、ひょっとすると、批判というのは協定がすべきことではないのかもしれない——いや、そんなはずはない。たとえば麻薬にかんする国際条約では、「麻薬中毒の害悪」をかなり強いことばで糾弾している。[*84] 批判的な表現は、「市場の不完全性」に言及した京都議定書のような、先行する気候条約においてすら見られていた。[*85] パリ協定にはそういった文言は見あたらない。ただ「気候変動が人類共通の関心事であること」を認めるのみである。[*86]

協定はまた、その矯正が意図されているところの状況自体を名指すことにおいても、同様になまぬるい。回勅では〈破局(カタストロフィ)〉や〈災害(ディザスター)〉といった表現が数回出てくるのにたいし、協定の方は気候変動の〈悪影響〉を述べるにとどまり、〈破局(カタストロフィ)〉という表現は一度も使われることなく、〈災害(ディザスター)〉という語が登場するのもただの一回きりだ——それすらも、たんに以前の会議の名称に使用されていたという理由からなのだ。それはまるで、ちょっとした厄介事に対処するために交渉の場がもたれたかのようだ。かような次第であるから、協定の効力（自発的な行動を促すだけの協定について「効力」といった表現が使えるとしてのことだが）が発生するのが二〇二〇年になってやっとだというのも、驚くにはあたらない——そのころまでにはすでに、効果的な行動を起こすための入り口が、この世のものとは思えないほど小さな針の穴のサイズにまで縮んでしまっていることだろう。[*87]

協定が〔現在の人間活動を〕阻害するような用語法を注意深く避けているのとは対照的に、『ラウダート・シ』は、用語の選択においてだけでなく文体の率直さにおいても、現代人のさまざまな営みにたいして異議を唱えている。気候変動をめぐる公的な言説をわかりにくくしている技術的な専門用語の代わりに、回勅の文書は、教皇の「導きとインスピレーション」である聖人による影響をはっきりと認めるかたちで、それ自体を開いていこうと努めるのだ――「〔アッシジの〕聖フランシスコは、総合的(インテグラル)なエコロジーが、数学や生物学の言語では言い表せない実在領域への開きを求めるものであり、人間であることの核心へとわたしたちを連れていくものであることを理解するのも助けてくれます[*88]」。

『ラウダート・シ』が懸命に開かれようと試みるのとほとんどおなじくらい、協定は正反対の方向、つまり閉じ込めふたをする方向へと進む。語彙だけでなく文体によっても、言語が隠匿や撤回

＊84　たとえば、「麻薬に関する単一条約」〔一九六三〕の第三決議を参照。

＊85　「気候変動に関する国際連合枠組条約の京都議定書」第二条、1 (a)(v)。

＊86　「パリ協定（和文）」、二頁。

＊87　協定が合意に達してまもなく、二一人の気候科学者たちが公開状を発表した。そこでは、この取決めはたんに「二〇二〇年になったら話をすることができる、一・五度に気温上昇を抑えるための新たなカーボン・バジェットの計算を確約することで、缶を道路に蹴りだす」ことに成功しただけだと述べられている。"COP 21: Paris Deal Far Too Weak to Prevent Devastating Climate Change Academics Warn," *The Independent*, January 8, 2016 参照。

＊88　教皇フランシスコ『回勅ラウダート・シ』一六、一七頁。

の道具として動員されているという印象が伝わってくる。そこにあふれる多幸感ですら、通過儀礼をおえた新参者たちが内輪でもりあがる際の陶酔した歓喜を思わせる。さらに協定は、次から次へとなぞめいた組織や機構、お役所仕事の奇妙な化身（アバター）までをも新たに召喚する。たとえばこんなふうに――「二名のハイレベル〔気候行動〕チャンピオン〔気候変動対策イニシアティブを促進する目的で二〇一六年以降任命されることとなった、特定の国家を代表しない二名のアクター〕が任命されることを決定し、「関係国が（中略）これらチャンピオンたちの仕事を支持するよう求める」といった具合だ（こうした剣闘士（チャンピオン）たちが「もっともハイレベル」に到達するために決闘する円形闘技場（コロセウム）はいったいどこにあるのだろう、と問いたくもなる）。[*89]

〈チャンピオン〉という語が定義されないままであることも、じつに示唆的だ。それが意味するのは、ここで言及されている者がだれであるかを文書の起草者たちは暗黙の裡にわかっている、ということだ――〈チャンピオン〉とは、自分たち自身ではないにしても、自分たちのようなだれか以外ではありえないだろう。まさにこれは、同類による同類のための文書、擁護者（チャンピオン）たちの協定なのである。

奇妙なことに、『ラウダート・シ』はこうした可能性を予期しているようにみえる。「政治や経済にかんする国際的な議論」のなかでどのようにして決定が下されるかについて言及したくだりのなかで、「貧しい人びとから遠く離れた豊かな都市部にいて、彼らの問題に直接関与することはほとんどない多くの専門家、オピニオンリーダー、メディア、権力中枢」の役割にふれているが「そうした人びとは、世界の人口の大多数には到底手の届かない高度な発展と生活の質とを快適に享受し、その高みから論じている」と指摘している。[*90] まさにこういったことが念頭にあるからこそ、『ラウダート・シ』の文体は、「排除された人びと」としてくりかえし言及される人びとへ語りかける試みとして、練り上げられているのだ。

これに対して協定の不透明さは、逆の意図をほのめかしている。そのレトリックは、暗黙の取引や合意、そして内情に通じた者にのみ見つけうる抜け道といったものを隠すためにセットされた揺らめくスクリーンのようだ。さまざまな億万長者や企業、そして「気候起業家」たちが、パリ協定の交渉において重要な役割を担ったことはよく知られている。そのことは、たとえ公には知られていなかったとしても、パリ協定の文書を読めば、新自由主義時代の自由貿易にかんする諸協定から直接借りうけてきたような言い回しによって十分推定できるだろう。協定が述べる「イノベーションを加速し、奨励し、及び可能にする」ことや、それが依拠する「利害関係者」「良い事例（グッド・プラクティス）」「保険による解決」「公的部門及び民間部門の参加」「技術開発」などといった文言の出どころは、あきらかにそれらの自由貿易協定である。

テクストにはよくあることだが、この協定文書においても、それが言わずにおいた多くをあきらかにそれらの自由貿易協定である。

＊89　Agreement, pp.17-18 / article 122 and 123.
＊90　教皇フランシスコ『回勅ラウダート・シ』四六頁。〔本文の文脈に合わせるために、引用文の語順を微調整した。〕

かにするのにレトリックが一役買っている。ここで言わずにおいたこととは、すなわち、本協定の意図やその達成の本質は、大企業や起業家、政府関係者たちがお互いに富を融通し合うことができるような新自由主義のフロンティアをまた新たに作りだすことにあるということだ。

もしも一二月二日のテロ攻撃〔一一月一三日の誤り。パリの市街および郊外で多くの犠牲者を出した同時多発テロ〕が、フランス政府にデモ行進や抗議活動を禁止するアリバイを提供することによって交渉がもつ文脈を根本的に変えてしまっていなかったならば、はたしてパリ協定はことなる方向に向かっていたのだろうか。もしも交渉にあたる代表者たちが、気候活動家たちが計画したとおり、民衆的圧力の巨大なうねりに対処することを強いられていたなら、いったいなにが起きていたのだろうか。こうした問いはこのさき何年も歴史家たちにつきまとうであろうし、もちろんその答えはいつまでたってもわからない。だが、フランス当局が気候活動家にたいして策を講じた機敏さ、何十人もの活動家を自宅軟禁した際の効率の良さは、テロ攻撃があろうとなかろうと、いずれにしても抗議者たちを封じこめるための手段は見いだされていたであろうことを示している――過去二〇年にあったほかの多くの国際交渉においてそうであったように。これは、世界中の政府や大企業が驚くほど技を磨いてきた分野であって、かれらが環境活動家を監視するために行った投資はきちんと元をとることができた――ここでもまた、協定のテクストにおいてほのめかされていた排除を強制することで――と信じる理由は十二分にある。

〈排除〉は『ラウダート・シ』においてくりかえされるテーマでもあるが、それは正反対の理由によるものだ。というのも、貧困と正義は回勅の中心的な関心事だからだ――「自然への思いやり、貧しい人びとのための正義、社会への積極的関与、そして内的な平和、これらのあいだの結びつきがどれほど分かちがたいものであるか」[*91]というテーマに、この文書は幾度となく立ち戻っている。『ラウダート・シ』において、貧困と正義というふたつの単語は、互いに寄りそい続けている。ここで貧困は、ほかの要因から切り離されたまま処理したり改善したりできる状態として認識されてはいない。また、エコロジーにかかわる諸問題は、ある種の保護主義にしばしばみられるように、社会的不平等を考慮に入れないまま解決できる問題とみなされることもない。『ラウダート・シ』は、後者のような「緑のレトリック」を激しく非難し、「真のエコロジカルなアプローチは、つねに社会的なアプローチになるということ、すなわち、大地の叫びと貧しい人の叫びの双方に耳を傾けるために、環境についての討論の中に正義を取り入れなければならない」[*92]と力説する。そしてここから、「真の意味での「エコロジカルな債務」が存在し、なかでも世界の南北間におけるそれは大きい」[*93]という単刀直入な主張が導かれるのだ。

ここでもまた、パリ協定との対比がはっきりしている。協定において貧困が言及されるとき、それはいつもほかの要因とは切り離された独立した状態としてあつかわれており、財政その他の仕組

＊91　前掲書、一七頁。
＊92　前掲書、四六頁。〔強調は本文および回勅の原著の表記に従って補足した。〕
＊93　前掲書、四八頁。

みをとおして緩和されるものとされている。貧困という語が正義との結びつきにおいて出てくることはないが、これはほとんど驚くべきことではない。というのも、そのテクストにおける正義への言及は、たった一度だけだからだ。しかもその言及においてすら、その言い回しに細心の注意をはらう仕方には驚くべきものがある——「気候変動に対処するための行動をとる際に、（中略）「気候の正義」の概念の一部の者にとっての重要性に留意し……」[*94]（前文）。

「気候（の）正義」という表現にわざわざ引用符をつけたり、この概念が「一部の者にとって」しか重要性をもたないと述べたりすることは、この概念をあからさまに拒否することにほかならない。とはいえ、暗黙裡の拒否はテクストのより序盤にすでにあらわれており、それはめずらしく明快ですっきりした以下の一節にみることができる——「この協定は、いかなる負担や補償の根拠を含意あるいは提供するものではない」[*95]。この文言によって協定は、気候変動の犠牲者たちから、かれらの損失にたいする法的な賠償を請求する可能性を完全に奪っている。代わりに犠牲者たちは、先進国が創設に合意した基金の慈善事業に頼らざるをえなくなるのだ。

このふたつのテクストの違いは、それぞれの終わり方においてもっとも明白なかたちであらわれている。協定は、署名国の意志という呪文によって自らの存在を召喚し、そうやって自らが現実の存在となった日付——「二千十五年十二月十二日」〔表記は原文のママ〕——を宣言することによりテクストを閉じる。この構成自体が、人間には未来をかたちづくる能力が備わっていると思いこんでいる〈人間＝男〉の至上性＝支配権（the sovereignty of Man）への信仰のあらわれなのである。

対して『ラウダート・シ』の結びにおかれた〔二編の〕祈りは、〔神の〕助けと導きを懇願するものである。そのようなものとして、これらの祈りは、人類がおのれの道を見失ったことの深刻さを認め、人間の行為主体性(エイジェンシー)に定められた限界を認識するものともなっている。この点で、教皇フランシスコが「進歩や人間の能力に不合理な自信を抱いていた時代[*96]」として描きだす現代に向けられた内在的批判の、もっとも根源的な要素のひとつの反響を聴きとることができる。それは「人間は無制限に自由だ[*97]」という考えにたいする教皇の疑念である。「わたしたちは」――とテクストは続ける――「『人は自分だけで成り立っている自由な存在ではない。(中略)人は精神であり意志であると同時に自然でもある』ということを忘れてしまった[*98]」と。

わたしが先に気候変動が現代文学や芸術に抵抗する前線を位置づけようとするなかで探った領域に『ラウダート・シ』の主題が立ち返るのは、まさにこの理路においてである。人間の自由には制限がないという考えがわたしたちの時代の芸術の中心にあるかぎり、それは人新世がもっとも頑強に芸術に抵抗する場でもあるのだ。

＊94 「パリ協定(和文)」、三頁。
＊95 Agreement, p.8 / article 52.
＊96 教皇フランシスコ『回勅ラウダート・シ』二四頁。
＊97 前掲書、一三頁。
＊98 前掲書、一三頁。

九

気候変動をめぐる情勢は寒々しいものかもしれないが、希望の兆しとしてひときわ目立つ特徴がいくつかある――各国政府や世論のレベルで切迫感がひろく共有されるようになり、現実的な代替エネルギーの解決策があらわれ、世界中でアクティヴィズムが広がりを見せ、環境運動にとって画期的な勝利が得られるケースさえもいくつかでてきた。だが、わたしの考えでは、もっとも期待がもてそうな展開は、気候変動をめぐる政治にかかわる宗教団体や宗教指導者の数が増えてきているということだ。[*99] 教皇フランシスコはもちろんそのもっとも顕著な例であるが、最近ではヒンドゥー・イスラーム・仏教その他の宗教団体や組織も、かれらの懸念を表明するようになった。[*100]

わたしはこれを希望の兆しとうけとっている。なぜなら、わたしたちの時代の政治機構の公的部門には自力でこの危機に立ち向かう能力がないことが、わたしにはますますあきらかなように思われるからだ。[*101] 理由は単純だ――こういった政治機構を構成する基本単位は国民国家であり、そこには特定の人びとからなる集団の利益を追求することが本質的な性格として組み込まれているのだから。[*102] この〔国民国家を単位として成立する〕規範はあまりに強力なため、たとえば国連のように国境を越えた集団構成をしたところで、それが克服されることはなさそうだ。これはもちろん、部分的には権力や地政学的な競争の問題のせいである。しかし、こうも言えるかもしれない――気候変動はまさにその本質において、近代国家に内在する生政治的使命（ミッション）やそれにともなって行使される統治の諸実践という観点からして、現在の国民国家には解決不可能な問題の典型を示しているのである、と。

わたしは、世界中の世俗的な抵抗運動の大いなる高まりがこの行き詰まりを打開し、根本的な変化をもたらしうると信じたいと思う。しかし、問題は時間だ。気候変動が「通常の」問題とはちがって「よこしまな」問題である理由のひとつは、実効性のある行動をとりうる猶予期間がとても短いということにある。グローバルな二酸化炭素排出量が徹底的に削減されることなく一年が過ぎるごとに、破局（カタストロフィ）はより確実なものとなるのだ。

それほど短い期間において、大衆的抗議運動が十分な推進力を得ることがいかにして可能であるかを考えることは困難だ。そうした運動を立ち上げるには、たいてい何年も、ことによると何十年

＊99　たとえば、"Interfaith Declaration on Climate Change," *Interfaith Declaration on Climate Change* などがある。

＊100　"Hindu Declaration on Climate Change," *Yale Forum on Religion and Ecology*, 7 Dec. 2009、"The Muslim 7-Year Action Plan (M7YAP) to Deal with Global Climate Change"、"Global Buddhist Climate Change Collective"、など。

＊101　ティモシー・ミッチェルは、「民主的政府の現行の形態には、この惑星の未来を長期的に守るために必要な予防措置を講じる能力が欠如しているように思われる」と述べている（Carbon Democracy, p.11）。

＊102　ポール・G・ハリスはかれの著作 *What's Wrong with Climate Politics and How to Fix It* (Cambridge: Polity Press, 2013) の "The Cancer of Westphalia: Climate Diplomacy and the International System" という章のなかで、この問題についてかなり詳しく述べている。

もの年月を要する。そして、世界中の安全保障機関がすでにアクティヴィズムに対処するための包括的な準備を整えている現在の状況では、そうした運動をこれから立ち上げるのはいっそう難しいことだろう。

もし意味のある打開策が将来的に実行されることになるならば、もし気候変動の問題が安全保障機関や大企業にのっとられるのを防ぐことができるとするならば、そのときは既存のコミュニティや大衆組織が闘争の最前線に立たなければならないだろう。そういった既存の組織のなかでも、宗教と連携しているものはもっとも多くの人びとを動員する能力をもっている。さらに、宗教的な世界観は、現存する統治機構にとって気候変動をこれほどの難題(チャレンジ)にしてしまった種々の制限の支配下にはない——宗教的な世界観は、国民国家を超越するものであり、幾世代にもわたる長期的な責任という認識を共有しており、経済中心的な思考回路に参与することがないために、現代の国民国家が用いる理性の諸形態にはおそらく開かれていないような仕方で、非直線的な変動——すなわち、破局(カタストロフィ)——を想像する能力を保持しているのだ。そしてこれが最後の点だが、〔人間に定められた〕限界や制限を受け入れることなしにこの危機から抜け出すことはいかようにも無理であるなかで、これは〈聖なるもの〉の観念——ひとそれぞれ、その捉え方はことなるにしても——と密接に結びつくものであるとわたしには思われるのだ。

もし世界中のさまざまな宗教的な団体が〔世俗的な〕大衆運動と力を合わせることができるならば、おそらくそれらは、世界が公平性への配慮を犠牲にすることなく徹底的に二酸化炭素排出量を削減させていくのに必要な推進力を提供することができるだろう。気候活動家の多くがすでにこの方向へと前進していることは、わたしにとって、やはりもうひとつの希望の兆しなのだ。

気候危機がゆるす行動のための猶予期間がどんどん縮んでいくということ自体は、すくなくともあるひとつの意味において、希望の源泉となりうるかもしれない。過去数十年にわたり、「大加速」の描く上昇曲線は、近代化の軌道と完全に足並みをそろえてきた。近代は、諸共同体の破壊をもたらし、ますます深刻化する個人化とアノミー状態を引き起こし、農業の工業化と分配システムの中央集権化をもたらした。同時にそれは、身心を分離する二元論を強化し、ついには電脳空間（サイバースペース）であまりに強力に拡散されているように、人間が「身体から切り離された（デカップル）」[*103]浮遊する人格となるほどまでに自己を物理的環境から解放したという幻想を生みだすに至っている。そういったことが積み重なって生じた結果として、気候変動の影響が激化するなかで世界中の膨大な数の人びと——とりわけ、いまだに土地に縛りつけられている人びと——にとって、まさかのときの救いとなる可能性のある伝統的な知や手仕事の技、芸術、そして共同体の紐帯など、まさにそういったものが消滅してしまうことになるのだ。目下進行する危機のあまりの速さが、こうした資源のいくばくかを保存する動きを後押しするもしれない。

行動を起こすため懸命に努力するのは、まちがいなく難しいことであり、その奮闘には多くの苦

＊103 Ruth Irwin, *Heidegger, Politics, and Climate Change: Risking It All* (New York: Bloomsbury, 2008), p.158.

難が予想される。しかも、それでなんらかの成果が得られるにしても、グローバルな規模で進む気候の深刻な崩壊状態のある部分については、それを回避するにはもはや遅すぎるのだ。それでもわたしは、信じたいと思う――この奮闘のなかから、先人たちよりも澄んだ瞳で世界を眺めることができる世代が生まれてくることを――その新たな世代が、〈錯乱〉の時代において人類が陥っていた孤立状態を乗り超えられることを――かれらが、人間とはことなる諸存在との一体感を再発見し、そして、この、新しいと同時に古くから伝わるものでもあるヴィジョンが、変容し生まれ変わった芸術や文学のうちにその表現を見いだすことを。

著者インタヴュー

――二〇二一年一一月二日　ブルックリンのアミタヴ・ゴーシュ邸にて

――〔スコットランドの〕グラスゴーでは、ちょうどCOP26〔第二六回気候変動枠組条約締約国会議〕がはじまったところです。その開催前夜に届いた『ニューヨーカー』誌のメルマガには、気候変動に警鐘を鳴らした古典的な記事が二本――ビル・マッキベンの「自然の終焉」（一九八九）、およびエリザベス・コルバートの「人間の気候」（二〇〇五）――再録されていました。その前口上で同誌の編集者はこう書いています――「物書きや編集者ならだれでも、気候変動がもたらす緊急事態をめぐる記事を掲載することの危険を熟知している。読者の多くは、陰鬱な気分になるのをきらい、なんでもいいから別の記事を読みたがるものだから。しかしながら、マッキベンとコルバートは、それぞれ独自の知的かつ文学的な力わざでもって、これら瞠目すべき文章を世に送りだしたのだった。もちろん、グラスゴーからもたらされる日々のニュースを追いかけよう。だが、そこに賭けられている真の問題を理解するために、もっと深く掘り下げてみようではないか。さあ、すこしばかり時間をとって、ビル・マッキベンとエリザベス・コルバートを読もう」。この呼びかけは、まさにタイムリーなものだと感じました。というのも、本書『大いなる錯乱』はまさに、こういった「深く掘り下げ」る試みの代表的なものであり、また、そのなかでもたいへんユニークなものであると言えるからです。本日のインタヴューは『大いなる錯乱』日本語訳の付録となるものですが、とりあえずグラスゴーのことは忘れて、できるだけ本書に即した——そして、本書を日本語に翻訳するという経験に即した——話題を掘り下げることができれば、と思います。

とはいえ、本書が上梓された二〇一六年からすでに五年がたっているわけで、この五年間にあまりに多くの変化があったことも事実です。なんといっても、わたしたちはいまだに新型コロナウイルスの世界的感染拡大の真っただなかにおり、それ以前の世界を思い出すのが困難なほどです。この間、グレタ・トゥーンベリが彗星のごとく登場し、ある意味でその裏面とも言えるトランプ大統領とその一派の台頭といった事態も目のあたりにしました。また、SDGsといった表現が日々の生活のなかに浸透するようにもなりました。

AG SDGsとはなんですか?

——国連が定める「持続可能な開発目標」というもので、達成目標がわかりやすく箇条書きにされたものです。そういえば、アメリカでこの表現は見かけませんね。

AG ええ。もちろん「持続可能性(サステナビリティ)」という表現はずいぶんむかしから使われていますが、そういったパッケージ化されたものは知りませんでした。

——日本では、猫も杓子もSDGsといったありさまで、政府や企業もこぞってこの「お守り言葉」を広報その他に取り入れています。逆に、若いマルクス研究者が「SDGsは大衆のアヘンである」と言ってちょっとした話題になったりもしたりしましたが、これらは日本に特有の現象なのかもしれませんね。それはそれとして、話をもうすこし本書に近いところにひきつけますと、ここ数年の「気候小説（Cli-fi）」というジャンルのめざましい興隆があります。ゴーシュさんご自身も『ガン島』（*Gun Island*）という小説を二〇一九年に発表なさいましたが、その小説でも気候変動がもたらす危機が物語の大きな枠をなしています。

AG わたし自身は「気候危機（climate crisis）」よりも「惑星的危機（planetary crisis）」という表現をいまは好んでいます。マーガレット・アトウッドも言っていますが、なにも気候だけが変動しているのではなく、すべてが変動しているのです。[*1] すべては「大加速（Great Acceleration）」〔第一部一三三頁の訳注を参照〕の結果なのです。いわゆる「難民危機」や目下のパンデミックが引き起こしている全世界的な危機はすべて「惑星的」に連動しており、それは人類の歴史、ことにグローバルな権力の運動につき動かされてここまできた人類の歴史に深く根ざしたものであると考えています。

―― ですから、それは広い意味で「文化」の問題でもあるのですね。『大いなる錯乱』の重要な貢献は、「気候変動の危機はまた、文化の危機であり、したがって想像力の危機でもあるのだ」〔本書一六一―一七頁〕という一文に要約される視座にあると思うのですが、気候変動をめぐる言説がとかく科学技術や国際政治の問題に集約されがちなのにたいして、小説家であり人文学者でもあるゴーシュさんがそれを〔広義の〕「文化」の問題、すなわち、わたしたち一人ひとりが日々の暮らしのなかでもちいる「想像力」の問題であると喝破したことの意義は、たいへん大きいと思います。

文化の問題である以上、気候変動はわたしたちがたどってきた歴史に深く根ざしたものとなるわけですね。

AG 最新のノンフィクション作品『ナツメグの呪い』(*The Nutmeg's Curse: Parables for a Planet in Crisis* [2021]、未邦訳)では、今日の惑星的危機につながる近代=植民地主義の歴史を、ナツメグをめぐる寓話(パラブル)から語り起こしています。ある意味で『大いなる錯乱』の続編とも言えます。

―― それはたいへんたのしみです。さっそく読ませていただきたいと思います……さて、もうすっかり本題に入ってしまったようでもありますが、その前にもうひとつだけ、わたしのほうからお話しをさせてください。じつは昨日、コロンビア大学の図書館で『カウントダウン』(一九九九)という小冊子を見つけて今日もブルックリンまでの地下鉄のなかで読んでいたのですが、これはぜひとも日本の読者に紹介しなければ、と思いまして……。

＊1 この"Everything changes"という表現は、本文でも言及されているナオミ・クラインの著書『これがすべてを変える 資本主義vs.気候変動』(二〇一四)を思わせることから発言者の名前を言いまちがえたのではないかと著者に確認したところ、著者の記憶ではアトウッドがたしかにそう述べていたとのことである。ちなみに、本書でも言及されているティモシー・モートンの *Hyperobjects: Philosophy and Ecology after the End of the World* (2013、邦訳は以文社より刊行予定)においても、「ある意味で、すべてが変動している。それが、ハイパーオブジェクト宇宙のちからなのだ」(五四頁)という一節があるが、その直前には「ある意味で、近代とは石油がすべてに入りこんでいった物語(ストーリー)だ。それが、ハイパーオブジェクト放射のちからなのだ」というくだりもあり、ゴーシュとモートンの思索の親和性を示している。

AG それは一九九八年に発表したエッセイで、わたしのエッセイ集（*The Iman and the Indians*［印］、*Incendiary Circumstances*［米］）に収録されていますが、インドの出版社が小冊子として別途出版したものです。

―― そうでしたか。どうりで日本の図書館では手に入らないのですが、エッセイ集の方で読めると知って安心しました。これは、一九九八年にインド・パキスタンであいついで実行された軍事目的の核実験をうけて、実験場所のポカランをふくめインド・パキスタンの各地を飛び回って取材したうえで緊急出版された、ある種のルポルタージュです。もちろん「核」にかかわることは日本の読者にとって格別の意味をもつということもありますが、それ以上に、この小冊子はゴーシュさんの仕事のエッセンスをよく表わしているように思うのです。まずもって、それは、とにかく現場に行って自分の目で見てみようという（古い意味での？）ジャーナリスト的態度であり、またそれぞれの場所で現地の人びとに話しかけ、聴きとることを調査の基軸にすえる人類学者的なアプローチでもあります。そして、特定のイデオロギーやその時々の思潮からできるだけ距離をおくようなかたちで、詳細なリサーチにもとづく遠近法のうちに現在進行中の事象を位置づけようとする姿勢は、まさに歴史家のものであり、（フーコー的な意味での）系譜学者の視座に立つものとも言えるかと思います。さらに、これがなによりも重要なことですが、この時事エッセイの作者は卓越したストーリー・テラーである。

AG たしかに、わたしが最初に就いた仕事はジャーナリストでしたから、とにかく現場に行って自分の目で見ることは、あらゆる仕事の基盤になっていると思います。『ナツメグの呪い』も〔インドネシアの〕バンダ諸島へ旅したことから生れたものです。また、学部で歴史学〔デリー大学学士〕・大学院で人類学〔オクスフォード大学博士〕を専攻しましたから、調査することは自分にとってきわめて自然な作業です。図書館の使い方を知っている、とでも言うのかな。

――ジャーナリスト的な側面と学者的な側面とのバランスを意識的にとっていますか。

AG 自分にとっては、別々のものとは感じられません。物書き(ライター)として生きるということは、いろいろなことを一緒くたにしてやってのけることですからね。時事的なエッセイにかぎらず小説を書く際にも、こういったさまざまな態度が自分のなかでは混然一体となっていると思います。

――あるネタに出会ったとして、それが小説になるのかノンフィクションになるのか、はじめから直観的にわかるものですか。

AG そうですね……わたしの場合、かなり早い段階でその見極めはついているように思います。すこし話はかわりますが、知り合いの作家の多くが、パンデミックで引きこもりを余儀なくされるなかで小説が書けなくなった、と言っています。どんな職業と比べても孤独に慣れ親しんでいるはずの小説家がこんなことを言うのはすこしおかしな話ですが、他人とまったく会えない環境におかれてみると小説が書けなくなることに、ふと気づかされたわけですね。やはり、知らず知らずのうちに、他人とのさまざまなふれあいのなかから小説家はエネルギーを得ているところがあるのでしょう。そんななか、わたしは、ひたすら資料調査に没頭し、〔パンデミック以前の旅から着想を得て下準備をしていた」『ナツメグの呪い』をいまだかつてなかったほどのスピードで書き上げることができました。

「真剣な小説(シリアス・フィクション)」という用語

—— さて、ではいよいよ本題と言いますか、本書『大いなる錯乱』をめぐっての議論に移りたいと思うのですが、手はじめに、本書を翻訳するというわたし自身の経験から話題を提供したいと思います。原語で読む分には問題なく読めるけれども、いざそれを翻訳しようとすると困難が生じるということは往々にしてあるものですが、たとえば第一部「物語」に出てくる重要な——そして、すくなからず物議をかもした——用語である「真剣な小説（serious fiction）」は、そんな翻訳困難な語句のひとつでした。

AG そうなのですか。SFやファンタジーといった「ジャンル小説」にたいして「主流」とされる小説を「真剣な」と呼んだだけで、べつに特殊な用語ではないと思うのですが。

—— そうなのですが、日本語にしようとすると、むしろ日本特殊の文脈に影響されてしまうのです。まずまっさきに思いうかぶのは「純文学」という用語なのですが、これを本書の文脈にあてはめようとすると、どうにもうまくいかないところがあります。日本の文脈では、「純文学」はしばしば「大衆文学」との対比で語られ、その「芸術性」が問題とされます。「芸術性」の定義は、題材について語られることもあれば、形式について語られることもあり、論者によってさまざまなのですが、大雑把に言って、技巧的・実験的な作品が「純文学」の側に配され、ストーリーのおもしろさやディテールで読者を魅了する大河小説や歴史小説などは「大衆小説」と呼ばれる傾向があります。この二分法は、芥川賞と直木賞という文壇の制度によってある種のコンセンサスがあたえられていて、たとえばあなたの作品で言えば、デビュー作の『理性の円環』（*The Circle of Reason* [1986]、未邦訳）はおそらく芥川賞候補となり、日本でも多くの読者を獲得した『ガラスの宮殿』は直木賞を受賞する、というようなことになるかと思います。本書の文脈における「真剣な小説（シリアス・フィクション）」とは、基本的に西洋近代文学的なリアリズム小説のことを指しているわけですが、それを日本語で「純文学」と訳してしまうと、論者によっては「純文学」がリアリズムに傾くことに警告を発するといった日本特殊の文脈とのあいだに齟齬が生じてしまうのです。

AG　「文学的小説（literary fiction）」〔本文では「文芸小説」と訳した〕という表現はありませんか。

――「文学的」という表現も、やはりある種独特な情緒がともないますね。

AG　「リアリズム小説（realist fiction）」でもかまわないと思うのですが。

――そう、あなたが思索しているのはリアリズムの問題であって、「文学性」とか「芸術性」といったことではないのですね。本書第一部の議論を読みながらどうしても想起せざるを得なかったのは、一九三〇年代の表現主義と社会主義リアリズムをめぐる論争です。一方に、「普遍的階級」である労働者の「典型」を描き出すことに文学作品の使命を見いだす社会主義リアリズムの思想があり、他方で表現主義のような実験的・反模倣的な制作実践が旺盛に行われ、それらはするどく対立していました。あなたの議論は、明確にこの社会主義リアリズムの陣営に寄っているように見受けられるのですが、このようなアナロジーは心外でしょうか。

AG　あなたが社会主義リアリズムの話題をもちだしたことは、たいへん興味深く思います。もちろん、これは二〇世紀全般を通じて文学の世界で戦われてきた巨大なバトルですね。社会主義リアリズムがソ連によって支援された運動であったことはよく知られています。しかし、対する「脱政治化」された実験的・前衛的な芸術運動が、ＣＩＡによって文字通り後押しされていたという研究も最近出てきています。『帝国の工房』（*Workshops of Empire* [2015]、未邦訳）という本は、〔アメリカの大学における「文芸創作学科（クリエイティヴ・ライティング）」という制度の創設にかかわった〕ウォラス・ステグナーをあつかったものですが、「西側」における芸術の「脱政治化」がいかに組織的に行われたのかをあとづけた研究です。「文芸創作学科」は戦後アメリカの大学制度のなかで他に類を見ない発展を遂げた領域ですが、その背後にはＣＩＡの組織的な活動があったのです。

ジョン・スタインベック——二〇世紀アメリカが生んだもっとも偉大な作家

AG　それにも関連することですが、わたしは、ジョン・スタインベックをめぐる言説の構築に強い関心をもっています。わたしはよく、アジア諸国を旅して出会った先輩作家たちに「あなたが影響をうけた作家は誰ですか」と尋ねるのですが、きまって名前が挙がるのがスタインベックやゴーリキーです。プラムディヤ・アナンタ・トゥール〔インドネシアの小説家（一九二五―二〇〇六）。代表作に「ブル島四部作」〕もミヤ・タンティン〔ミャンマーの小説家（一九二九―一九九八）。代表作に『剣の山を越え、火の海を渡る』〕も、そう言っていました。インド人作家でも、じつに多く者がおなじように答えます。[＊2]

――とても興味深いですね。

AG いま読み返してみると、スタインベックの『怒りのぶどう』（一九三九）などは「気候小説」の先駆けと言えます。その第一章は短いものですが、「気候小説」の完璧な模範として読むことができます。『怒りのぶどう』は出版当時から一般読者層ではたいへんな成功をおさめ、いまでも学校教育のなかで読まれる古典ですが、アメリカの文壇では冷やかに受けとられました。ヘミングウェイやフィッツジェラルドはスタインベック的な文学を毛嫌いしていましたし、『怒りのぶどう』に好意的な書評を書いたアンドレ・ジッドはアメリカの友人たちからそのことで手ひどく罵られたため書評を書くことを止めてしまったほどです。なぜそのようなことになったのかをわたしなりに推測しますと、それは、スタインベックが「アメリカのヴィジョン」を打ち出したからではな

＊2　この点については、著者が一九九八年に発表したエッセイ“The March of the Novel Through History”（前掲エッセイ集所収）に詳しい記述がある。

いかと思います。そのヴィジョンとは、ヘミングウェイやフィッツジェラルドが描く富裕層のそれではなく、荒廃した土地で難民化する貧者たちを抱えこむものなのです。

――あなたは、そのようなスタインベック的ヴィジョンを復活させようとお考えなのでしょうか。

AG 「復活」というのは不可能でしょうが、スタインベックのような作家はその時点でなにが可能であったのかを書き残すことで、わたしたちに道を示してくれていると思います。〔「先進国」の〕現代文学についてわたしが強く感じるのは、現代作家のあまりに多くが、スタインベックのように〈自然〉や〈世界〉に真正面から取り組むことに背を向けているという事実です。そして、そのような傾向が全面化してくる時期と温室効果ガス排出量が急増した時期とが重なることは、けっして偶然ではないと思うのです。

――その点は、本書でもとくに興味深い議論ですね〔本書一九八–二〇一頁参照〕。

AG アメリカの小説で用いられるメタファーについて考えてみてください。それは、ほとんどの場合、プラダを着たとかフォード車に乗ったとかいった、商品（コモディティ）のメタファーです。木や森や動物が中核的なメタファーとなることは、まずありません。アメリカ文学における商品あるいは商品化のメタファーの浸透ぶりには、目をみはるものがあります。

――最近ではリチャード・パワーズ『オーバーストーリー』（二〇一八）のような顕著な例外もありますが、全般的傾向としては、おっしゃる通りかもしれません。この傾向は「アメリカ的」なものとお考えですか。それとも、グローバルなものとなりつつあるのでしょうか。

AG　その問いに明確に答えることはできませんが、すくなくともわたしのよく知るインドの文学とは大きくことなる特徴とは言えるでしょうね。とはいえ、インド文学でも、その意味での「アメリカ化」はどんどん進んでいるのが現状です。

――　日本についても同様のことが言えるかもしれません。戦後文学にかぎって言っても、たとえば大江健三郎は生まれ育った四国の森という場（トポス）から独自の文学を生成してきましたから、木のメタファーはつねにその中核にあると言えますが、その後の世代を代表する作家たち――村上春樹や村上龍などはアメリカでも有名ですね――では商品のメタファーが優勢で、むしろその点で「新しさ」が評価されるようなこともあったように思います。

AG　もちろん、それはアイロニーであるという主張もあります。しかし、それは、わたしに言わせれば一種の詭弁であって、そういった文学が商品フェティシズムの文化にどっぷり浸かっているという事実にかわりはありません。

――　その意味でスタインベックは例外なのでしょうか。それとも、時代的なものでしょうか。

AG　もちろんスタインベック以外にもドス・パソスといった名前をあげることができるでしょうが、やはりスタインベックは重要な例外と言えるかと思います。すくなくともわたしにとっては特別な存在で、なにより、その小説を書くことにたいする姿勢に共感します。あなたが冒頭にわたしの特徴として挙げてくれたことですが、「とにかく現場に行って自分の目で見てみよう」という姿勢ですね。スタインベックは『怒りのぶどう』を書くために、オクラホマからカリフォルニアに流れてくる難民たちのキャンプへ行ってかれらの話を直接聴いています。

——実際、移住労働者たちの群れに身を投じて、行動をともにしたこともあったようですね。

AG スタインベック自身は中産階級の出身だと思いますが、現実に存在する棄民たちの困窮の世界に入っていき、それを具象的（フィギュラティヴ）表現で小説に描き出したのです。これはあなたが「純文学」について話していたことと関係するのかもしれませんが、いつからか表現主義や抽象主義といった「前衛」に芸術的価値がおかれるようになると、スタインベックのようなリアリズムは文学界において軽視されるようになります。そういった風潮に対抗するものとしてスタインベックを読むことができると思いますし、アメリカ文学にはこのような対抗的な伝統がたしかにあります。たとえば、ハーマン・メルヴィルがいるでしょう。『白鯨』だけでなく『レッドバーン』のような作品でも、ほとんど民族誌的とも言える語りはノンフィクションとの強いつながりをもっています。

——いま風に言えば「ドキュメンタリー」に近づいているということでしょうか。

AG たんなるドキュメンタリーではなくて、その現実に密着した記述が小説という形式をとることによって超越的なアレゴリーの域に到達していることがこういった作品の真の偉大さだと、わたしは思うのです。

——『怒りのぶどう』も、ラストシーンは聖母子像を思わせる、ほとんど神話的と言っていいような、あるいは霊性的（スピリチュアル）とでも呼びたくなるようなイメージで、静寂のうちに幕が降ろされますね。

AG 『怒りのぶどう』は、あらゆる意味において、ほんとうにすばらしい小説だと思います。しかし、現代の有力なアメリカ人作家がこの作品をそのように評価するのを聞いたことがありません。

――日本も似たような状況かもしれません。日本でも、かつてはいへんよく読まれていたと思います。わたし自身をふくめ多くの日本人が読んでいる『怒りのぶどう』の翻訳は、戦後日本のアメリカ文学研究に不朽の業績を残した大学教授〔大橋健三郎〕によるものですが、その解説には「これぞ文学」といった熱量を感じとることができます。近代日本において、急激な近代化が国家主導で推し進められるなかで、地方の労働力が暴力的に都市部や資源開発・工業地帯に動員された結果、農業中心に構成されていた地方コミュニティの荒廃や都市部に流入した労働者たちの窮乏は深刻な問題となりました。さらにアジア太平洋戦争の破壊と「戦後復興」というかたちでもたらされた新たな社会の歪みを経験した日本にとって、やはり、スタインベックの文学が切実な意味をもったのではないかと想像します。しかし、わたしの知るかぎり、いま現在スタインベックが日本で熱心に読まれているということはないように思います。

AG スタインベックは、日本だけでなくアジア全域において、二〇世紀のアメリカが生んだもっとも影響力のある作家であると言っても過言ではないのではないでしょうか。それが文学界において脇に追いやられていくその過程自体が、考察にあたいするものだと思います。

文壇の保守性／文学の倫理性

AG　二〇世紀後半にもてはやされた「文学的」小説のことを思い出してみてください。わたしが文学の世界に入ったころに英語圏でもてはやされていた「主流」の小説家たち――ここでは具体名を挙げることはさしひかえますが――の作品を、今日いったい誰が読んでいるでしょうか。いまでも人びとの記憶に残っていて、これからも読まれ続けていくのは、アーサー・C・クラークやアーシュラ・ル＝グィンといった「ジャンル小説」のレッテルを貼られた作家たちの作品ばかりではありませんか。「文学的」評価とかステータスというのは出版業界がでっち上げたもので、その業界は疑いようもなくＷＡＳＰ〔白人男性〕的な価値観に支配されてきたのです。

――なかなか手厳しいですね。

AG　わたしたちはどこかで、作家や芸術家というものは〈世界〉の現実に応答する能力を有しており、一般人よりも「先を行っている」と考えがちですよね。「前衛」という表現自体、まさにそういった考えにもとづくものです。わたしも以前はそのように考えていましたが、最近になってだんだんと気づいてきたのは、文学界〔文壇〕はそういった「応答」において、じつはきわめて鈍感であるということなのです。おおきく変動する今日の状況にたいして、哲学者や歴史家とくらべても、文学者の応答はかなり遅れをとっているということを認めざるをえません。わたしはこれを悲しく思います。「前衛的」といった表現は見せかけにすぎず、文学界の本質は信じがたいほどに保守的で、変化にたいして強く抵抗する性格をもっています。たとえば、ブラック・ライヴズ・マター運動について考えてみてください。これだけアメリカ社会を大きく揺るがせている運動を目の当たりにしながら、ニューヨークの出版業界には黒人編集者はほとんどいないのですよ。こんなことは、誰の目にもあきらかなことです。「文学は貧しい人びとや虐げられた人びとに声をあたえる」といった神話がありますが、「文学」という実践はきわめてエリート主義的なものです。そもそも分厚い本を読めること自体、すでに教育格差を前提としているでしょう。一般的にもたれている「文学」の理念と、実際に「文学」が書かれ読まれる現実とは、かけはなれたものなのです。

――そうしますと、やはりまた、リアリズムの問題に跳ね返ってきますね。本書第一部のなかでも非常に印象深かったのは、あなたがシュールレアリスムやマジカル〔マジック〕・リアリズムといった前衛的技法について、今日の「すべてが変動している」世界に「応答」する能力がそれらに欠如していることを批判し、そこに「倫理的困難」を見いだしていることです。本文から引用しますと――「われわれが経験している出来事は、いかに蓋然性が乏しかろうと、シュールでもマジカルでもなく、どうしようもなく差し迫ったものとして驚くほどリアルなのだ。これら現実の出来事を比喩的・寓意的あるいはマジカルなものとあつかってしまうと生じるであろう倫理的困難は、おそらく自明のことだろう」(本書四六-四七頁)。これを「倫理的(ethical)」な問題と捉える姿勢に、たいへん興味を覚えました。

AG フクシマで起きたことや、ハリケーン・サンディやカトリーナの大惨事をシュールレアリスムやマジカル・リアリズム的に取りあつかうことには、ふたつの問題があると思います。ひとつには、いまの引用にあるように、それはマジカルな出来事ではなく現実（リアル）に起きているということ。そして、もうひとつの問題は、それが人びとの悲惨や苦しみを諷刺することにつながりかねない、ということです。

―― 現実に起きている悲惨や苦しみにたいしては、直截なリアリズムの手法で臨むのが「倫理的」である、とお考えなのですね。

人間ならざるもの（ノン・ヒューマン）の声

AG さらに、マジカル・リアリズムにかんしては――ここでわたしはおもに南米のそれを考えているのですが――その人間中心的（anthropocentric）傾向を指摘したいと思います。「マジカル」なのはいつも人間の世界であり、人間ならざるもの（ノン・ヒューマン）に声があたえられることはまずありません。ところで、日本には全編が猫の語りになっている人気小説がありますよね。

―― 夏目漱石の『吾輩は猫である』ですね。

AG 日本にかぎらずアジア文学全般について、人間ならざるもの（ノン・ヒューマン）の声が小説のなかに無理なく入りこむことができるという特性を挙げることができると思います。インドネシア文学などはその最たるものですね。

――本書にも「竜巻の〈目〉」というメタファーをめぐる印象的な考察がありますが〔本書二四頁〕、これはある意味で「翻訳」が容易な部分でした。日本には、いまでもたいへんよく読まれている名著――小説ではありませんが――に『ナマコの眼』（鶴見良行著、一九九〇）というものがあります。ナマコの視座からアジアの歴史を見返すと、国境線で区切られた人間の歴史とはまったく違った風景が見えてくるというもので、あなたのお仕事にも通じるものがあると思います。

AG 日本はたいへん興味深いですね。あれほどの勢いで科学技術を進歩させながら、西洋的な機械主義的形而上学をとり入れようとはしない。最先端の科学研究に従事する者であっても幽霊の存在を信じることができる。幽霊も、もちろん、人間ならざるもの（ノン・ヒューマン）です。実際、人間ならざるもの（ノン・ヒューマン）をとり入れはじめたら、きりがないのです。動物だけではなく、植物や幽霊や……。

――いまでは、新型コロナウイルスもいますね。

AG そのとおり。このことが示すのは、科学技術を進歩させるのに、かならずしも人間中心主義になる必要はない、ということです。

――「真剣な小説」はそういった〈世界〉の見方に「抵抗」する、というのがあなたの議論ですね。

AG そうです。英米の小説について考えてみると、そこに幽霊が出現すれば「ホラー小説」、おしゃべりするウサギを登場させれば「ファンタジー」といったように「ジャンル小説」のレッテルを貼られて「真剣な小説」から排除されます。しかし、本来的に言えば、「真剣な小説」に人間ならざるもの（ノン・ヒューマン）の声を導入することはまったく可能なはずです。前近代は、そういった事例にこと欠きません。『西遊記』がいい例です。

――『西遊記』は日本でもたいへん人気があり、アニメや実写版など、さまざまな翻案があります。ただ他方で、さきほどの『吾輩は猫である』にも言えることかと思いますが、そういった作品や近代的翻案における「人間ならざるもの（ノン・ヒューマン）の声」とは、じつは擬人化（anthropomorphism）にほかならないという議論も成り立つのではないでしょうか。擬人化された人間ならざるもの（ノン・ヒューマン）の声によって人間の世界を諷刺するものである、と。

AG そういう議論は、もちろん可能でしょう。つまるところ、わたしたちは言語で表現を試みているわけで、言語とはすぐれて人間的なものなのですから。しかしながら、そこには、もっとも基本的なレベルにおいて、人間以外の生き物にも生活があり理性や意志をもっているという認識＝再認（recognition）が共有されており、それが西洋近代には欠けている、とわたしは考えるのです。一七世紀以降の西洋的思考においては、原則として、人間とそれ以外の生き物とのあいだにはなんら共通点はないとされます。もちろん、ここで「人間」とは「白人の男性」、それもエリート層だけを指しているわけですが。キプリングの「なかば悪魔、なかば子ども」〔白人には「野蛮人」を支配・訓育する「責務」があると謳った「白人の責務」という詩のなかで、非西洋の民をさして使われた表現〕ですね。

ここで、ご子息が犬の散歩から帰宅。「ユキ」という日本名をもつ巨大な飼い犬が駆けこんで来て、有無を言わさず三原に跳びかかる。名前の由来や「パンデミック・ペット」の話題でひとしきり盛り上がる。

──だいじょうぶでしたか。ユキがあなたをこわがらせなかったのならいいのですが。

AG いえいえ、まったくだいじょうぶです。それにしても大きな犬ですね。

──あの子は、自分がどれほど巨大かわかってないのです（笑）。

AG さて、人間ならざるもの（ノン・ヒューマン）の思わぬ介入で中断されてしまいましたが、第一部「物語」のはなしに少々時間を使い過ぎたようでもありますし、ちょうどいいタイミングですので、第二部「歴史」に入りたいと思います。

日本の特殊性？

──本書にかぎらず、あなたのお仕事の重要な貢献のひとつが「アジア」という場＝主題（トポス）の中心化にあることは論を俟たないと思います。本書のような批評的ノンフィクションはもちろん、大河小説「アイビス号」三部作（*Sea of Poppies* [2008], *River of Smoke* [2011], *Flood of Fire* [2015]、いずれも未邦訳）もアジアが舞台であるのみならず、まさに「アジア」そのものが主題となっています。ただ、ここでも、日本語への「翻訳」の問題が生じます。というのも、日本語で「アジア」というとき、多くの場合そこに日本はふくまれておらず、またその西方の外延においても、あなたがお考えの「アジア」とはかなり違ったものになると思います。そのこと自体たいへんおもしろい議論になるとは思うのですが、このインタヴューは日本語で公表されるものでもありますので、ここでは日本の話題に絞りたいと思います。おそらく、日本の読者が本書の第二部を読んで驚き、あるいはうれしく感じる者もいるのではないかと思われるのは、あなたが第二部最終盤の重要な箇所で杉原薫や和辻哲郎といった日本の学者の名前を挙げていることです——これは、じつに玄人好みの引用だと思います。ただ、正直なところ、わたしなどは翻訳しながらすこしばかり不安に思うところもあって、それはいま言いました、ある種の日本特殊性論のようなものと親和性をもってしまうのではないか、ということです。そのこともふまえつつ、あなたがこういった日本の学問言説に関心をもたれた背景などについてうかがいたいと思います。まず、杉原薫教授ですが、こちらは昨年『世界史のなかの東アジアの奇跡』という大著を上梓なさいまして、そこで「東アジア型発展経路」にかんする持論を大々的に展開しています。

AG わたしはもちろんその大著を読むことはできませんが、英語で発表された杉原教授の諸論考にたいへん関心をもっています。インドの人たちと議論するときに、わたしはいつも杉原教授の議論を援用して、「資本主義の型はひとつではない。資本主義にはさまざまな型がありうる。資源の乏しい日本や韓国は、資源集約的な成長モデルではなく労働集約的な発展経路を選択した。インドもこれに学ばなくてはいけない」と主張します。ワシントン・コンセンサス[*3]は、その本質において、資源収奪型（extractivist）の入植者植民地主義にもとづく経済モデルです。それが一九九〇年代以降全世界におしつけられ、第三世界の国々もほとんどがそれを受け入れました。しかし、植民地をもたないインドのような国家がそのモデルを採用すると、内側にむかって植民地主義を展開せざるをえず、たとえばインド亜大陸中央部の森林などにおいておぞましいほどに破壊的な資源収奪を行うことになります。これはあきらかに持続可能なモデルではなく、まちがいなく崩壊の一途をたどることでしょう。

——日本も、もはやその例外とは言えません。もちろん、日本の特殊性を言祝ぐある種のイデオロギーとして「持続可能な日本型経済モデル」といったものが語られたり、アニメのような想像的領域において描き出されたりもしますが、基本的にはあなたがおっしゃるような「アングロ＝アメリカ型経済モデル」に追随しているものと思われます。

AG そうですね。ほんとうに残念なことです。

——さて、そういった議論を展開する第二部は、和辻哲郎からの引用でとじられるわけですが、和辻については、わたしの世代の研究者には多少アンビヴァレントな感情があります。驚かれるか

＊3　一九八〇年代末から九〇年代にかけて、ワシントンDCに集うアメリカ合衆国政府やIMF・世銀といった国際機関の暗黙裡の合意によって主導されたグローバルな経済戦略で、債務国の債務削減・経済再建を旗印としながら開発途上国をグローバルな新自由主義的経済構造に包摂していった結果、「世界に格差をバラ撒いた」（ジョセフ・スティグリッツ）とされる。

もしれませんが、わたしが学生をしていた一九九〇年代には、和辻はイデオロギー批判の標的となっていました。あなたが強く関心をもっておられる「風土論」――この「風土」という表現自体じつは翻訳困難なもので、英語では「気候（Climate）」と訳されていますが、これは「風」と「土」という漢字で構成されるその表現が内包する意味とは大きなへだたりがあります――には、「日本」を有機的な統一体と捉えたうえでその特殊性を称揚する側面があり、それは「日本」の特殊な「使命」、つまり「大東亜帝国」建設という「国家的使命」の唱道に直結しています。それが、そののち、オギュスタン・ベルクというフランス人の人文地理学者による再発見といったことにも影響され、また昨今のエコロジー思想との親和性もあり、再評価されています。

AG わたしが和辻と出会ったのは、ハイデガーつながりです。いまの話ともつながると思いますが、ハイデガーはたしかにナチスに連なる思想家ではあったけれども、だからといってハイデガーの思想がすべて否定されるものではありません。むしろ、ハイデガーやその伝統に連なる思想家たちこそ、エコロジーの根本的な諸問題を提出してきたのであって、そのことはきわめて重要だと考えています。

――和辻の思想も、出発点はハイデガーにあります。ハイデガーの『存在と時間』を全面的に受けとめ、しかし「時間」ではなく「空間」において思索しようとした、というのが「風土論」の背景にあります。

AG 時間と空間をめぐる抜本的な思索は、ネイティヴ・アメリカンにも顕著にみられます。ヴァイン・デロリア〔ネイティヴ・アメリカンの思想家・活動家（一九三三―二〇〇五）で、先住民独自の世界観・宗教観を呈示して西洋文明批判を行った〕というネイティヴ・アメリカンの思想家がいますが、かれは現代世界の窮状の根源を西洋近代的「時間」概念に見いだしており、それにネイティヴ・アメリカン的な「空間」の思想を対置させます。西洋近代的な「時間」概念の発生とヨーロッパ人によるアメリカ征服とは同時代的な現象なのです。

――「空間」、そして人間個人の生を超える長い持続としての「時間」は、あなたの小説の主要なモチーフでもありますね。

AG そのとおりです。

――そういったネイティヴ・アメリカンのコスモロジーを、前近代の「アジア」と結びつけることができるとお考えですか。

AG はい、それは重要な連環です。ただ、同時に、大きな違いもあります。ネイティヴ・アメリカンに根づく「大地の神聖性」の感覚は、はるかに具体的で厳密なものです。あなたは、昨年急死したデヴィッド・グレーバーの遺著となった『すべてのものの夜明け』（*The Dawn of Everything* [2021]、未邦訳）[*4]を読みましたか。

＊4　本書は未邦訳だが、ここで話題となっている議論については、デヴィッド・グレーバー『民主主義の非西洋起源について』でその一端を知ることができる。

——いいえ、まだです。ただ、グレーバーは現在日本でもたいへん読まれている思想家ですので、これまでの著作についてはある程度知っています。

AG デヴィッド・ウェングロウとの共著ですが、この本はその冒頭から、ものすごくおもしろい議論を展開しています。「自由」「平等」「民主主義」といったいわゆる「解放的」思想はヨーロッパ啓蒙主義の賜物である、と言われ続けてきたわけですが、じつはネイティヴ・アメリカンから輸入したものだ、とかれらは言うのです。

——ナショナリズムもヨーロッパ発ではなく、「新世界」から逆輸入したものである、というベネディクト・アンダーソンの有名な議論が思い出されますね。

AG 考えてみれば、これは驚くべきことです。ここ百年かそこらのあいだに西欧の学術界が、すぐれた思想や科学技術などはすべて西洋発祥であるという神話をでっちあげてきたのです。数学を例にとっても西洋のそれは借り物だらけでしょう。いま真に問われるべきは、いったいなぜ、こんな「でっちあげ」がこれほど長いあいだまかり通ってきたのか、という問いではないでしょうか。

——わたしは、メアリー・ルイーズ・プラットが案出した「コンタクト・ゾーン」という用語を好んで使うのですが、本来は異種が出会う「コンタクト・ゾーン」において生じたものを遡及的にどちらか片方の側——それは、つねに権力=暴力を有する側ということになりますが——の専有に帰する、というメカニズムですね。

ローマ教皇こそ理性的

—— 予定していた時間をすでにずいぶんと超過してしまっていますので、急いで第三部「政治」に話を移したいと思います。「政治」という章題ですが、時間の関係もあり、むしろここでは「宗教」の問いに絞って質問したいと思います。ここでもやはり、とっかかりとして日本語への翻訳の問題をとりあげたいのですが、それは「ビリーフ（belief）」という単語です。英語では宗教的文脈でも世俗的文脈でも同じように使われる単語ですが、日本語では宗教的な「信仰」と世俗的な「信念」といったようにことなる表現が使用されます。つまり、文脈に応じて、それが宗教的な意味で用いられているのか、世俗的な意味で用いられているのかを腑分けする必要が出てくるわけです。このことは、本書『大いなる錯乱』を締めくくるあなたの議論——ローマ教皇フランシスコによる回勅『ラウダート・シ』とパリ協定〔COP21において採択された気候変動抑制にかんする国際合意文書〕という、二〇一五年に公表されたふたつのテクストの比較——を、より興味深いものにするように思われます。というのも、そのみごとな比較分析においてあなたが示しているのは、ある意味で、パリ協定を起草した技術官僚（テクノクラート）たちのビリーフは「宗教的」なもので、ローマ教皇のそれは「世俗的」なものだ、ということだと言えるからです。

AG 「世俗的」というよりは「理性的」ですね。

――なるほど、たしかにそれは重要な違いですね。さて、ここでわたしがあなたに問いかけたいことをせんじ詰めれば、それは「祈り」の問題ということになるかと思います。あなたのテクスト分析では対象とされていませんが、教皇フランシスコのテクストがその末尾に二編の詩（「わたしたちの地球のための祈り」「被造物とともにささげるキリスト者の祈り」）を置いているのをどう考えるのか、ということです。それは、教皇の「理性的」な言説のたんなる補遺（supplement）とお考えですか。それとも、まさにその「理性的」な言説を可能にする思考の枠組みそのものであると言えるでしょうか。

AG 教皇の「祈り」の意味は、人間のできることには限界があるという事実の承認ということに尽きると思います。人間はあらゆる困難を自分だけの力で解決することができるという妄信が、現在の破局をもたらしているということの承認です。パリ協定のテクストを隅々まで支配しているのは、そのうちになにか魔法のような科学技術があらわれてすべてを解決する、という純粋に魔術的な思考（マジカル・シンキング）です。奇妙なことに、このテクストの著者である技術官僚（テクノクラート）たちは、自分たちがきわめて理性的であるとつねに主張しているにもかかわらず、じつは魔術的な思考にすっかり陥っているのです。それとは対照的に、教皇はより理性的な態度で問題に臨んでいます。パリ協定の起草者たちは、現在の地球の窮状にかんして人間の過ちをけっして認めようとしませんが、教皇はまさにその一点から思索をはじめているのです。

――そういった人類にたいする内在的批判（critique）は、宗教的信仰によって可能なものとなっているという見方に、あなたは同意なさいますか。

AG 人類にたいする批判ではなくて、資本主義的近代にたいする批判です。そこには大きな違いがあります。わたしが重要視するのは、この問題にたいする教皇の姿勢です。教皇はつねに貧しい人びとに向かって語りかけ、貧しい人びとの視点で世界を見ています。パリ協定には、このような視点が完全に欠如しています。

――わたしがなぜこの点にこだわるのかと言いますと、それは、わたし自身がエドワード・サイードの「世俗批評（Secular Criticism）」に強い関心を抱いているからです。それはしばしば〔宗教・対・世俗という二項対立を前提とする〕「世俗主義（secularism）」的枠組みにとらわれたものと理解されていて、実際サイード本人にもそのような傾向が否めないところはあるのですが、わたしがここ数年考え続けているのは、その「世俗批評」の概念を「ポスト世俗」時代と呼ばれる〈いま・ここ〉において読み替えるならば、たとえば教皇フランシスコの「祈り」のような宗教的・霊性的な契機（モーメント）――それは制度的な意味での「宗教」ではなく、むしろ「宗教的なるもの（the religious）」と呼ばれるべきものだと考えていますが[*5]――そういった〈宗教的なるもの〉こそが、逆説的にも、より強力な「世俗批評」になりうるのではないか、ということです。

AG 重要なポイントは、語りの主体がもはや「われわれ」ではなく「地球」である、ということ

＊5 三原芳秋「〈宗教的なるもの〉の異相」、『思想』（二〇二一年五月）、参照。

でしょう。いまや多くの科学者が、地球との関係について「聖なるもの」の言語を口にするようになっているということは、驚くべきことです。ジェームズ・ラヴロック〔英国出身でおもにNASAで研究に従事した科学者（一九一九―）。「ガイア仮説」の提唱者として知られる〕のような科学者が、女神の名前〔ガイア〕を求めるということ自体、じつに驚くべきことだとは思いませんか。機械主義的近代の基盤となった世俗的思考は、もはや死んだのです。サイードの「世俗批評」も、その枠組みのなかから生まれたものでしょう。実際、サイードは環境問題についてなんのことばも、もち合わせていなかったではないですか。

――サイードが、かならずしも悪い意味ではなく、人間中心的な思考をしていたことは事実です。かれにとって重要なのは、人間の「自由」であり「平等」だったのですから。

AG そこが問題なのです。人間の「自由」が概念化されてきたまさにそのやり方が、現在の破局を生みだしているのです。〔本書一九四頁参照〕

――しかし、〔パレスティナ人民のような〕抑圧された人びとにとっては、まずは抑圧から解放されて自由・平等を勝ち取ることが必要なのではないでしょうか。

AG サイードの世代の研究者たち、とくに左派の人びとは、完全に人間中心主義的な批評にコミットしていて、そこから焦点をずらすことを受け入れはしませんでした。唯一の例外は、ガヤトリ・スピヴァクでしょう。

――「惑星性（planetarity）」[*6]の思考ですね。

AG そうです。スピヴァクは、さきほど述べたような思考法をまぬがれる道をすでに見いだしていたと言えるでしょう。

＊6 「惑星性」は、二〇〇〇年前後にスピヴァクが提唱していた概念で、『ある学問の死　惑星思考の比較文学へ』の第三章の表題にもなっている（邦訳では「惑星的なあり方」）ものであるが、スピヴァク本人は二〇〇七年の一橋大学での講演において、質問に答えるかたちで「いまから考えれば「惑星性」という言葉を使わないほうが良かったかもしれない」と発言している（『スピヴァク、日本で語る』、五二頁）。いずれにせよ、スピヴァクが「惑星性」について語った際には、本インタヴューの文脈にあるような〈人間ならざるもの（ノン・ヒューマン）〉や〈人新世〉が問題となっていたわけではなく、（おそらく初出である一九九七年のチューリッヒにおける講演の表現を引くと）「惑星性の思考を用いてグローバリゼーションを堰き止める」（*Imperative zur Neuerfindung des Planeten* [1999], pp.82-3）ことにその概念案出の主眼があった。とはいえ、スピヴァクのデリダ読解に由来する「資本主義以前の諸社会が有する責任-思考」の場として〈惑星〉の「根源的他性」を立てる議論は、ゴーシュが課題とする「〈人間ならざるもの（ノン・ヒューマン）〉の声」への応答可能性（＝責任）の問題系を十分その射程に収めている、とも言えるだろう。（スピヴァクの「惑星性」概念を〈人新世〉に接続する興味深い試みとして、Elizabeth M. DeLoughrey, *Allegories of the Anthropocene* [2019]、とくにその第二章などを参照のこと。）

ただし、ゴーシュが最近「惑星性」「惑星的」という用語を好んで使うのには、むしろ盟友ディペシュ・チャクラバルティの直接的な影響をみるのが妥当だろう。チャクラバルティの最近の著書『惑星的時代における歴史の気候』（*The Climate of History in a Planetary Age* [2021]、未邦訳）、とくにその第三章（"The Planet: A Humanist Category"）を参照のこと。ちなみに、スピヴァク、チャクラバルティ、ゴーシュに共通するのは、三名ともベンガル出身で北米に活躍の場を見いだした知識人である、という点である。

希望の資源

―― 最後に、現時点について、すなわち、本書『大いなる錯乱』が発表されてから五年が過ぎた二〇二一年の現在についてのコメントをいただいて、このインタヴューを終わりにしたいと思います。

AG わたしがこの本に着手した二〇一五年の時点では「気候変動について書いている」と友人に言うと、きまって笑われたものですが、いまでは笑う人などひとりもいないでしょう。それほど状況は大きく変わりました。文学についてもそうです。いまや、惑星的危機を題材にした文学は、世のなかにあふれています。

―― それは良い兆候だと思われますか。

AG もちろん、それ自体は良いことだと思っています。わたしのところには、毎日のようにそういった小説の原稿が送られてきて、「あなたにインスパイアされてこの小説を書いたのだから、あなたにはわたしの原稿を読む義務がある」と言ってくるのですよ（笑）。

―― そういった「流行」にたいして、あなたご自身に違和感はありませんか。じつは、本書であなたがギー・ドゥボールに一度ならず言及することに興味を覚えていまして、時間があったらそのことをおうかがいしたいと思っていたのですが、「気候小説」の類が流行することで、この問題が

「スペクタクル化」してしまうというおそれはないでしょうか。ひとつのファッションとして気候変動にかんする小説や言説がメディアにあふれることによってスペクタクルとなり、惑星的危機への真に批判的な取り組みが雲散霧消してしまうという可能性はないでしょうか。

AG たしかに、そういうおそれはあるかもしれません。しかし、すくなくとも、多くの人たちが思考態度を変えはじめたということは重要な、もっとも重要な最初のステップだと思います。そして、その大きな変化に拙著が貢献していると多くの人に言ってもらえるのは、たいへんうれしいことです。

——若い世代には希望をおもちですか。

AG 若い世代……若い世代の人たちは〈わかっている〉と思います。自分たちの生きている世界がおそろしく危険な領域に突入していることを、上の世代よりずっとよく〈わかっている〉と思います。ただ、残念なことに、かれらの未来に残されている選択肢は、「とても悪い」あるいは「破滅(カタストロフィ)」しかない、というのが現実でしょう。

——グレタ・トゥーンベリなどの若い人たちのパッションがそんな未来への道すじを変えることができるとお考えですか。

AG ある意味で、すでに多少なりとも変えているとは言えるでしょう。しかし、大企業の力をあなどることはできません。

——グラスゴーでも、きっと、有形無形でグローバル企業の力を思い知らされることになるのでしょうね。

AG グローバル企業、そしてそれらと結託した国家権力——すなわち、資本主義的近代——は頑固に現状を維持しようとしていて、しかもおそろしく強力です。ですから、それを前にしては抜本的な変革への意志や希望があわれなほどに無力に見えることは事実です。

—— たしかに、その無力感や絶望感から逃れることはむずかしいと、わたしも感じます。本書の第三部で、二〇〇三年二月一五日のニューヨークにおける大規模反戦デモについて書かれていますが、じつは当時米国留学中だったわたし自身もあの群衆のなかにいて、日本では見たこともなかったその規模と熱気にすっかり魅了されたのを思い出します。しかし同時に、あなたが「デモが政策の変更をもたらすと信じていた人はほとんどいなかったのではないかと思う」(本書二一二頁)と書かれているように、わたしもその効果についてはきわめて悲観的でした。実際、あれからほんの一か月ほどのちにブッシュ大統領はイラク侵攻を開始するわけですが、わかっていたこととはいえ、マンハッタンの路上であれほどの高揚感を味わった直後だっただけに、その無力感・絶望感にはトラウマ的なものがありました。ですので、わたしたち市民の政治参加と体制(エスタブリッシュメント)側による現実の権力行使とのあいだに決定的な乖離が生じているというあなたの議論には、残念ながら同意せざるをえません。とはいえ、わたしとしては、この対話を多少なりとも希望のあることばで締めくくりたいと思っています。ただし、一般的であいまいなたんなる希望的観測ではなく、本書の主題にのっとって、「真剣な(リアリズム)小説」の潜勢力にたいするゴーシュさんの希望、あるいは抱負をお聞かせ願えれば、と考えています。具体的には、「さまざまな可能性を想像する」（本書二一〇頁）という点で「真剣な（リアリズム）小説」がいまだに有効かつ「リアリスティック」な方法であるということ、さらに言えば、それが、すでに「不気味（uncanny）」としか言いようのない現実を捉えるために更新された知覚と、資本主義的／帝国主義的〈近代〉にたいする（教皇フランシスコ風の）「理性的」な内在的批判とを結びつける方法でありうること――そうした「真剣な小説」の潜勢力に託されうる希望、ということになるかと思います。もし、そういった希望があるとするならば、今日の作家が向き合うべき特異な困難＝挑戦（チャレンジ）――それは、そのまま、〈希望の資源〉ということにもなると思うのですが――とはどのようなものなのでしょうか。

AG　今日の作家が向き合うべき根本的な困難＝挑戦（チャレンジ）は、わたしたちをとりまく人間ならざるもの（ノン・ヒューマン）に声をあたえることにあると思います。わたしたちが根本的に誤ってしまったのは、人間ならざる（ノン・ヒューマン）諸存在とのやりとりのなかで、これらの諸存在は不活性で生命をもたないものと、人間が勝手に決めてかかるようになってしまったことです。たとえば、石油や石炭といった化石燃料について考えてみてください。それらはたんにエネルギーを生み出す不活性のモノであり、人間にとっては道具に過ぎないので、代替エネルギーというかたちで他の道具に置き換えることは容易である、といった幻想を人間は抱いています。しかし、化石燃料についてよくよく考えてみると、じつはわたしたちの方こそかれらの道具になっているということが、次第にあきらかになってきます。化石燃料は、あまりに根本的な仕方で人間の生活と網目状に絡まりあって（enmesh）きたので、もはやこの手のエネルギーのしがらみから逃れることなどとうてい想像もできなくなっているのです。ですから、人間ならざるもの（ノン・ヒューマン）の世界が実際いかに巨大で、わたしたちの現実（リアリティ）がその無数の網目のなかにいかにして絡めとられているかということを理解しようと試みることは、とても重要なことなのです。そこで、わたしたち物語作家＝語り部（ストーリー・テラー）には、わたしたちの現実に組みこまれたものとして人間ならざるもの（ノン・ヒューマン）の声が〔物語のうちに〕聴きとられるようにするという、じつに重大な責務があるとわたしは考えます。ただ、この課題とながらく格闘してきた者としてひとつ言っておきますと、こういった試みを推し進めようとする作家は、芸術や文学の業界（コミュニティ）において周縁へと追いやられることになります。なぜなら、人間ならざるもの（ノン・ヒューマン）とつながっていこうとするならば――すなわち、それら諸存在は死んでいるのではなく、意図をもち、話し、意味を生み出すことができるという見方を受け入れるならば――「ブルジョワ的真剣さ」とでも呼ばれうる態度と決別する必要があるからです。そして、そうしたとたんに、現代思想の基盤となる思考と根本的に切断されるのです。

――『飢えた潮』（*The Hungry Tide* [2005]、未邦訳）や『ガン島』（*Gun Island* [2019]、未邦訳）といった小説は、その「根本的な切断」の可能性を物語の芸術＝技法（アート）を通じて探究するものですね。それらはまた、「真剣な小説」というジャンルに埋め込まれた〈希望の資源〉をこの惑星的危機の時代において発掘する試みであり、その範例とさえ言えるのではないでしょうか。その意味では、本書『大いなる錯乱』を締めくくる最後のことば――「新しいと同時に古くから伝わるものでもあるヴィジョンが、変容し生まれ変わった芸術や文学のうちにその表現を見いだすこと」（本書二六八頁）への期待――にたいするゴーシュさん自身の応答は、まさに、こういった小説を書きあげ、また書き続けることにあるのでしょう。それこそが、『大いなる錯乱』を読み、現実にその〈大いなる錯乱〉を生きているわたしたちへの、もっとも希望に満ちたメッセージなのだと思います。こころより感謝申し上げます。

インタビュー余滴

本インタヴューは、二〇二一年一〇月～一一月に訳者がニューヨークに滞在した機会に行われたものである。あの一か月は、あとから思えば、〈デルタ〉と〈オミクロン〉のあいだの小春日和のような日々だった。とはいえ、大学その他の公共施設ではコロナ対策が厳格に実施されており、ゴーシュさんのインタヴューをするにも会合場所を見つけることは難しかった。もちろん当世のならわしに従ってZoomにすれば済むことではあったのだが、せっかくニューヨークまで来ているので「対面」でお会いしたいと思っていたところ、ゴーシュさんの方からブルックリンのご自宅で会うことを提案していただき、二〇二一年一一月二日（祝）に「対面」インタヴューが実現した。

ブルックリンの閑静な住宅街にあるゴーシュさんのお宅の呼び鈴を鳴らすと、写真で見たとおりの、カジュアルながらきちんとした身なりの白髪の紳士があたたかく出迎えてくれた。まずはキッチンに通され、ホストがお茶を淹れてくださっているあいだに、こちらはさっそく、持参した日本のお土産をテーブルのうえに置く。これは「風鈴」というもので――と、用意しておいた口上を述べる――富山県高岡市というところのお土産です。越中高岡はもともと浄土真宗が深く根づいた土地柄で、伝統的に仏具をつくる職人たちが多く住んでいまして、そういった技術の名残がこうした「世俗的」工芸品にもあらわれています、云々。そこで、いかにもおしゃべりが好きそうなゴーシュさんが、すかさず口をはさむ――「浄土真宗ならよく知っているよ。ぼくのことを拝んでいる宗派だろう?」。こちらが呆気にとられていると、ゴーシュさんは両手を胸にあて、茶目っ気たっぷりの笑顔でこう言った――「阿弥陀(アミタヴ)!」

そこから会話は思わぬ展開をみせた。当時わたしは、マンハッタン北西部(モーニングサイド)にあるコロンビア大学の近所に宿をとって大学図書館に日参する生活をしていたのだが、ある日の夕方、天気もいいのですこし大回りして帰ろうとリヴァーサイド・ドライヴを歩いていると、ハドソン川を見下ろす高級マンションのすきまに突如出現した親鸞聖人の大きな銅像に出くわした。コロナ禍のこともあり建物は閉まっているようであったが、看板の説明を読むと、それはNew York Buddhist Church(ニューヨーク本願寺仏教会)という由緒あるサンガであり、銅像は広島で被爆したのを移設したものだとわかった。その驚くべき出会いがゴーシュさんにお会いするほんの数日前の出来事だったというご縁もあり、しぜんとそのことに話がおよぶと、これまた思わぬ話がとびだしてきた。以前そのあたりに住んでいたゴーシュさんは、日曜日ごとに子どもたちを連れてその仏教会に通っていたというのだ。日本人のお母さんたちがお弁当をもちよって楽しくランチをしたものだ、などとゴーシュさんは懐かしそうに語ってくれた。当然のことながら——そして、すくなからず、思わぬスクープを前にした記者のような心持ちで——「なぜ、あなたは仏教の教会に通っていたのですか」と、わたしは尋ねた。だが、その答えはいたってシンプルなものだった——「アメリカでは、子どもたちを静かに座らせてやれるような環境がめったにないから」……ふたり分のお茶はもうとっくに淹れてあり、湯気もいつのまにか立たなくなっているほどで、わたしたちは別室のソファーに移動してインタヴューをはじめることにした。

　あとからふりかえると——ことに、その後のインタヴューにおいて教皇フランシスコの「祈り」をめぐってどうも対話がかみ合わなかったことを思い出すにつけ——出会ってからまだほんの数分しか経っていないうちに交わされたキッチンでのあのなにげないやりとりのなかに、この知識人のなにか本質的な部分があらわれていたようにも思えてくる。それを一言で言うならば、このベンガル紳士は、その語の最良の意味において「世俗的」な知識人である、ということになろうか——〈宗教的なるもの〉への偏見を極力排しつつ、しかしそれをそれ自体として受け入れることはせず、つねに「理性的」で人間的（ヒューマニスティック）=人文的な言語に〈翻訳〉する態度が習慣（エートス）=倫理として徹底的に身についている、という意味において。[*7] それが、本書のクライマクスにおいて、教皇フランシスコという一個の人格を手放しに称賛しながら、その人格が代理人をつとめる神格の次元をまったく問題にしないでいられることと通底しているように思われるのだ。ホルへ・マリオ・ベルゴリオというひとりの卓越した人物——貧者たちとともにあり、貧者たちの世俗世界的（ワールドリー）なことばで語ることのできる（元）文学教師——が、資本主義的＝帝国主義的な既存の体制（エスタブリッシュメント）の圧倒的な権力＝暴力に臆することなく、「正義」の名のもとに、近代文明の総体にたいして「理性的」な内在的批判を展開したことを（正当に）評価する一方で、その人物が教皇フランシスコとして、すなわち「神の代理人」として、「祈り」を捧げることによって彼岸＝異他・世界的（アザーワールドリー）な次元にふれており、そのことがまさにここで言う「正義」「理性」の根拠となっている可能性については、禁欲的なまでに語ろうとしない……わたしはこれを、ゴーシュの「世俗批評」を称揚するために記しているのではなく、あるいは逆に、その言説を世俗主義・折衷主義の典型として（外在的に）批判するための材料と考えているのでもない。ただ、そこには、最良の意味における「世俗的」知識人としての〈かまえ〉があり、そのことを抜きにしてアミタヴ・ゴーシュの思索／創作を語ることはできないのではないか、と直観したまでである。

一見とるに足らない、外伝的挿話（アポクリファ）をとりあげて「本質」を語ろうとするのは、それこそ「あまりに文学的」な挙措とのお叱りを受けるだろうが、「対面」ならではひとつの感想として読者の関心を誘うこともあろうかと思い、蛇足ながらここに余滴を書き留めさせていただいた次第である。

＊7　こういった「世俗的」〈翻訳〉のエートスは、一九九四年にセント・ルイスのワシントン大学で開かれた「作家と宗教」会議において、ゴーシュがハナン・アル＝シャイクやJ・M・クッツェー等と行ったディスカッションによくあらわれている。ゴーシュは自分のペーパーにおいて当時喫緊の課題となりつつあった宗教的原理主義の問題をとりあげ、それらの用いる言語がまったく宗教的ではなく、むしろ政治学的・社会学的なものでしかないことを指摘する。そのうえで、宗教的原理主義の言説のうちに全世界化する資本主義体制への「異議申し立て（dissent）」の契機が一定程度あることを認めつつ、それはあくまで「分節されていない、おそらく分節されえない（inarticulate, perhaps inarticulable）」批判であるために容易に過激化してしまうのにたいして、「われわれに必要なのは、明晰かつ人間的で創造性のある異議申し立て（articulate, humane, and creative dissent）の空間を再-創造／想像し拡大することである」と主張する。ここには、宗教（過激主義）の問題をそれ自体として取りあつかうのではなく、政治学・社会学の領域に〈翻訳〉し、その〈翻訳〉の分節性・人間性・創造性を問うという態度が明瞭にあらわれている。（William H Gass & Lorin Cuoco, eds. *The Writer and Religion* [2000] 参照。）

【参考文献】

教皇フランシスコ『回勅　ラウダート・シ　ともに暮らす家を大切に』、瀬本正之・吉川まみ訳、カトリック中央協議会、二〇一六。

グレーバー、デヴィッド『民主主義の非西洋起源について』、片岡大右訳、以文社、二〇二〇。

杉原、薫『世界史のなかの東アジアの奇跡』、名古屋大学出版会、二〇二〇。

スタインベック、ジョン『怒りのぶどう（上）（中）（下）』、大橋健三郎訳、岩波文庫、一九六一。

スピヴァク、G・C『ある学問の死　惑星思考の比較文学へ』、上村忠男ほか訳、みすず書房、二〇〇四。

――、『スピヴァク、日本で語る』、鵜飼哲監修、みすず書房、二〇〇九。

鶴見、良行『ナマコの眼』、ちくま学芸文庫、一九九三。

ドゥボール、ギー『スペクタクルの社会』、木下誠訳、ちくま学芸文庫、二〇〇三。

パワーズ、リチャード『オーバーストーリー』、木原善彦訳、新潮社、二〇一九。

三原、芳秋「〈宗教的なるもの〉の異相　ヴィシュワナータン『異議申し立てとしての宗教』補遺」、『思想』一一六五（二〇二一年五月）、四九－七九頁。

和辻、哲郎『風土　人間学的考察』、岩波文庫、一九七九。

『西遊記　全十冊』、中野美代子訳、岩波文庫、二〇〇五。

Bennett, Eric. *Workshops of Empire: Stegner, Engle, and American Creative Writing during the Cold War*. Iowa City: U of Iowa P, 2015.

Chakrabarty, Dipesh. *The Climate of History in a Planetary Age*. Chicago: U of Chicago P, 2021.

DeLoughrey, Elizabeth M. *Allegories of the Anthropocene*. Durham, NC: Duke UP, 2019.

Gass, William H, & Lorin Cuoco, eds. *The Writer and Religion*. Carbondale and Edwardsville: Southern Illinois UP, 2000.

Graeber, David, & David Wengrow. *The Dawn of Everything: A New History of Humanity*. New York: Farrar Straus & Giroux, 2021.

Kolbert, Elizabeth. "The Climate of Man I, II, III". *The New Yorker* (April 18, 2005)

McKibben, Bill. *The End of Nature*. New York: Random House, 1989.

Morton, Timothy. *Hyperobjects: Philosophy and Ecology after the End of the World*. Minneapolis: U of Minnesota P, 2013.

Pratt, Mary Louise. *Imperial Eyes: Travel Writing and Transculturation*. 2nd Ed. London: Routledge, 2008.

Spivak, Gayatri Chakravorty. *Imperative zur Neuerfindung des Planeten*. Wien: Passagen Verlag, 1999.

訳者あとがき

本書は左記の書の全訳に、二〇二一年一一月二日に訳者が行った著者インタヴューをくわえたものである。

Amitav Ghosh, *The Great Derangement: Climate Change and the Unthinkable*. Chicago and London: The University of Chicago Press, 2016.

本書のもとになっているのは、「大いなる錯乱――地球温暖化時代における小説・歴史・政治」という演題で二〇一五年九月～一〇月に四回にわたって行われたシカゴ大学におけるバーリン・ファミリー講演（Randy L. and Melvin R. Berlin Family Lectures）である。（講演の録画はシカゴ大学公式ウェブサイト内の特設サイトで観ることができる。）シカゴの篤志家バーリン家の寄付により、人文学が現代社会に持続的な影響（インパクト）をあたえるためのプラットフォームとなるべくその前年よりはじまった同講演の、二番目の講演者として選ばれたのがアミタヴ・ゴーシュだった。演者紹介に立ったのは、シカゴ大学教授のディペシュ・チャクラバルティ――チャクラバルティは、〈人新世（じんしんせい）〉をめぐる議論に人文学が介入するための礎となるような先駆的な仕事で昨今とくに注目を集めている歴史家であるが、その初期の代表作である『ヨーロッパを地方化する』(*Provincializing Europe* [2000]、未邦訳)が出版された際には〔それ以前に面識のなかった〕ゴーシュとたいへん内容の濃い往復書簡を交わし[*2]、それ以来盟友として歩んできた仲である。そのチャクラバルティが、演者紹介のなかで、ゴーシュの作品をふりかえりながらその意義を的確に要約している――「歴史学と人類学の知見をふんだんに活用しつつ、現代世界をかたちづくるのに帝国がはたした役割とその遺産にたいするゆるぎない関心に裏打ちされたゴーシュの小説は、いくつかのじつに大きな〈問い〉を投げかけている。それは、いかにして近代世界が誕生したのかという〈問い〉であるのみならず、政治・歴史・小説のあいだにある関係性を理論的・方法論的に思索するものである」。こうしたゴーシュの創作および思索の歩みがいまや地球温暖化という新たな課題につきあたったことを歓迎し、「まったく似つかわしい」ものであるとチャクラバルティは評価するのだが、それはそのままチャクラバルティ自身の

*1 その画期となる論考 "The Climate of History: Four Theses." (*Critical Inquiry* 35.2 [Winter 2009]: pp.197–222) にはじまる一連の論考は、昨年、*The Climate of History in a Planetary Age* (U of Chicago P, 2021) として一冊の本にまとめられた。所収論文のうち、「気候と資本――結合する複数の歴史」(坂本邦暢訳) は『思想』(岩波書店、二〇一八年三月号) に訳出されている。

*2 この往復書簡は、その後、"A Correspondence on Provincializing Europe" (*Radical History Review*, 83 [spring 2002]: pp.146–72) として公開された。

歩みであるとも言えるだろう。ともにベンガル出身で欧米に活躍の場を見いだした、この歴史家のような小説家と小説家のような歴史家は、〈世界〉から〈惑星（地球）〉へという思想の大きなうねりのなかで、それぞれが独自の思索／創作を深めてきたまさに「盟友」の名にふさわしい二人であると言えるだろう。（あるいはここに、ゴーシュ自身が「著者インタヴュー」のなかで名前を挙げている、やはりベンガル出身の知識人であるガヤトリ・チャクラヴォルティ・スピヴァクをくわえても良いかもしれない。また、これはあまり一般的には知られていないことかもしれないが、最晩年のマサオ・ミヨシが環境問題に真剣に＝批判的に取り組んでいたことも付記しておきたい。）

著者アミタヴ・ゴーシュの来歴にかんしては、『シャドウ・ラインズ　語られなかったインド』（井坂理穂訳、而立書房、二〇〇四）の訳者解説がじつにすぐれたものであるので、ぜひともそちらを参照することをお勧めしたい。ここでは最低限の伝記的記述に留めておくと、ゴーシュは一九五六年、インド西ベンガル州のカルカッタ（現コルカタ）生まれで、六歳から九歳まで東パキスタン州（現バングラデシュ）の州都ダッカで、九歳から一一歳までスリランカの首都（当時）コロンボで過ごす。大学進学のためにデリーに上京し、デリー大学で修士号を取得（一九七八年）の後、渡英してオクスフォード大学で社会人類学の博士号を取得（一九八二年）――この間、一九八〇〜八一年にかけて、エジプトでのフィールドワークに臨んでいる。帰国後、母校などで教鞭をとるかたわら小説を書き、一九八八年以降おもな活動の場をアメリカ合衆国に移して現在にいたる。二〇〇三年までに刊行された八冊の著書にかんしては、その社会的背景もふくめ、井坂理穂氏の解説に詳しく述べられている。

二〇〇三年以降にゴーシュの著書リストにくわわったものとして、まずは、世界的な名声を博した小説『ガラスの宮殿』の邦訳（小沢自然・小野正嗣訳、新潮クレスト・ブックス、二〇〇七〔原著は二〇〇〇年刊行〕）を挙げるべきだろう――ビルマ・ベンガル・マレーシアを舞台に、帝国と戦争の時代に翻弄されながらも懸命に生き、つながっていく人びとの百年の物語に魅了された読者も多いのではないだろうか。帝国と戦争のテーマは、さらに大きなスケールで、アヘン戦争へと至るアジア全体の歴史を背景とする大河小説「アイビス号三部作」（*Sea of Poppies* [2008]、*River of Smoke* [2011]、*Flood of Fire* [2015]、いずれも未邦訳）に結実する。他方、本書の第一部にも登場するシュンドルボン〔バングラデシュとインドの国境地帯にひろがるベンガル・デルタの巨大なマングローブ天然林〕を舞台とし、インドとパキスタンというふたつの国家のはざまで難民化し打ち捨てられた（アブジェクト）人びとが、その湿地帯（Tide Country）の劣悪な環境のなかで自分たちが作り上げた共同体を気候変動の脅威と国家権力の暴力から守りぬこうと闘い、そして敗れ去るという事件――公的な〈歴史（ヒストリー）〉によって忘却の淵に沈められた事件――を中核に据えながら、現代その土地にたまたま集ったさまざまな背景をもつ登場人物たちの物語（ストーリーズ）がシュンドルボンの河川さながらにもつれ合いながら大きな物語（ナラティヴ）をなしていく、『飢えた潮』（*The Hungry Tide* [2004]、未邦訳）という掛け値なしの名作がある。二〇一九年には、その続編とも言える『ガン島』（*Gun Island* [2019]、未邦訳）が発表されたが、そこでは、前作の登場人物たちの子どもの世代が気候変動の影響でいよいよシュンドルボンでの生活圏を奪われヨーロッパを目指すという「気候難民」のテーマを縦糸としながら、ベンガルとヴェネツィアという一見なんのつながりもないふたつの舞台が、神話と歴史のあわいに垣間見える過去の痕跡と、惑星的危機の諸相が輻輳する現在との二重写しのなかで撚り合されていくという、みごとな小説世界が展開する。つい先ごろ上梓された『ジャングル・ナーマ』（*Jungle Nama* [2021]、未邦訳）は、これらの小説にも登場し、本書第一部でも論じられているシュンドルボンの民話『ボン・ビビの奇跡』を、新進気鋭の画家サルマーン・トールとの協働作業によって、挿絵入りの韻文形式で一冊の（英語の）本に仕立て上げたものである。ゴーシュ自身が「あとがき」で述べているように、挿絵はたんに文章を図解する（illustrate）ための付属品ではなく、前近代の装飾写本のように絵はそれ自体として独自の光を放ち（illuminate）、文章とはまたことなるテクストの襞を浮かび上がらせるものと位置づけられており、これは本書第一部の末尾で示唆されている、文字言語と視覚イメージを共存させた「異種混淆的（ハイブリッド）な新たな形式」の試みとしても興味深い。

ノンフィクションの分野でも、昨年末、『ナツメグの呪い』（*The Nutmeg's Curse: Parables for a Planet in Crisis* [2021]、未邦訳）という大著が発表された。本書所有の「著者インタヴュー」でゴーシュ自身が「ある意味で『大いなる錯乱』の続編とも言える」と述べているように、今日の気候変動をめぐる危機の起源を一義的に産業革命／資本主義に求めるのではなく、それより先に、西洋の帝国主義がその他の地域に押しつけた世界秩序に胚胎する契機にも光をあてるべしという本書の重要な提案を、圧倒的なリサーチと持ち前のストーリー・テリングで実現した著作と言えるだろう。本書は、ナツメグの独占をもくろんだオランダ人入植者たちが一六二一年にバンダ諸島（現在はインドネシア領）で起こした原住民の大量殺戮事件の詳細な記述からはじまり、そこに現代の惑星的危機の寓意（パラブル）を読みこむ、想像力ゆたかな歴史（ヒストリー）＝物語記述の実践である。

以上、二〇〇三年以降に出版された単行本に絞って紹介し、その他の事績についてはとくに言及しなかったが、その点については、ゴーシュの本領である小説作品が一篇でも多く、しかるべき訳者の手によって日本の読者に届けられる際に、あらためて紹介されることを願っている。

＊　＊　＊　＊　＊

本書『大いなる錯乱』の内容については、もともと一般向けの講演で論旨がわかりやすいうえに「著者インタヴュー」において要約的に語られている部分も多いので、この「訳者あとがき」においてはそれをくりかえすことは控えたい。読者のみなさんには講演会場にいるような気持ちで全文を通してお読みいただいて、（つたない翻訳を通してではあれ）できるだけゴーシュ本人の〈声〉を聴きとっていただければ幸いである。ただ、本書のタイトル、とくに副題の「気候変動と〈思考しえぬもの〉」について、ここで若干追記させていただきたいと思う。というのも、（先述の通り）シカゴ大学での講演の際には内容提示的な「地球温暖化時代における小説・歴史・政治」という副題が付されていたものが、書物（テクスト）となるにあたって、ひとつのテーマ――〈思考しえぬもの（the

Unthinkable)〉——が前面に押し出されるかたちとなったことは、本書の意義（そして射程）を考えるうえで重要な意味をもつように思われるからである。いったいゴーシュの語る〈思考しえぬもの〉とは、どのようなものなのだろうか。

本書において語られるいくつもの事例を読んでいくとわかることだが、〈思考しえぬもの〉とは、はるかかなた——あるいは、はるかな高み——にあるために「思考しえぬ」対象なのではなく、むしろ近すぎる——どころか、自らのうちに深く「埋め込まれ」てしまっている——がゆえに「思考」をすりぬける類のものである。その最初の印象的な事例は、デリーで学生をしていた若き日のゴーシュが、かの地では前代未聞だった竜巻（トルネード）と遭遇し、その竜巻の〈目〉と接触（コンタクト）した体験をめぐるものだ。

〈目〉の比喩には、奇妙なほどしっくりくるものがあった——あの瞬間に起きたことは、見つめるものと見つめられるものとの、ある種の視覚的接触に、不思議と似かよったものだったのだ。そして、この接触（コンタクト）の瞬間、わたしのこころの奥底に、なにかが深く埋め込まれた——なにものにも還元できない神秘的ななにか（something irreducibly mysterious）、わたしがそれ以前に曝された危険や目撃した破壊とはすっかり異質のなにか、そのもの自体の特性ではなくそれがわたしの人生と交差した仕方の固有性にかかわるなにか、が埋め込まれたのだった。（本文二四－二五頁）

素人目にもこのような稀有な体験は小説のかっこうのネタになりそうなものと思われ、実際ゴーシュ自身にもそういった下心があったようだが、じつのところ、それは「なにものにも還元できない神秘的ななにか」として小説家自身の内奥に「埋め込まれ」たまま、どうしても小説にとりこむことのできない〈思考しえぬもの〉に留まっていることが告白される。

この「なにものにも還元できない神秘的ななにか」という表現は、シュンドルボンにおけるヒトとトラの遭遇――これもまた、見つめるものと見つめられるものの接触（コンタクト）として語られる――についても用いられており、そこではさらにフロイト／ハイデガー由来の「不気味なもの（uncanny）」という用語に言い換えられている（本文五一頁）。そこから議論はティモシー・モートンの「ハイパーオブジェクト」へと進むのだが、ゴーシュが本書でくりかえし問題にする「わたしたちと〈人間ならざるもの（ノン・ヒューマン）〉が不気味なまでに親密な（the uncanny intimacy）関係をもつこと」（本文五六頁）を表すのに、モートンが練り上げた概念である「網目状の絡まりあい（mesh）」ほどふさわしいものはないだろう。実際、本書所収の「著者インタヴュー」における最後の発言でも（石油が人間の生活に）「網目状に絡まりあってきた（enmesh）」という表現が使われており――"enmesh" はしばしば受動態で用いられ「罠にかけられる」「（難事に）巻き込まれる」という意味をもつ――ゴーシュがこの概念を強く意識していることはまちがいない。

本書でも言及されているモートンの著書『ハイパーオブジェクト』（*Hyperobjects: Philosophy and Ecology after the End of the World* [2013]、邦訳は以文社より刊行予定）での定義によれば、〈メッシュ〉

とは「〔網をなす一本一本の〕糸と、その糸と糸のあいだの網目（ホール）とを意味する」（八三頁）。また、〈メッシュ〉そのものを主題としたその数年前の論文（"The Mesh" [2011]）においては、「〈全体〉は〈メッシュ〉であり、それは中心も縁もない、とても奇妙で徹底的に開かれた形態をとる」（二二頁）ものとされ、それが「〈思考しえぬもの〉そのもの」である理由は「〈メッシュ〉が「巨大」すぎるというだけではなく、同時に無際限に微小（infinitesimally small）である」（二四頁）ことに起因する、との説明がなされている。*3 〈全体〉を真と断定するヘーゲルが前提する「メタな視点」――"going-meta"（『ハイパーオブジェクト』、一七九頁）――をそもそも受け入れず、（ライプニッツ＝ドゥルーズ的な）無際限に微小な＝微分的な（infinitesimal）「襞」に徹底的に巻き込まれていこうとする態度と言えるだろう。*4

ここで「文化」の出番である。〈全体〉を俯瞰する立場から個物を対象（オブジェクト）＝客体として分析・解剖し、そこに法則性や再現可能性を発見・定着しようとする「科学」的態度ではなく、〈メッシュ〉の連続性のうちに徹底的に巻き込まれ、その主客未分の海を航行（ナヴィゲート）するなかで〈存在〉の不気味な実相（リアリティ）――「なにものにも還元できない神秘的ななにか」――を〈認知＝再認（re-cognize）〉するような想像力をたのむ態度、その想像力の束としての「文化」が問題となる。むろん、それは「高級文化」のみを指すものではない。むしろ、生き方（a way of life）全般――日常的にいとなまれる〈生〉の漕ぎゆく跡――の問題なのだ。元来そういった想像力（イマジネーション）――イメージによって「思考」するちから――に富んでいたはずの「文化」が、「ものごとを不連続なものとして切り取る（creating discontinuities）ことで先に進もうとする思考習慣」（本文九四頁）、すなわち「ブルジョワ的」な現実把握によって貧困化する——これが、「気候変動の危機はまた、文化の危機であり、したがって想像力の危機でもあるのだ」（本書一七頁）という命題の背景をなす大きな物語である。さらに言えば、その筋書きにおいて資本主義を単独犯として同定することで事足れりとするのではなく、その根っこに帝国／植民地主義的心性を見いだしたのは、「アジア」への／からの想像力に固執してきたゴーシュならではの慧眼であると言えるだろう。

つまり、気候変動の危機が〈思考しえぬもの〉である理由は、かならずしもそれ自体において認識不可能であるからというわけではなく、むしろ、現代の（「ブルジョワ的」な）「文化」によってその実相を〈認知＝再認〉する能力が差し押さえにあっているという点にある、というのだ。そのため、たとえば（本書の最終盤で批判の俎上に載せられる）パリ協定を起草した技術官僚たちの現実主義は、十二分に「科学的」根拠にもとづく推論によって「思考」しているにもかかわらず、結局のところ〈危機〉の実相を捉え損なうこととなる。それどころか、現に所有してい

＊3 「エコロジカルな世界」をめぐるモートンの思想については、篠原雅武『人新世の哲学』（人文書院、二〇一八）を参照。

＊4 ライプニッツの無限小＝微分法をめぐるジル・ドゥルーズの思考、とくに、『差異と反復』（財津理訳、河出文庫、二〇〇七）、上巻一二五－一四六頁や、『襞 ライプニッツとバロック』（宇野邦一訳、河出書房新社、一九九八）などを参照のこと。

る富＝資源を手放すことができないために、ありもしない未来を都合よく「先取り」し、それすらも既存(エスタブリッシュメント)の体制側の所有に帰するために、魔法のような技術革新に投機(スペキュレート)＝推測するといった魔術的な思考(マジカル・シンキング)に陥っている。それとは対照的に、教皇フランシスコの回勅に見られるのは、ここ二〜三〇〇年にできあがったにすぎない既存の枠組みから降りてゆき、現実(リアル)の〈危機〉に徹底的に巻き込(エンメッシュ)まれながら「思考」する一方で、〈思考しえぬもの〉にたいする敬虔に貫かれた「祈り」を礎として生きていくような態度である。それは、ヒトもトラもなく、我も汝もなく、すべてが網目状に絡まりあう(メッシュ)という〈存在〉の不思議(マジック)の次元に開かれつつ〈いま・ここ〉の生をいとなむような〈かまえ〉である、とも言えるだろう。

そういった〈かまえ〉を〈かたち〉にする技法(アート)は、この惑星上のさまざまな文化・伝統において培われてきた。それは人類に限ったことではなく、粘菌の「協働」や岩石の「成長」にも見られるとすら思うのだが、わたしたち人間に話を絞るならば、ストーリー・テリングはそういった技法＝芸術(アート)の最たるもののひとつであろうと思われる。たとえばゴーシュの『飢えた潮』のような小説においては、登場人物たちの経験する〈世界〉の対話的(ダイアローグ)な多層性として——そこにはリルケの詩からイルカの鳴き声、マングローブ林の陰影まで、さまざまなテクストの〈襞〉が織り畳まれている——この〈メッシュ‐としての‐世界〉に〈かたち〉があたえられている。そして、その根底には、「なにものにも還元できない神秘的ななにか」にたいするゴーシュ自身の感性——マジック・リアリズムといった目に見える文学的技法に（かならずしも）落着しない、この世界に宿る

〈不思議な力(マジック)〉を潜在的に感じとる受信機のようなもの——があるものと思われる。ゴーシュの信頼するイタリア語への翻訳者であり、良き対話の相手でもあるというアレッサンドロ・ヴェスコーヴィによるインタヴューのおわりに、『飢えた潮』の作者はじつに印象的なことばを残している。

『飢えた潮』の執筆にかんしてもっとも楽しかったのは、シュンドルボンでただただ時間を過ごせたことでした。村びとたちとともにいると、いつもかれらのことばや歌声に囲まれていて、それはそれはすばらしい時間でした。かれらの簡素な生活を経験できたことも、ほんとうに良かった。わたしのようなベンガル出身者にはみな、農民の血が流れているのですよ。だから、あいった生活には、とても深いきずなをたしかに感じるのですね。そして、かれらの家に暮らし、夜にボートで川に漕ぎだすのは、信じられないほどにこころ満たされる体験でした——それは、純粋な魔法、まったく魔法のような体験でした (it was pure magic, pure magic)。それがどれほど不思議(マジカル)な体験であったか、とても説明ができません。たとえこのさき『飢えた潮』のような小説を十篇書いたとしても、月明かりの下でトラの咆え声をちかくに聴きながら、潮目のかわる川面にボートを浮かべたときに感じた、あの純然たる魔法(マジック)の感覚を十分に描きだすことはできないでしょう。*5

この最後の部分 (it would never do justice to the absolute magic of being there) を無理やり直訳するな

らば、「そこに在ること〔現存在〕の絶対的な不思議を正当にあつかうことなどけっしてできないだろう」とでもなるだろうか。〈存在〉の絶対的な不思議へと一気に＝ただしく（just）到達するのは、あるいは〈うたう〉〈となえる〉〈いのる〉といった「垂直の言語行為」によるほかないと思われるかもしれない。しかしながら、頭上高くに月明かりを観じつつ、すぐかたわらに村びとたちの歌声やトラの咆え声を聴くことを通じて〈生〉の「深いきずな」を感じるという体験を、「垂直」と「水平」のふたつの次元を往来しつつ〈かたる〉ことによってこそ、まさに、ふいに、〈存在（モノ）〉が語りはじめるというようなことも、あるだろう。[*6] そんな〈ものがたり〉の不思議を求めて「小説を十篇」書き続けようとするところに、物語作者（ストーリー・テラー）アミタヴ・ゴーシュの真面目がある。

＊＊＊＊＊

ここで、本翻訳の成立事情について記しておきたい。

もともとの機縁となったのは、早くから〈人新世（じんしんせい）〉の諸問題に思想的に取り組んできた篠原雅武さんがティモシー・モートン『自然なきエコロジー』を翻訳する際に、友人としてすこしばかりお手伝いをさせていただいたことだった。雑談のなかで、文学の方にはアミタヴ・ゴーシュの『大いなる錯乱』というおもしろい本がある、というような話をしたところ、『自然なきエコロジー』の編集を担当していた以文社の大野真さんにつないでいただき、すぐに本書翻訳のはなしがまとまった。そして、これまた雑談のおりに、ゴーシュの愛読者でもある畏友の田辺明生さんに本書の翻訳をすることになったと話すと、『シャドウ・ラインズ』の翻訳者・井坂理穂さんをご紹介いただき、今度はその井坂さんの紹介でゴーシュさん本人とメールのやりとりをするようになった。これら、この翻訳書成立の立役者のみなさんには、深い感謝の意をお伝えするとともに、翻訳の遅れをお詫びしたい。

鈍牛のような自分に鞭打つためもあって、二〇二〇年の春夏学期、一橋大学大学院言語社会研究科のゼミナールで、本書および出版されたばかりの小説『ガン島』をゼミ生たちと読むことにした。毎回のディスカッションはじつに盛り上がり、梨木香歩の小説『ピスタチオ』や宮崎アニメとの連想から（すでに「アイビス号三部作」が全訳されている）中国におけるゴーシュ受容まで、また、「船」というトポスの文学的意義からインターネットとスピチュアリティの親和性といったトピックまで、そのつど話題は尽きることがなかった。さまざまな背景をもつ若い人たちと読んだおかげで、ゴー

＊5　Alessandro Vescovi, "Amitav Ghosh in Conversation". *ARIEL: A Review of International English Literature*, 40.4 (Oct 2009): p.140.

＊6　「〈ものがたり〉の語り手は、いわば、日常効用の生活世界の水平の時間の流れと直交する、〈ミュートス〉の遠くはるかな記憶と想像力の垂直の時間の次元の奥行へと参入し、二つの次元を往来しつつかたることによって、共同体の共同性の繰り返しての創出基盤ともなり、またわれわれの心性と宇宙の根底の形成力とのきずなともなるもののうちへとこころを根づかせ、また、世界と人間の生を解釈し、行動の指針をあたえる一連の母型（マトリックス）ないし範型を凝縮された形で提供するというようなこともあるだろう」（坂部恵『かたり　物語の文法』［ちくま学芸文庫、二〇〇八］、四九頁）。

シュ作品の多面的な魅力――なんといっても、あれほどたくさんの食材を放りこんでおきながら、それを絶妙な味つけでまるごと食べさせてしまうストーリー・テリングの魅力――にあらためて気づかされた。ゼミナールに参加してくれたみなさん――森田和磨さん、磯部理美さん、冉念周さん、賈海涛さん、山口渓さん、高橋彩葉さん、金志源さん――に、こころよりの感謝を。

しかしながら、鈍牛はやはり鈍牛のままで、さらにコロナ禍という非常事態において学内で教務の重責を担っていたこともあり、翻訳は遅々として進まなかった。そこで、三原ゼミ出身者ですでに大学で教職についている井沼香保里さんに加勢をもとめ、本書の後半部分（二、三部）の翻訳を担当してもらった。井沼さんが早々と担当分を仕上げてくれたおかげでこちらの尻にもいよいよ火がつき、ゴーシュさんとお会いした際には「ほぼできあがっています」と断言することができた。訳文については、全体の統一もふくめ、三原が最終的に調整しその全責任を負うものである。訳注はそれぞれの担当者がつけたものだが、後半部分についても一部三原が調整段階でつけ足したものがある。

＊＊＊＊＊

コロナ禍も三年目に突入し、わたしたちはわたしたちの生活スタイルが多少なりとも変更を余儀なくされることに不安をおぼえ、不運をかこつ。わたしたちの地域の「陽性者数」の増減（カウント）に一喜一憂するのが日課となり、その間も着実に増加する大気中の二酸化炭素濃度の数値はおろか、その単位〔ピーピーエム〕ですら思い出すことは困難だ。グラスゴーは予想通り失望におわり、以前あれほどメディアでもてはやされていたグレタ・トゥーンベリの姿もすっかり見かけなくなった。次々と代替わりする新型コロナウイルスの活躍の場がグローバルに──とはいえ、それは、あくまで人間の〈世界〉でのはなしに過ぎないのだが──広がれば広がるほど、わたしたちの意識は「ソーシャルディスタンス」ほどに切り縮められていっているように感じられる。

「グレタは、美しきコスモポリタンだ」──コロンビア大学滞在中に参加した一〇人ほどの小さなセミナーで、エチエンヌ・バリバールがつぶやくのを耳にした。和気あいあいとした雑談のような質疑応答のなかでの話だ。だが──と、バリバールはすぐに続けて、力強くこう言った──カント的（統制理念としての）コスモポリタニズムには、マルクス的（抵抗運動としての）インターナショナリズムがともなわなければならない。

わたしたちは、普遍的理念を体現する「美しき」個人や組織を舞台に上げてしばらくちやほやしたあげく、舞台から降ろして忘れ去ってしまうということを、幾度となくくりかえしてきた。わたしたちの希望や恐怖──希望と恐怖とはおなじく弱い情動である──を代理してくれる「美しき（beautiful）」姿を遠目に見るのは心地よいけれど、目の前にあまりながく居座られると「不気味（uncanny）」に思えてくるものだ。ほんとうに必要なのは、きっと、現在＝未来の「普遍的階級」──それは、「難民」や「棄民」と呼びならわされている人びとかもしれないし、あるいは／すなわち、〈人間ならざるもの〉という（人間の〈世界〉においてカウントされない）ウィルスから動植物、粘菌や土くれ石ころまでをふくむこの〈惑星〉の住民たちの総体を指すのかもしれない——の「インターナショナル」な連帯なのだ……と、わたしはバリバールの傍白を解釈した。

むろん、「ナショナル」などという大仰な政治経済学的用語によってなりたつ表現——〈なんであれかまわない存在〉であるはずの個を、「国民」といった属性によって限定＝分離したうえで包摂／排除する多数派の言語をそのうちに組み込んだ表現——が、ここにふさわしいものとは思えない。なんといっても、この「抵抗」の原動力となってきたのは未成年たちなのだから……「小さき兄弟たち（fratres minores）」——教皇フランシスコが霊的なつながりを希求するアッシジの聖フランチェスコとその社中は、自分たちの集団のことをそう呼びならわしていたという。アガンベンは『いと高き貧しさ』（上村忠男ほか訳、みすず書房、二〇一四）において、その「小さき者＝未成年」という表現の法的含意に注意を喚起し、それらの者は（「貧しき者」「狂い人」「瘋癲者」と同等に）所有権を一切もたず、生活を維持するために受けとるものについてすら、ただ使用権を認められるにすぎないことを指摘する。あるいは、こうも言えるかもしれない——〈小さき者〉たちは、あたえられた財（資源）を適度に使用＝享受しながら、その所有権に煩わされずに〈生〉をいとなむことができる、と。これら法権利の〈外〉にいる〈小さき者〉たちのあいだに「連帯」が生じるのだとするならば、それは、大人の言語ではとうてい語りえぬもの——〈思考しえぬもの〉——となるのだろう。それでもわたしたち大人にできることがあるとするならば、きっと、〈小さき者〉たちを「美しき魂」として祭り上げるのではなく、あくまで〈不気味〉な——いつもうちにいながら／いるからこそ〈不気味（ウンハイムリッヒ）〉なまでの親密さをもつ——「〈外〉の力」として「認知＝再認（re-cognize）」するよう不断に努めつつ、そういった〈認知〉＝〈愛〉に徹しているうちに、あわよくば、その〈外〉にふれ／ふれられる経験を通じて「ともにマイナーになる」実践を試みること……ここらあたりから、はじめてみるのは、どうだろうか。

わが家には、新型コロナウイルス（COVID-19）が人間の〈世界〉という「新大陸」を発見したのとちょうどおなじ時分に、こちらの側に生を享けた一人娘がいる。二歳になる娘の瞳に映るであろう、この〈惑星〉の未来の姿を思うと、暗澹たる気分にとらわれざるをえない。わたしの貧しい想像力にとってはいかようにも避けがたく思われる破局（カタストロフィ）に到るまえに、全世界のグレタたち——この小さき者たち（ミノーレス）——が連帯して、〈大いなる錯乱〉というわれらの狂気を生き延びる道を見いだしてくれることを祈りつつ、この翻訳書を日本の読者にお届けする。

二〇二二年初春

三原芳秋

索　引
【事　項】

ら

わ

は

ま

さ

た

な

索　引
【人名・作品名・地名】

著　者

アミタヴ・ゴーシュ（Amitav Ghosh）

1956年、インド西ベンガル州カルカッタ（現コルカタ）生まれ。父の仕事の関係で幼少期をダッカ、コロンボで過ごす。デリー大学で修士課程修了ののち渡英し、オクスフォード大学で博士号（社会人類学）取得。帰国後、母校などで研究・教育にたずさわりつつ小説を執筆し1986年に『理性の円環』でデビュー。ヒンドゥー教徒によるシク教徒虐殺事件を背景にした次作『シャドウ・ラインズ』（井坂理穂訳、而立書房）はインド国内で複数の文学賞を受賞。1988年以降アメリカに拠点を移し、SF作品『カルカッタ染色体』（伊藤真訳、DHC）でアーサー・C・クラーク賞を受賞、さらに大河小説『ガラスの宮殿』（小沢自然・小野正嗣訳、新潮クレスト・ブックス）の成功で世界的名声を得る。その後、アヘン戦争を背景とする「アイビス号三部作」やシュンドルボンを舞台とする『飢えた潮』『ガン島』などの創作にくわえ、本書や『ナツメグの呪い』などのノンフィクション作品で「惑星的危機」の問題に精力的に取り組んでいる。

訳 者

三原芳秋（みはら・よしあき）

1974年生まれ。一橋大学大学院言語社会研究科教授。東京大学修士、コーネル大学博士（英文学）。東京大学助手、お茶の水女子大学講師、同志社大学准教授をへて現職。英文学（おもに詩）および文学理論を専攻。編訳書にゴウリ・ヴィシュワナータン『異議申し立てとしての宗教』（みすず書房、2018年）、共訳書にエドワード・W・サイード『故国喪失についての省察 1』（みすず書房、2006年）、共編著に『クリティカル・ワード　文学理論』（フィルムアート社、2020年）。主要論文に、「〈宗教的なるもの〉の異相」（『思想』、2021年5月）、"Vico or Spinoza: An Other Way of Looking at Theory, circa 1983," *Ex-position* 40（2018）、「崔載瑞の Order」（『사이間SAI』4［2008］）など。

井沼香保里（いぬま・かおり）

1989年生まれ。多摩美術大学大学院美術研究科助教。一橋大学大学院言語社会研究科博士課程修了。博士（学術）。近代英国における超自然の存在や現象にまつわる語りを通して、脱人間中心的な存在の在り方について考察。論文に、Towards Fairy Ontology: Writing/Reading the Cottingley Fairies（一橋大学言語社会研究科博士論文、2021年）、「新史料に見る『コティングリー妖精写真事件』の再演、再構成の可能性」（井村君江ほか編著『コティングリー妖精事件　イギリス妖精写真の新事実』青弓社、2021年）など。解説に、「ポストヒューマン/ニズムと文学」（三原芳秋ほか編著）『クリティカル・ワード　文学理論』（フィルムアート社、2020年）など。

大いなる錯乱 ―― 気候変動と〈思考しえぬもの〉

2022年10月15日　初版第1刷発行

著　者　アミタヴ・ゴーシュ

訳　者　三原芳秋・井沼香保里

発行者　大野真

発行所　以文社

〒101-0051 東京都千代田区神田神保町2-12
TEL 03-6272-6536　FAX 03-6272-6538
http://www.ibunsha.co.jp/

印刷・製本：中央精版印刷

ISBN978-4-7531-0370-6